地下矿山开采设计技术

甘德清　孙光华　李占金　编著

北　京
冶　金　工　业　出　版　社
2024

内 容 提 要

本书共13章，按照地下矿山开采设计的程序，分别介绍了矿山企业设计程序及原始资料、矿山生产能力与矿井服务年限、矿山地表开采移动范围及保安矿柱的圈定、阶段平面开拓设计、井底车场设计、采矿方法设计、矿井提升、矿井通风、矿井防水与排水、矿山总平面布置、矿床开拓方案经济评价、矿床开采进度计划编制和矿山技术经济等基础内容的设计原理和相关设计方法。

本书可作为高等院校采矿专业的学习教材，也可作为采矿设计人员、矿山技术管理人员的学习参考书。

图书在版编目(CIP)数据

地下矿山开采设计技术/甘德清，孙光华，李占金编著．—北京：冶金工业出版社，2012.5（2024.8重印）

ISBN 978-7-5024-5943-7

Ⅰ.①地…　Ⅱ.①甘…　②孙…　③李…　Ⅲ.①地下开采—开采设计—高等学校—教材　Ⅳ.①TD803

中国版本图书馆CIP数据核字(2012)第117981号

地下矿山开采设计技术

出版发行 冶金工业出版社　**电　话** (010)64027926
地　址 北京市东城区嵩祝院北巷39号　**邮　编** 100009
网　址 www.mip1953.com　**电子信箱** service@mip1953.com

责任编辑 王恬君　美术编辑 彭子赫　版式设计 葛新霞
责任校对 卿文春　责任印制 窦　唯
北京虎彩文化传播有限公司印刷
2012年5月第1版，2024年8月第3次印刷
787mm×1092mm　1/16；12.75印张；306千字；192页
定价46.00元

投稿电话　(010)64027932　投稿信箱　tougao@cnmip.com.cn
营销中心电话　(010)64044283
冶金工业出版社天猫旗舰店　yjgycbs.tmall.com
（本书如有印装质量问题，本社营销中心负责退换）

前　言

采矿工业作为国民经济基础产业在工业建设与发展过程中占有重要地位。随着矿产资源的不断开发，浅部易采资源量不断减少，地下矿山开采的比重逐渐增加。如何安全、高效地开采地下矿产资源，在很大程度上取决于矿山设计的质量。地下矿山设计是以采矿专业为主体，辅以其他相关专业知识，对地下矿床开采进行复杂、系统、综合地规划与设计。为适应采矿专业教学工作的发展，以及矿山企业和设计单位的需要，基于多年的教学经验，本书作了这方面的尝试。

本书在内容安排上以常规设计方法为主，通过细致的设计和大量的计算，重点介绍了矿山生产能力和矿井服务年限计算、阶段平面开拓、井底车场、采矿方法、基建进度计划的编制等相关矿山设计和计算内容；此外，本书还着重介绍了矿井提升、排水、矿井通风、总平面布置以及矿山技术经济等相关设计内容。在编写过程中力求内容系统全面、主次得当，为初学者分析、解决地下开采设计中的问题提供基础性设计知识。

本书内容系统全面，科学性、实用性、学习性强，可作为高等院校采矿专业的学习教材，也可作为采矿设计人员、矿山技术管理人员的学习参考书。

本书由甘德清、孙光华、李占金编著，张云鹏、郑晓明主审。本书由甘德清组稿和定稿，编写分工如下：甘德清（前言、第 1 章）、孙光华（第 4 章、第 5 章、第 6 章、第 12 章）、李占金（第 2 章、第 11 章、第 13 章）、李示波（第 3 章、第 8 章、第 9 章）、卢宏建（第 7 章、第 10 章）。

在编写过程中，王儒教授为书稿的编写工作提出了宝贵意见和建议，张亚宾、王晓雷、李青山和谷岩在文字编排、图表校核等方面做了许多工作，并提出宝贵意见和建议，在此表示衷心的感谢。

由于作者水平有限，书中难免存在不妥之处，敬请读者批评指正。

编　者

2011 年 11 月

前 言

目　录

1 矿山企业设计程序及原始资料

1.1 概述

建设一个矿山企业要花费大量的人力、物力和时间。矿山企业的建设是一个复杂的过程，为了避免和减少建设项目决策的失误，提高建设企业的经济效益，必须严格遵守国家规定的基本建设程序。

根据国家计委规定，一个建设项目从规划建设到建成投产，一般要遵循的基本建设程序如下：对拟建项目提出项目建议书；提出可行性研究报告；编制设计任务书；开展设计工作；建成试车投产。

矿山企业设计工作是基本建设的一个重要组成部分，是建设矿山的规划和蓝图。建设期间的合理施工组织及经济核算都应以设计为基础。设计的任务是解决矿床开采中的一切主要问题，使设计的矿山企业做到经济效果好，技术上比较先进合理，生产上安全。因此，矿山企业设计工作也必须按基本建设程序办事。只有做好完成建设前期工作，才能进行下一步建设项目的工作。也就是说，项目建议书、可行性研究报告经上级有关领导部门审批意见后，才能编制和审批设计任务书，设计任务书经有关领导部门批准后，下达设计任务，设计单位按批准的设计任务书，开展建设项目的设计工作。

矿山企业设计工作，一般分为两阶段设计（即初步设计和施工设计或称为施工图）和三阶段设计（即初步设计、技术设计和施工图）一般建设项目都采用两阶段设计。对于采用新工艺、新设备、技术上特别复杂或缺乏设计经验的大型矿山企业，根据设计任务书的规定，可进行三阶段设计。只有初步设计经上级领导机关批准后，才能开始编制施工图。

矿山开采矿床受地质条件所影响，而矿床的自然条件又是千变万化的，加上生产组织和技术条件的复杂性，因此要求精益求精，设计工作中产生的缺点和错误，应及时修改，否则不但浪费资金，而且在施工中不能有序衔接，使企业今后生产的经济效果长期难以提升，给矿山企业造成严重的经济损失。

1.2 矿山企业设计程序

1.2.1 设计前期工作

设计前的准备工作，对矿山企业设计来说极为重要。建设项目的决策和实施必须遵循基本建设程序办事，对拟建项目是否应该建设以及如何建设，从技术、工程和经济上是否合理和可行，进行全面分析、论证，做多方案比较，提出评价，为投资决策提供依据。

建设项目按照基本建设程序的要求，设计前期工作包括：拟建项目建议书，可行性研究报告，编制设计任务书。

1.2.1.1　项目建议书

项目建议书是工程建设前期工作的重要组成部分，它是工程立项的依据。各部门、各地区、各企业根据国民经济和社会发展的长远规划、行业规划、地区规划、经济建设的方针、技术经济政策和建设任务，结合资源情况、建设布局等要求，经过调查研究、收集资料、踏勘建设地点，初步分析投资效果的基础上，提出项目建议书。

项目建议书应包括以下主要内容：

(1) 建设项目提出的必要性和依据；

(2) 引进技术和进口设备的，还要说明国内外技术差距和概况以及进口的理由；

(3) 产品方案、拟建规模和建设地点的初步设想；

(4) 资源情况、建设条件、协作关系和引进国别、厂商的初步分析；

(5) 投资估算和资金筹措设想；

(6) 项目的进度安排；

(7) 经济效果和社会效益的初步估计。

项目建议书一般由部门、地区或企业自行组织编制，也可委托专门的咨询或设计机构进行编制。

1.2.1.2　可行性研究报告

可行性研究是建设前期工作的重要内容，是基本建设程序中的组成部分。其基本任务是：根据有关项目的国民经济长期规划、地区规划、行业规划的要求，对建设项目的技术、工程和经济进行深入细致的调查研究、全面分析和多方案比较，从而对拟建工程项目是否应该建设以及如何建设作出论证和评价，为投资决策提供依据，为编制和审批设计任务书提供可靠的依据。

可行性研究，一般采取主管部门下达计划或有关部门、建设单位向设计或咨询单位进行委托的方式。负责进行可行性研究的单位，要通过资格审定，要对工作成果的可靠性、准确性承担责任。当基础资料欠缺、条件不具备、研究报告达不到要求的深度时，应考虑按“初步可行性研究”编辑。

大中型建设项目的可行性研究报告，由各个主管部门、各省、市、自治区或全国性专业公司负责预审，报国家计委审批，或由国家计委委托有关单位审批。重大项目和特殊项目的可行性研究报告，由国家计委会同有关部门预审，报国务院审批。小型项目的可行性研究报告，按隶属关系由各个主管部门、各省、市、自治区或全国性专业公司审批。

凡编制可行性研究的建设项目，不附可行性研究报告及审批意见的，不得审批设计任务书。

编制的可行性研究报告，经主管部门审查批准后，一般应起到以下的作用：

(1) 作为平衡国民经济建设计划，确定工程建设项目，编制和审批设计任务书的依据；

(2) 作为筹措资金和向银行申请贷款的依据；

(3) 作为与建设项目有关的各部门签订协作条件的合同或协议的依据；

(4) 作为编制新技术、新设备研制计划的依据；

(5) 作为补充勘探、补充工业试验及其他工作的依据；

(6) 作为大型、专用设备预订货的依据；

(7) 作为从国外引进技术、引进设备，与国外厂商谈判和签约的依据。

工业项目的可行性研究，一般要求具备以下主要内容：

(1) 总论。项目提出的背景，投资的必要性和经济意义，研究工作的依据和范围。

(2) 需求预测和拟建规模。国内、外需求情况的预测；国内现有生产能力的估计；销售预测，价格分析，产品竞争能力，进入国际市场的前景；拟建项目的规模，产品方案，合理建设规模的技术经济比较和分析。

(3) 资源、原材料、燃料及公用设施的情况。批准的储量、品位、成分及开采条件的评述；原料、辅助材料的种类、数量、来源和供应可能；所需公用设施的数量、供应方式和供应条件。

(4) 建厂条件和厂址方案。建厂的地理位置、气象、水文、地质、地形条件和社会经济现状；交通运输及水、电、气的现状和发展趋势；厂址方案比较与选择意见。

(5) 设计方案。主要技术工艺和设备选型方案的比较；全厂布置方案的初步选择和土建工程量估算；公用辅助设施和厂内外交通运输方式的比较和初步选择。

(6) 环境保护。调查环境现状，预测项目对环境的影响，提出环境保护和“三废”治理的初步方案。

(7) 企业组织、劳动定员培训。企业生产组织概况，估算劳动定员，提出人员培训计划。

(8) 拟建项目实施进度的建议。勘察设计期限和进度；设备订货、制造期限和进度；工程施工期和进度；投产时间；拟建项目实施的可行方案。

(9) 投资估算和资金筹措。主体工程和协作配套工程所需的投资；生产流动资金的估算；资金来源，筹措方式及贷款的偿付方式。

(10) 社会经济效果评价。建设项目本身的财务评价，投资回收年限的估算。

1.2.1.3 设计任务书

在可行性研究的基础上，可行性研究报告经上级主管部门审查批准后，认为拟建项目可行后，可以编制设计任务书（或可行性研究报告）。设计任务书可以由主管领导机关自行拟文下达，也可以委托设计院编制，再经领导部门批准下达设计任务。设计任务书的主要内容：

(1) 指明建设地区的地点，规定企业性质（单独企业和联合企业）和企业各组成部分的协作关系。

(2) 建设目的。说明该企业对全国和本地区国民经济的主要意义和作用。

(3) 企业设计规模。规定主要产品的生产能力、品种和质量的要求。

(4) 拟定建设期限，企业的分期建设和建设后的最终规模，规定设计阶段和投入生产的顺序。

(5) 建设根据。指明资源条件、原材料、燃料、动力的供应和运输条件，技术人员和劳动的来源，生活资料的供应条件。

(6) 指明工业用水和生活用水的条件，电的供应关系，资源的综合利用建议和“三废”治理的要求。

(7) 技术装备水平和建筑标准。规定企业的技术水平和机械化程度，征地范围占用地的估算建筑和面积单位造价。

（8）投资估算、资金来源和产品成本。

（9）其他问题。劳动定员，经济效益，环境保护，技术引进等。

设计任务书是初步设计的依据，它是确定建设布局、建设规模、产品种类、主要协作关系和建设进度的重要文件，所有大中小矿山建设项目，都应按规定编制设计任务书。

设计任务书（或可行性研究报告）是项目决策的依据，应按规定的深度做到一定的准确性，投资估算和初步设计概算的出入不得大于10%，否则将对项目重新进行决策。

设计任务书（或可行性研究报告）应满足大型、专用设备与订货的要求。

根据国家计委要求，设计任务书的审批应附可行性研究报告及审批意见。当设计任务书的内容与可行研究报告有较大出入，必须予以论证和说明时，可以考虑用设计院名义同时编写“设计任务书编制说明”作为设计任务书的附件。

1.2.2 设计工作

1.2.2.1 *初步设计*

初步设计是设计的第一阶段，是设计的主要文件。初步设计必须遵循国家规定的基本建设程序，并根据批准的设计任务书（或可行性研究报告）所确定的内容和要求进行编制。初步设计是项目决策后，根据设计任务书（或可行性研究报告）要求所做的具体实施方案。在初步设计中，对企业经批准的设计任务书（或可行性研究报告）所确定的主要原则方案，如厂址、规模、产品方案、开采方法、主要工艺流程、主要设备选型等，一般不应有较大的变动。当基础资料及情况发生变化，致使原确定的重大工艺方案有较大变动或初步设计概算大于可行性研究投资估算10%以上时，须经原审批设计任务书（或可行性研究报告）的主管部门的批准。

A *初步设计的要求*

初步设计必须依据已批准的设计任务书及可行性研究报告中已确定的规模、服务年限，对矿区选择、开采方法、开拓方案、厂址、建设程序、资源的综合利用、技术装备、机修、工业和生活用水、供电、燃料及内外部运输等原则问题，进行具体设计，详细地论证各项技术决策的技术经济合理性，上级审批后，初步设计的内容和深度应满足下列要求：

（1）指导编制施工图；

（2）基建施工和企业生产准备；

（3）控制基建投资，满足项目投资包干、招标承包；

（4）设备、材料的订货；

（5）土地的征用和编制基建进度计划。

B *初步设计的主要内容*

初步设计包括设计说明书和图纸两部分。设计说明书的编制，根据生产规模的大小，矿山具体条件不同无统一规定，是创造性的工作。一般要求能充分贯彻有关的各项方针政策，要客观地分析，要贯彻少而精，主要计算结果应精确无误，说理清楚，证据有力，文字通顺，语句精练，标点符号齐全。其内容一般包括：

（1）总论；

（2）技术经济；

(3) 矿区地质和水文地质;
(4) 岩石力学;
(5) 采矿;
(6) 矿山机械;
(7) 破碎筛分，选矿部分;
(8) 电气部分;
(9) 总图运输;
(10) 给排水。

1.2.2.2 施工设计

施工设计是两阶段设计的第二阶段，它是在批准初步设计的基础上进行编制的。其目的是通过详细绘制施工图，把设计内容变成施工文件和图纸。施工图设计是施工建设的依据，也是监督和竣工验收的依据。施工图是按工程项目分期分批交付施工单位，保证建设进度按计划实现。施工图不需上级批准，只要经过设计单位技术负责人签字后，即可施工。

A 编制施工图的条件

施工图的编制需要下列具体条件:
(1) 初步设计和所附的概算已获上级领导部门批准;
(2) 主要设备和材料已落实，并具备主要设备的安装资料;
(3) 全部勘探工程和工程地质资料已经全部完成。

B 施工设计的任务

施工设计的任务包括:
(1) 对初步设计中的主要项目和技术决定进行详细的复核和验算;
(2) 编制构筑物和建筑物的结构详图以及施工安装图;
(3) 完成总平面图的连接;
(4) 井巷连接处的结构与支护、各硐室的结构详图、通风构筑物的结构详图等都要绘制施工图，如果采矿设计方法比较复杂，也要编制第一矿块的施工图。

施工设计中，要尽量利用标准设计图和类似工程的施工图，以节省人力和时间，加快设计进度，使建设项目能早日建成投入生产;同时也不允许有任何降低生产能力和劳动生产率以及提高建设费用的变更。如果非变不可，则需要经过领导机关批准。一般情况下，编制施工图时，不得与初步设计的原则和方案相违背，如有变化和修改，必须报请领导机关批准或同意，在未经领导机关同意前，仍应按初步设计所确定的原则进行。

在完成施工设计并交付建设单位施工时，为了保证施工质量，设计部门还需派出有关专业技术人员到现场进行施工技术服务。按施工设计要求完成施工后，矿山建设项目试车竣工验收投入生产。

1.2.3 设计组织工作

矿山建设项目，一般由设计部门承担设计任务。近年来，随着矿业形势的迅速发展，冶金矿山的设计机构发展迅速，到目前为止包括省属的冶金矿山设计院在内共五十多个，在全国范围内已形成一支雄厚的设计队伍。通过多年的实践和提高，他们不仅能独立自主地进行多种类型的露天矿和坑内矿的设计，而且还能完成比较复杂矿山工程的设计，对矿山企业的发展提供了有力的技术支持。自20世纪90年代起冶金系统的黑色矿山设计研究院和有色冶金研究院普遍打破了以往单纯搞设计的局面，紧密结合矿山建设项目，实现院内与院外相结合、设计与科研、教学单位相结合的形式，协同研究，联合攻关，使设计工作直接为矿山生产建设服务，促进了矿山技术进步和经济效益的提高。

国有大型冶金设计研究院，设计人员较多，力量雄厚，主要承担大中型建设项目的设计任务。地方中小型设计研究院，设计人员较少，主要承担中小型和地方建设项目的设计任务。各设计研究院组织机构也不相同，但一般由如图1-1所示的科室进行专业分工。

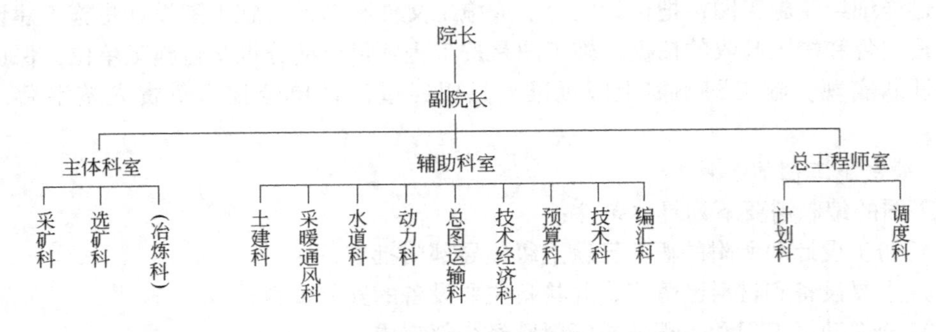

图1-1　设计研究院组织机构示意图

设计任务下达后，院领导人指定某工程项目总设计师，各科室指定某工程专业负责人和参加人员，并组成设计工作组由工程总设计师统一领导。

设计工作组成立后，总设计师组织有关专业负责人到现场详细了解矿床勘探情况，验证资源，收集有关资料。对矿址方案、开拓方案、采矿方法等重大问题，一般应在现场作出初步决定。

设计开始前，工程总设计师组织全组人员编制和讨论某工程开工报告。开工报告包括：(1) 上级机关的指示和决定；(2) 企业的产品质量和数量；(3) 总体规划（水、电、交通等）；(4) 原始资料是否符合设计开工要求；(5) 设计的主要原则和突出的问题；(6) 设计进度计划。工程开工报告经院领导人批准同意后，就作为进行设计的依据。

各专业科室根据工程开工报告，作本专业开工报告和召开技术会议，并邀请工程总设计师和有关科室（计划科和调度科）人员参加。

工程总设计师负责设计的接收、布置和检查工作，在工程开工报告和专业开工报告审批之后，工程总设计师组织各专业负责人，在满足院计划的前提下，编制各专业间的设计资料周转计划和协作计划。在设计中，工程总设计师经常检查各专业科室的工作，并帮助解决主要问题，以保证设计的进度和质量以及相互衔接。

设计文件提交前，各级专业人员按照颁发的责任制和审核制认真进行审核。尽可能邀请施工部门、建设单位会审设计。审查合格的设计原稿和底图，由编汇科打字和描图。印刷和晒制后的正式成品，大部分送建设施工单位和领导机关。部分与原稿和底图一同交编汇科存档。

1.3 设计法律依据

1.3.1 国家及地方有关法律法规

1.3.1.1 国家法律

(1)《中华人民共和国安全生产法》(2002 年 11 月 1 日施行);

(2)《中华人民共和国劳动法》(1995 年 1 月 1 日施行);

(3)《中华人民共和国矿产资源法》(1997 年 1 月 1 日施行);

(4)《中华人民共和国矿山安全法》(1993 年 5 月 1 日施行);

(5)《中华人民共和国职业病防治法》(2002 年 5 月 1 日施行);

(6)《中华人民共和国环境保护法》(1989 年 12 月 26 日施行);

(7)《中华人民共和国环境噪声污染防治法》(2005 年 4 月 1 日施行);

(8)《中华人民共和国固体废物污染环境防治法》(1997 年 3 月 1 日施行);

(9)《中华人民共和国消防法》(2009 年 5 月 1 日起施行)。

1.3.1.2 行政法规

(1)《中华人民共和国矿山安全法实施条例》(1996 年 10 月 30 日施行);

(2)《民用爆炸物品安全管理条例》(国务院令第 466 号,2006 年 9 月 1 日施行);

(3)《特种设备安全监察条例》(国务院令第 373 号,2005 年 6 月 2 日施行);

(4)《地质灾害防治条例》(国务院令第 394 号,2004 年 3 月 1 日施行);

(5)《生产安全事故报告和调查处理条例》(国务院令第 493 号,2007 年 6 月 1 日施行);

(6)《建设项目环境保护管理条例》(国务院第 253 号令,1998 年 11 月 18 日施行);

(7)《安全生产许可证条例》(国务院令第 397 号,2004 年 1 月 7 日施行)。

1.3.2 国家及地方行业标准

1.3.2.1 国家标准

(1)《企业职工伤亡事故分类标准》(GB 6441—1986);

(2)《金属非金属矿山安全规程》(GB 16423—2006);

(3)《矿山电力设计规范》(GB 50070—1994);

(4)《厂矿道路设计规范》(GBJ 22—1987);

(5)《污水综合排放标准》(GB 12348—1990);

(6)《建筑抗震设计规范》(GB 50011—2001);

(7)《建筑设计防火规范》(GB 50016—2006);

(8)《工作场所有害因素职业接触限值》(GBZ 2—2007);

(9)《工作场所有害因素职业接触限值化学有害因素》(GBZ 2.1—2007);

(10)《工作场所有害因素职业接触限值物理因素》(GBZ 2.2—2007);

(11)《工业企业噪声控制设计规范》(GBJ 87—1985);

(12)《建筑物防雷设计规范》(GB 50057—1994);

(13)《爆破安全规程》(GB 6722—2003);

(14)《工业企业总平面设计规范》(GB 650187—1993);
(15)《生产过程危险和有害因素分类与代码》(GB/T 13861—1992);
(16)《大气污染物综合排放标准》(GB 16297—1996 中二级标准);
(17)《污水综合排放标准》(GB 8978—1996 中一级标准);
(18)《工业企业厂界噪声标准》(GB 12348—1990 中Ⅱ类标准);
(19)《一般工业固体废物贮存、处置场污染控制标准》(GB 18599—2001);
(20)《压缩空气站设计规范》(GBJ 29—1990);
(21)《工业企业设计卫生标准》(GBZ 1—2002);
(22)《矿山安全标志》(GB 14161);
(23)《危险化学品重大危险源辨识》(GB 18218—2009);
(24)《竖井罐笼提升信号系统安全技术要求》(GB 16541);
(25)《罐笼安全技术要求》(GB 16542)。

1.3.2.2 行业标准

(1)《金属非金属矿山安全标准化规范导则》(AQ 2007.1—2006);
(2)《金属非金属矿山安全标准化规范地下矿山实施指南》(AQ 2007.2—2006);
(3)《金属非金属矿山排土场安全生产规则》(AQ 2005—2005);
(4)《矿井提升机和矿用提升绞车安全要求》(JB 8516)。

1.3.3 地方性法规

各省颁布的地方性法规及规章,如《河北省安全生产条例》2005 年 9 月 1 日正式实施。

1.4 矿山企业设计的原始资料

原始资料是客观事物的反映,原始资料不确切或运用不适当,会引起设计中技术上的错误,而给国民经济带来损失。

企业在进行设计时,必须遵照国家规定的设计程序和批准的设计任务书进行编制。

设计所用的原始资料归纳起来可分为以下几方面:

(1) 地质勘探报告和附图。根据批准的矿区地质最终勘探报告及附图,包括地形测量资料及地形图。在水文地质工作复杂的矿山,应有水文地质勘探报告。

勘探报告应说明该矿床地质结构、矿床特征、矿体形状及产状,矿山质量、品种、矿石及围岩的物理力学性质,矿石工艺加工的技术。附图中应有矿区地质地形勘探工程综合图(1∶2000 或 1∶1000),全套的勘探剖面图(1∶1000),分阶段储量计算图,对缓倾斜矿床顶底板等高线图。图纸比例要求配套。

(2) 技术经济资料。设计中方案的技术经济比较,概算书的编制,都需要经济指标。经济指标误差大,会造成方案选择错误,投资偏大或过小。

对于新矿山搜集经济指标的内容有:地理经济状况,地区工业发展性质、电力、水源、燃料、劳动力、材料供应条件,类似地区或厂矿的生产指标和定额。应选取矿山企业正常生产一年以上的平均先进指标,即高出定额数值再加以算术平均。

对改建矿山除上述资料外应查明:房屋和设备利用情况,企业技术特点,生产过程的优缺点，各种指标消耗定额的分析等。

（3）工程地质资料。荷重大的房屋及基础较深的厂房车间等建筑物和构筑物，都应了解土壤性质、土层厚度、地下水面深度、岩层情况，对有地震影响的地区，应有地震烈度等级资料。主要竖井施工前应有井筒中心钻孔柱状图。

（4）气象及水源资料。气象包括四季气温的变化、年最高温度和最低温度、平均温度、降雨量和降雪量、冰冻时期，在河流附近的企业应有洪水位，山区应有山洪暴发资料。对上述资料一般都是来自地区气象台的统计资料，由于小区域基地地形的变化（特别是山区建矿）往往有些出入，因此对该地区的气温变化、降雨量和降雪量、主导风向、一年内冰冻时间、温湿度要在现场进一步调查，才不致脱离实际。

查明矿山工业用水和生活用水的水源、水质、水量。

（5）地方材料。查明矿区附近是否有建筑材料、燃料，其数量、单价、交通境况和运输距离，若当地不产或来源不足时，应查明其他地方的来源，供应数量价格等。

（6）设备资料。矿山主要设备订货和配件的工厂、价格、质量等。

（7）各种协议资料。建设一个矿山，涉及的问题较多，如外部运输就应和其他部门签订铁路或公路的接轨，货运和货运站等协议，此外还有征地、供电、电信、水源地、污水处理、材料供应、环境保护等协议，总之建设矿山时和附近或其他单位有联系的问题，应有协议书。这些协议书一般由矿方负责签订，或设计部门提出要求。

对改建的矿山，应有矿山现状，如建筑物、矿山已有设备的固定资产、库存设备及材料、各种定额和生产指标、开拓和采矿方法、矿量等。

除上述原始资料外，设计者到施工单位进行调查研究，了解施工能力、技术力量、设备备件等。

总之，调查研究、收集资料工作，往往不是一次就能完成的，必须随着设计过程的不断深化，反复地进行深入细致的补充和验证，才能得到第一手材料和正确的方案。

1.5　设计对地质资料的要求

1.5.1　地质勘探报告书和附图

经批准的矿区地质最终勘探报告及附图，包括地形测量资料及地形图。在水文地质工作复杂的矿山，应有水文地质报告。

设计工作者应审查和掌握矿床的勘探程度，勘探工作是否充分揭露矿体在空间位置上的分布、矿体产状、形态和变化规律、品位变化、矿体上下盘围岩中是否另有矿体存在。对以前采过的矿体其采空区（老窿）分布情况，矿体边界是否圈定，勘探工程布置，在垂直方向是否保持同一水平，勘探网的密度，勘探深度是否符合该勘探类型矿床的要求。岩心采取率及钻孔弯曲率方位角的测量是否合适等等。

1.5.2　矿床勘探储量级别的要求

矿石储量和品位是矿山建设投资的基础，新建矿山或改建矿山都必须有相当数量和品位的储量。

根据《固体矿产地质勘探规范总则》（1992 年）一般将矿产分为能利用储量和暂不

能利用储量，按照勘探程度的不同，把矿床工业储量划分为A、B、C、D四级。

A级储量——开采储量，是矿山生产期间准备采出的储量，是在B级储量的基础上经生产勘探进一步探明的储量。

B级储量——大型矿山的设计，要求有一定的B级储量，而且获得的储量要求分布在矿床初步开采的地段。

C级储量——设计和建设的主要储量，也是地质勘探获得的基本储量。

D级储量——远景储量，仅作矿山远景规划，对于复杂的小型有色和黄金矿山，可利用一部分D级储量作为设计矿量。

有色金属矿山要求有一定的C级储量作为设计基础。黑色金属矿山要求有一定的B级和C级储量作为设计基础。

铁矿及有色金属矿开采设计所需的各级储量比例的要求见表1-1和表1-2。

表1-1 铁矿设计所需的各级储量比例的要求

勘探类型	矿床特征	所需的储量/Mt	各级储量的比例/%		
			B	C_1	C_2
Ⅰ	分布面积大，厚度稳定，品位均匀，构造简单的层状矿床	>50	15~20	70~85	9~10
Ⅱ	厚度大，深度大，品位较均匀，夹层较多的层状矿床	10~50	15~20	70~85	9~10
Ⅲ	分布面积较大，厚度较稳定，品位较均匀，构造较复杂的层状矿床；厚度较大，倾斜深度较小，品位较不均匀，形状较不规则的内生矿床及构造破坏的层状矿床	10~50	15~20	70~85	0~10
Ⅳ	规模小，品位不均匀，形状复杂的透镜状、脉状和囊状的矿体	2~10	0~10	60~90	10~30

表1-2 有色金属矿设计所需的各级储量比例的要求

勘探类型	矿床特征	矿山规模/t·d⁻¹	所需的储量/Mt	各级储量的比例/%		
				B	C	D
Ⅰ	层状，似层状，品位分布均匀的矿体	采选日处理量5000t以上	>35~50	10~15	75~90	0~10
Ⅱ	形状较复杂，矿层较厚，深度大、规模大的条带状和透镜状矿体，品位稳定	2000~5000	1.5~35	5~10	75~90	0~20
Ⅲ	形状复杂，品位及厚度变化较大的似层状、囊状、脉状矿体	500~2000	0.6~2	0~5	70~90	10~20
Ⅳ	形状非常复杂，品位不稳定的管状和竖立囊状矿体，以及分散的小矿条和小透镜状，一般规模都小	150~500	0.5~2	—	50~80	20~50

注：表中所列D级储量的比例，是可以作为设计用的那部分，而不是包括全部D级储量。上述类型与规模的划分对铜、铅、锌、钨、锡、镍矿床适用。

对50～500kt储量的小型矿床，其勘探程度可降低，设计所需的储量比例不具体规定。

为了适应市场经济的需要，更好地与国际接轨，在综合考虑经济、可行性和地质可靠程度的基础上，采用符合国际惯例的分类原则。我国于1999年颁布的《固体矿产资源/储量分类》（GB/T 17766—1999）对矿产储量重新进行了分类。

矿产资源经过矿产勘查可获得的不同地质可靠程度和经相应的可行性评价可获不同的经济意义，是固体矿产资源/储量分类的主要依据。据此，固体矿产资源/储量可分为储量、基础储量、资源量三大类十六种类型（表1-3，表1-4）。

表1-3　固体矿产资源/储量分类

经济意义	查明矿产资源			潜在矿产资源
	探明的	控制的	推新的	预测的
经济的	可采储量（111）			
	基础储量（111b）			
	预可采储量（121）	预可采储量（122）		
	基础储量（121b）	基础储量（122b）		
边际经济的	基础储量（2M11）			
	基础储量（2M21）	基础储量（2M22）		
次边际经济的	资源量（2S11）			
	资源量（2S21）	资源量（2S22）		
内蕴经济的	资源量（331）	资源量（332）	资源量（333）	资源量（314）?

注：表中所用编码（111～314）：

第1位数表示经济意义：1—经济的；2M—边际经济的；2S—次边际经济的；3—内蕴经济的；? —经济意义未定的。

第2位数表示可行性评价阶段：1—可行性研究；2—预可行性研究；3—概略研究。

第3位数表示地质可靠程度：1—探明的；2—控制的；3—推新的；4—预测的；b—未扣除设计、采矿损失的基础储量。

表1-4　矿产资源储量套改表

储量种类	地质研究程度		套改编码	归类编码
	储量级别	勘察阶段		
（1）正在开采、基建矿区的单一、主要矿产储量及其已（能）综合回收利用的共、伴生矿产储量以及因国家宏观经济政策调整而停采的矿产储量	A+B	勘探	111	111
			111b	111b
	C	勘探	（112）	111
			（112b）	111b
		详查	（112）	122
			（112b）	112b
	D	勘探 详查 普查	（113）	122
			（113b）	122b
			333	333

续表 1-4

储量种类	地质研究程度		套改编码	归类编码
	储量级别	勘察阶段		
（2）计划近期利用、推荐近期利用、可供边探边采矿区单一、主要矿产储量及其可综合回收利用的共、伴生矿产储量及 1993 年 10 月 1 日以后提交的勘探报告中属能利用（表内）a 亚类矿产量储量	A + B	勘探 详查 普查	121	121
			121b	121b
	C		122	122
			122b	122b
	D		（123）	122
			（123b）	122b
			333	333
（3）因经济效益差、矿产品无销路、污染环境等而停建、停采，将来技术、经济及污染等条件改善后可能再建再采的矿区单一、主要矿产储量及其已（能）综合回收的共、伴生矿产储量	A + B	勘探 详查	2M11	2M11
	C		（2M11）	2M22
	D		（2M13）	2M22
		普查	（2M13）	333
（4）因交通或供水或供电等矿山建设的外部经济条件差确定为近期难以利用、近期不宜进一步工作，但改善经济条件后即能利用的矿区的单一、主要矿产储量及其可综合回收的共、伴生矿产储量	A + B	勘探 详查	2M21	2M21
	C		2M22	2M22
	D		（2M23）	2M22
		普查	（2M23）	333
（5）由于有用组分含量低，或有害组分含量高，或矿层（煤层）薄，或矿体埋藏深，或矿床水文地质条件复杂等而停建、停采的矿区的单一、主要矿产储量及其已（能）及未（不能）综合回收利用的共、伴生矿产储量及闭坑矿区储量	A + B	勘探 详查 普查	2S11	2S11
	C		（2S12）	2S22
	D		（2S13）	2S22
（6）由于有用组分含量低，或有害组分含量高，或矿层（煤层）薄，或矿体埋藏深，或矿床水文地质条件复杂等确定为近期难以利用和近期不宜工作矿区的单一、主要矿产储量及其共、伴生矿产的储量，以及表外矿	A + B	勘探 详查 普查	2S21	2S21
	C		2S22	2S22
	D		（2S23）	2S22
（7）未能按上述要求确定的矿产储量	A + B	勘探 详查 普查	331	331
	C		332	332
	D		333	333

1.5.3　有色金属矿床勘探类型的划分

有色金属矿床勘探，为了控制钻孔网的密度，以获得相应的储量，将矿床划分为四个勘探类型。

第一类型——形状简单，品位均匀的层状矿床，钻孔网密度采用沿走向布置距离为 150 ~ 200m，沿倾斜布置为 150 ~ 200m，勘探获得 C 级储量。

第二类型——形状复杂，品位均匀，含矿层厚的凸镜状和条带状矿床，钻孔网密度沿走向布置 100 ~ 200m，沿倾斜布置间距为 80 ~ 100m，可获得 C 级储量。

第三类型——形状复杂，品位和厚度不稳定的脉状、囊状矿床，钻孔网密度沿走向布置距离为 80 ~ 100m，沿倾斜布置距离为 60m，可获得 C 级储量。

第四类型——形状复杂，品位和厚度变化大，矿脉有分枝复合交错产生，如细脉群与管状矿体，钻孔网密度沿走向布置距离为40～45m，沿倾斜布置距离为40～50m，可获得C级储量。

有色金属矿床多属第三、四类型，而黑色金属（铁、锰等）多为第一、二类型的矿床，勘探类型详细情况可参看地质储量规范。D级储量，单独不能作为设计基础。一般是高级储量外推部分的D级储量比较可靠。D级储量作远景储量考虑。

在勘探深度方面，小型矿及第四类型矿床C+D级储量应控制到深度为100～200m。中型矿及第三类型矿床，C级储量控制深度为100～150m，D级储量控制深度250～300m。大型矿及第一、二类型矿床，B+C级储量控制深度200～300m，D级储量控制深度应为400～500m。小型地方工业矿床不作规定。

在水文地质方面查明矿床和围岩的含水性对采掘工作的影响，开采时期流入矿区的最大和平均涌水量、水的性质、来源和工业用水的条件。

要求地质报告中查明和圈定出氧化矿和原生矿的储量，以便选矿设计考虑不同的流程，采矿设计考虑分采和混采问题，对于储量的计算应按矿体、按矿石种类，分别计算工业矿量和远景矿量，设计中必要时应自行分阶段计算储量。一般用地质断面法和矿体块段法计算储量。

设计单位和人员对地质资料应认真研究，对资料中不符合设计标准部分或存在问题，应及时申报书面材料提请上级机关予以解决，以确保设计质量。

2 地下矿山生产能力与矿井服务年限

2.1 确定矿山生产能力的意义

矿山企业的生产能力，是矿山在正常生产时期每年所生产的产量。确定矿山生产能力，是矿山建设的重要问题，在设计中，矿山生产能力确定的正确与否直接关系着矿山建设，也是常常造成设计返工、投资浪费、经济效益不佳的重要原因。因此，对矿山生产能力的确定应十分重视。

矿山生产过程中，与矿山生产规模直接有关的生产环节很多，其不仅取决于采场能力，还取决于运输、提升、破碎、充填等其他重要环节的生产能力。就技术上可能的生产能力，其基础的生产环节是采场生产能力，其他各种生产环节都应与之相配套并留有充分的余地。

本章所述矿山生产能力的方法，只涉及与采场能力有关的一些参数、指标的选取与计算，没有涉及提升、运输等其他环节和经济问题。

2.2 影响矿山生产能力的因素

影响矿山生产能力的因素是错综复杂的，在确定生产能力时，对下列因素必须给以充分的研究。

2.2.1 矿山资源的大小和地质勘探资料的可靠程度

矿山资源的大小与贫富条件，是确定矿山生产能力的基础资料。一般情况下，确定的矿山生产能力应和矿山资源相适应。对开采条件复杂、资源可靠程度差、远景储量小的矿床，生产能力不能定的偏大。而对勘探清楚、储量大、开采条件好、品位高、国家急需的资源以及远景储量大的矿床，可适当取偏大的生产能力。

许多矿山，因地质资料不可靠而使矿山规模减小，甚至被迫停建。例如安徽某铜矿，矿床属于第四勘探类型，确定工业储量的勘探网度本应采用50m×50m，但实际采用网度100m×(70～120)m，钻孔质量较差，因此提交的工业储量大，按大中型矿山规模设计施工后补充勘探，储量比原提交量减少88%，金属量减少58%，不得不改为小矿山的生产能力，使基建投资浪费很大。贵州某铜矿储量减少近50%，在花费大量投资后被迫停建，重新补勘。四川某铜矿地采段，因储量减少近80%，也被迫放弃快要建成的坑内工程。

2.2.2 矿床开采技术条件

矿山生产能力与所采用的采矿方法的生产能力和可能同时回采的矿块数目等因素有关，而这些因素与矿体厚度、倾角、矿床水平面积、矿石和围岩的物理力学性质，矿区的自然环境等条件有关。如矿床面积较大，急倾斜厚矿体，矿石较稳固，可采用高效的采矿方法，并能布置较多的矿块同时回采，增大矿山生产能力是有可能的；对于矿体较薄，倾角较小，矿石和围岩不够稳固，有火灾危险的矿床，矿山生产能力不宜过大，否则难以达到设计产量。例如，某铁矿某一矿区所开采矿层为一储量较大的缓倾斜薄矿层，原设计生产能力为3000kt/a，但该区生产十多年，最高年产量值才达到1020kt，仅为设计生产能力的34%。因此，确定矿山生产能力一定要研究采矿技术条件，正确选择采矿方法，合理确定矿块生产能力和同时工作的矿块数目。

2.2.3 技术装备和机械化水平

国内外情况表明，技术装备不同，采场生产能力有很大的差别，因而影响矿山生产能力。

世界先进国家地下矿山的采、装、运以及其他辅助作业如喷锚、装药、松石等设备，基本上实现了无轨化，即采用胶轮设备，并向大型化发展。近些年来，我国金属矿山向无轨化、大型化、液压化和自动化方面迈进，有了较大的进展，先后研制成10多种规格的铲运机，10多种液压钻车，地下牙轮钻机，各种凿岩台车和胶轮辅助车辆等。

2.2.4 设计上的因素

采矿方法选择是否合理，各种技术参数确定是否合适，选用的设备是否配套适应开采技术条件，以及回采顺序是否与开采强度相适应等等。

2.2.5 生产管理

科学的组织生产，及时维护和检修生产设备，采用合理奖惩制度，培训生产技术力量，发挥人的积极性等等，有利于生产力的提高。

2.3 采出矿石量与最终产品量的关系

在矿山企业设计任务书中，有时规定最终产品（精矿或金属产品）产量，此时需计算矿山采出矿石年产量。

2.3.1 最终产品为精矿

最终产品为精矿时，矿山采出矿石年产量，按式（2-1）计算

$$A_{年} = \frac{A_{精}\beta_{精}}{\alpha_{出}\varepsilon_{选}}K_{备} \tag{2-1}$$

式中 $A_{年}$——矿山采出矿石年产量，t/a；

$A_{精}$——精矿年产量，t/a；

$\beta_{精}$——精矿品位，%；

$\alpha_{出}$——采出矿石品位，%；

$\varepsilon_{选}$——选矿回收率，%；

$K_{备}$——备用系数，一般取1.1。

2.3.2 最终产品为金属

最终产品为金属时，矿山采出矿石年产量，按式（2-2）计算

$$A_{年} = \frac{A_{金}\delta_{金}}{\alpha_{出}\varepsilon_{选}\varepsilon_{冶}}K_{备} \tag{2-2}$$

式中 $A_{金}$——金属产品年产量，t/a；

$\delta_{金}$——金属产品品位，%；

$\varepsilon_{冶}$——冶炼回收率，%。

2.4　技术上确定可能的矿山生产能力

常用于确定生产能力的方法有年下降速度法、年工作面推进距离法、开采强度系数法、新中段准备时间法、同时回采出矿矿块系数法、采掘进度计划验证、合理服务年限法等多种方法。各种计算方法都有各自的优缺点和适用条件。开采强度系数法、年下降速度法和年工作面推进距离法属于强度近似计算，用于长远规划阶段的估算较适宜；新中段准备时间法用于检验，常不单独使用；合理服务年限是经济合理的简单评价；目前应用较多的是同时回采出矿矿块系数法。为便于学习，以年下降速度法和同时回采出矿矿块系数法为例进行介绍。

2.4.1　矿床开采年下降速度法

按矿床开采年下降速度方法计算采出矿石年产量，只适用于矿体倾角大于30°的矿体。

$$A_{年} = \frac{S\gamma vK}{1-\rho}K_1K_2 \tag{2-3}$$

式中 $A_{年}$——矿山年产量，t/a；

S——矿体水平可采面积，m^2；

γ——矿体容重，t/m^3；

v——矿体开采年下降速度，m/a；

K——矿石回收率，%；

ρ——废石混入率，%；

K_1，K_2——倾角、厚度修正系数。

下降速度（v）是式中关键性参数，选取合适与否，对计算结果准确性影响很大。矿体其他条件相同的情况下，下降速度随矿体倾角的增大和厚度的减小增大，随矿体长度和面积的增大而减小，随矿石损失的增加和废石混入的减少而增大。它和回采顺序、采矿方法、出矿设备、同时生产的阶段数目等多种因素有密切关系。在选取时应弄清楚类比矿山的相关方法和各矿山的统计方法（表2-1，表2-2）。

表2-1　地下金属矿山矿床开采年下降速度

井田长度/m		可采面积/m^2	年下降速度/$m \cdot a^{-1}$					
			平均		最小		最大	
薄及中厚矿体	厚矿体		单阶段	双阶段	单阶段	双阶段	单阶段	双阶段
>1000	>600	12000～25000	15	20	12	18	20	25
600	300～600	5000～12000	18	25	15	20	25	30
≤500～600	<300	≤4000～5000	20	30	18	25	30	40

式（2-3）中的 K_1、K_2 可按表 2-2 选取。

表 2-2 矿床开采年下降速度的修正系数

矿体厚度/m	<5	5~15	15~25	>25
矿体倾角修正系数 K_1	1.25	1.0	0.8	0.6
矿体厚度修正系数 K_2	1.2	1.0	0.9	0.8
矿体倾角/(°)	90	60	45	30

当矿体倾角小于 30°时，矿山年产量可根据回采工作的年推进速度来计算，计算式如下

$$A_{年} = \frac{1}{\mu}\sum_{1}^{n} vlq \tag{2-4}$$

式中 $A_{年}$——矿山年产量，t/a；

μ——工作面平均推进距离，m；

l——工作面长度，m；

q——1m² 矿体面积上采出矿石量，t，

$$q = lm\gamma K_{视} = \frac{m\gamma K}{1-\rho} \tag{2-5}$$

m——矿体厚度，m；

γ——矿石平均容重，t/m³；

$K_{视}$——矿石视在回收率，也称毛矿石回收率，$K_{视} = \frac{采出矿石量}{工业储量}$；

$\sum_{1}^{n}$——单、双翼回采（单翼回采为 1，双翼回采为 2），n 表示回采工作面数目，可以集中在一个矿体中或分布在几个矿体中。

2.4.2 按合理开采顺序同时回采矿块数计算矿山年产量

2.4.2.1 回采顺序

采场数目相同的条件下，回采顺序不同，采场出矿强度是有差别的，在任务书和初步设计时，正确选择采矿方法的同时，应对回采顺序做深入细致的研究。

矿床合理的开采顺序，应贯彻贫富兼采，大小兼顾的原则。倾斜及急倾斜矿体阶段回采应坚持自上而下的顺序，多条矿脉或厚矿体的回采顺序应自上盘向下盘。极厚矿体可从矿体中央开始向两盘退采。对某些分散矿体、缓倾斜矿体和国家急需的金属矿床，在先开采富矿并不影响后期开采贫矿，或采取有效措施能够确保贫矿的后期正常开采时，可考虑先开采富矿以满足国家急需。

在正常情况下，应避免多阶段采矿。多阶段回采，管理不便，安全难以保证。因此同时回采阶段数目不应超过 3 个，一个阶段回采最为合理，根据产量要求或上下段衔接，两个阶段可以同时回采，但应遵照上下阶段应有超前关系，上阶段超前回采距离为 40~50m。

对于薄矿脉，一个中段内相邻两矿脉间距大于 40~50m 时可同时回采，同一组内的

矿脉则严格按照上下盘的超前关系回采。同阶段两脉间的距离大于5m时则分采；3～5m时两采场同时回采，一般上盘脉超前下盘脉回采，其超前距离也不得大于2m；当距离小于3m时考虑合采，但合采出矿品位必须满足式（2-6）的条件

$$B \leqslant \frac{M(C_{地} - C_{出})}{C_{出}} \tag{2-6}$$

式中 B——合采夹层厚度（或宽度），m；

M——合采矿脉总厚度，m；

$C_{地}$——合采矿脉地质平均品位，%；

$C_{出}$——采选综合经济效果要求的最低出矿品位，%。

若达不到上述条件，则丢副脉采主脉。

2.4.2.2 按回采矿块数确定年产量

矿山采矿是以矿块或采场为独立的基本单元组织生产，对于不同矿体和技术装备而言，采矿方法不同，单个矿块布置形式不同，生产能力差别很大。因此，在考虑矿井通风运输系统，合理确定开采顺序，并正确选择采矿方法后，用同时回采出矿矿块数来确定生产能力是一种较为可靠的方法。该方法是设计中使用的主要方法之一，其计算式如下

$$A = \frac{NqKt}{1 - Z} \tag{2-7}$$

式中 A——矿山年生产能力，t/a；

N——单阶段可布矿块（采场）个数；

q——矿块（采场）或进路出矿能力，t/(d · 个)；

t——年工作日数（306天，330天，340天），d；

Z——副产矿石率，%；

K——矿块利用系数。

单阶段可布矿块个数 N，是在中段（或分段）平面图上所圈定的C级以上储量的矿体，按已定参数（各种采矿方法所要求的尺寸）划分矿块。划分可布矿块时，应注意对照上下阶段（分段）的平面图上矿体圈定线是在重合位置上，都应是完整的矿块。要注意剔除两翼狭小的，变化很不稳定和不完整的，对确定生产能力有较大影响的构造带以及需要作为临时矿柱地段。

因采矿工艺的要求和其他原因，有些可布矿块（进路）在一段时间内不投入生产，计算生产能力时应把这些矿块（进路）数目扣除，此外由于矿体薄厚不均，使进路长短不同以及考虑上下分段交替时制约和影响，考虑到矿块的均衡下降，对储量较少的矿块（进路）需要进行折算，将可布采场（进路）N 折算成有效采场（进路）$N_{有效}$，这样参与计算能力的有效矿块少于可布矿块，即 $N_{有效} \leqslant N$。

可布矿块（进路）N 折算成有效矿块（进路）$N_{有效}$，再计算生产能力，这样更能反映生产的实际情况。单阶段可布置有效矿块数，可按作图法布置矿块来确定，也可按下列公式求出。

$$N_{有效} = \frac{nL}{l} \tag{2-8}$$

或

$$N_{有效} = \frac{\eta S}{a} \tag{2-9}$$

式中 L——阶段中矿体总长度，m；

η——阶段中矿体总长度（或总面积）的利用系数，一般为0.8～0.9；

l——矿块长度，m；

S——阶段中矿体的总面积，m^2；

a——矿块面积，m^2。

出矿能力 q 取决于出矿设备效率。不同的运搬设备，矿块生产能力各不相同，即使同一设备，由于出矿条件、设备维护、操作技术熟练程度不同，其生产能力也有差别。影响出矿设备效率的主要因素有运输距离的远近、大块率的大小、通风、运输等。

矿块利用系数 K 为出矿采场与中段（分段）内可布采场总数之比，即出矿采场与该中段（分段）出矿、落矿、切割、采准、探矿采场总和之比。一些生产矿山将采准、探矿等采场布置在下阶段，这样可提高矿块利用系数（表2-3）。

表2-3 回采矿块利用系数设计推荐值

采矿方法	利用系数 K	采矿方法	利用系数 K
全面采矿法	0.6～0.8	充填采矿法	0.33～0.5
房柱采矿法	0.5	有底柱分段崩落法	0.33～0.7
浅孔留矿法	0.3～0.5	无底柱分段崩落法	0.2～0.25（按回采进路计算）
分段凿岩阶段矿房法	0.33～0.35	分层崩落法	0.20～0.25（按回采进路计算）
阶段矿房法	0.36～0.45	阶段崩落法	0.36～0.45

注：矿床类型复杂、矿体变化大、开采技术条件差，取小值，反之取大值。

副产矿石率 Z，即采准切割出矿量占矿块出矿量的百分比。根据采矿方法不同，以及采准切割巷道布置在脉内或脉外的不同，可以计算出副产矿石率（表2-4）。

表2-4 副产矿石率参考值

采切工程大部分在脉外	介于二者之间	采切工程大部分在脉内
5%	10%	15%

计算矿山生产能力时，首先可逐阶段进行，计算出可能的生产能力，然后确定出矿山生产能力。

2.5 矿山生产能力的检验方法

矿山生产能力计算是错综复杂的技术经济问题，但是用新水平准备时间验证矿山生产能力以及用经济合理服务年限进行校核也是必要的。目前所用的校核方法并非非常准确，但是在一定程度上还能够达到校核目的。

2.5.1 按及时准备新阶段验证矿山年产量

为了在上一阶段进行回采作业的同时，下一阶段能及时地进行开拓、采准和切割工作，以便回采工作转入新阶段之前，完成新阶段的准备工作，以能保证正常持续的生产关系。

对于下降速度快的矿山，各水平主要井巷工程需要通过区段恶劣的地质条件时，以及在目前技术装备水平条件下要快速通过较困难地段的矿山，用这种方法验证生产能力具有一定的意义。

随着掘进机械化水平不断提高，井巷施工配套机具不断出现，使掘进速度大幅提高，因此在一般情况下就不需用这种方法验证矿山生产能力。

按及时准备新阶段确定矿山企业生产能力，其计算式如下

$$A_{年} = \frac{QK}{T(1-\rho)} = \frac{Sh\gamma K}{T(1-\rho)} \tag{2-10}$$

式中 Q——阶段中可采矿石工业储量，t；

K——矿石回收率，%；

ρ——废石混入率，%；

T——阶段的回采时间，a；

S——矿体水平面积，m^2；

h——阶段高度，m；

γ——矿石容重，t/m^3。

即

$$T = \frac{QK}{A_{年}(1-\rho)} \tag{2-11}$$

为了不断回采矿石，新阶段的开拓及采准时间必须超前于回采工作的时间。

即

$$T \geqslant \omega T_{准} \tag{2-12}$$

式中 ω——开拓及采准对回采的超前系数，一般 ω 取 1.1～1.5，ω 值的选取见表 2-5；

$T_{准}$——新阶段的开拓及采准时间。

表 2-5 超前系数 ω 值

超前系数 ω	地 质 条 件
1.1～1.2	地质条件良好，埋藏要素稳定，有用成分分布均匀
1.2～1.5	介于两者之间
1.5～2.0	地质条件恶劣，矿床埋藏要素极不稳定，成分分布不均匀

新阶段的开拓及采准时间包括新阶段井筒延深、（平硐）井底车场、石门、主要运输干线、采场下部采准、切割工程（应按三级矿量保有期限所要求的采准和备采矿量进行）。

$T_{准}$ 取决于掘进工作方式（平行作业及流水作业），取决于阶段中回采顺序，根据新阶段开拓、运输、通风、排水系统和所用的采矿方法所需的掘进工程量、掘进速度、编制工程进度计划确定。

例如，当后退式回采时，可按式（2-13）计算新阶段的开拓时间

$$T_{准} = \frac{1}{12}\left(\frac{h}{v_1} + \frac{L_1}{v_2} + \frac{L_2}{v_3} + \cdots + t_{采准}\right) \tag{2-13}$$

式中 h——井筒延深的长度（等于阶段高度），m；

v_1，v_2，v_3——井筒、石门、主要干线成巷速度，m/月；

L_1，L_2——石门、主要干线的长度，m；

$t_{采准}$——采区准备时间。

计算结果若 $T_{准}$ 时间太长，不能满足 $T \geqslant \omega T_{准}$，则应采取措施，如平行掘进、快速掘进、多工作面作业等以加快速度，若采取技术措施后仍难达到相协调的关系，则调整生产能力 $A_{年}$。

2.5.2　按经济上合理的矿山服务年限计算矿石年产量

2.5.2.1　经济合理的矿山生产能力

矿床工业储量 Q 一定时，企业生产能力规定过大，则矿山企业服务年限缩短。反之，服务年限过长。

例如加大企业生产能力，除发挥现有潜力外，从静态观点看，一般须相应地采用大型先进技术设备，增加相应的建筑物和构筑物以及增大开拓采准等巷道断面，必然会增加基本建设投资。同时，由于服务年限缩短，则单位采出矿石的基建投资摊销额加大，从而提高产品成本，并使固定资产在不到额定折旧年限时，便拆迁或报废，在经济上是一损失。

企业生产能力规定得过小，使用的工业建筑物、构筑物达到规定折旧年限后，大部分已报废需更新，也增加基本建设投资，服务年限过长增加巷道维护和排水费用。

从动态观点看，在技术可能范围内，加大生产能力，资金回收速度快，有利于周转再投资，有它经济合理的一面。资金是有时间价值的，产量过小，回收速度慢，支付的利息增加。矿山企业生产能力的大小和服务年限的长短，共同反映它们的经济合理性。

因此，从经济理论的概念上说，最合理的矿山年生产能力要以矿山企业采出单位矿石总成本最低为原则（表2-6）。

表2-6　经济上合理的矿山企业生产能力和服务年限

矿山规模	矿山企业生产能力/$kt \cdot a^{-1}$		矿山企业服务年限/年
	黑色金属矿山	有色金属矿山	
大型	>1000	>1000	>30
中型	300~1000	200~1000	>20
小型	<300	<200	>10~15

2.5.2.2　矿山企业服务年限

矿山企业服务年限的计算如下

$$t_j = \frac{QK'}{A_{年}(1-\rho)} \tag{2-14}$$

式中　t_j——矿山企业计算服务年限，年；

Q——矿床工业储量（减去永久矿柱损失和地质构造、断层等因素而引起的矿石损失），t；

$A_{年}$——矿山企业生产能力，t/a；

K'——矿石总回收率（包括采准、回采、矿柱回采等总的回收率），%；

ρ——废石总混入率，%。

在勘探可靠、储量确实的情况下，企业实际存在的年限要比计算的服务年限长，其原因是：

(1) 开采初期直到达产时期，这段期间，年生产能力是逐渐增加的，而矿山将至结束的时间其产量是逐渐下降的，因此延长了矿山存在年限。

(2) 开采期间，不断地生产探矿，从而把远景储量升级或在勘探过程中获得了新储量，这样就可能延长了矿山寿命。

(3) 采矿和加工技术的改善，如减少了损失，降低了可采品位，进行了矿石的综合利用，因而增加了工业储量，延长了矿山寿命。

(2)、(3) 种情况取决于当时的勘探程度、矿体埋藏条件和今后的技术水平，故其所延长的矿山服务年限很难估计。现就第一种情况进行讨论。

矿山总的服务年限 T_z

$$T_z = t_c + t_{zh} + t_M \tag{2-15}$$

计算矿山服务年限 T_j

$$T_j = t_{zh} + \frac{1}{2}(t_c + t_M) \tag{2-16}$$

式中 t_c——矿山从投产到达产的时间，年；大型矿山 $t_c > 3 \sim 5$ 年，中小型矿山 $t_c > 1 \sim 3$ 年；

t_{zh}——矿山按设计生产能力正常生产的时间，年；

t_M——矿山结尾的时间，年。

故 $T_z > T_j$，如图 2-1 所示。

校验矿山年产量是否经济合理时，按照规定的年产量求出矿山生产年限 T_j，看是否符合规定的服务年限。如果符合，则说明该年产量是经济合理的。

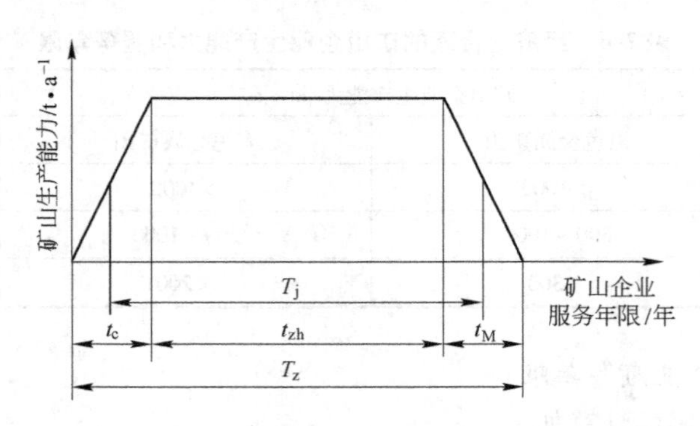

图 2-1 矿山企业服务年限示意图

3 地表开采移动范围及保安矿柱的圈定

3.1 地表移动带的圈定

矿石采出以后，地下形成采空区，由于原岩应力平衡遭到破坏，采空区周围围岩失去平衡，使围岩发生变形、位移、开裂、冒落，甚至产生大规模移动。随着采空区不断扩大，岩移范围也相应扩大，当岩移范围扩大至地表时，地表将产生变形、移动，形成下沉盆地或塌陷坑。

按照地表出现变形和塌陷状态分为崩落带和移动带。在地表出现裂缝的范围内称为崩落带，崩落带的外围即由崩落带边界起至出现变形的地点止，称为移动带。

从地表崩落带的边界至开采最低边界（即采空区边界）的连线和水平线之间在采空区外侧所构成的夹角，称为崩落角（陷落角）。同样，从地表移动带边界至开采最低边界（即采空区边界）的连线和水平之间在采空区外侧所构成的夹角，称为移动角（错动角）。在矿山设计中经常使用的是移动角和移动带两个概念。

影响岩层移动角的因素很多，主要是岩石性质、地质构造、矿体厚度、倾角与开采深度，以及使用的采矿方法等。目前，国内外还没有适合于各种情况、各种条件的采后岩移及地表变形预计方法。因此，企图用简单的计算公式获得精确计算结构是不现实的。为使新建矿山的地表工业场地、主要开拓井巷等设施布置在不受开采影响的安全地带，必须进行开采后地表及岩体移动预计范围的确定。设计时可参照条件类似的矿山数据选取。详细内容见有关设计资料。

一般来讲，上盘移动角 β 小于下盘移动角 γ，而走向端部的移动角 δ 最大。各种岩石移动角的概略数据列于表 3-1。

表 3-1　岩石移动角的概略数据

岩石名称	垂直矿体走向的岩石移动角/(°)		走向端部移动角 δ/(°)
	β（上盘）	γ（下盘）	
第四纪表土	45	45	45
含水中等稳固片岩	45	55	65
稳固片岩	55	60	70
中等稳固致密岩石	60	65	75
稳固致密岩石	65	70	75

图 3-1 所示为矿体横剖面及沿走向剖面的崩落带和移动带，并标出了危险带。所谓危险带就是在这个范围内布置井筒或其他建筑物、构筑物有危险，必须布置在这个范围以外才安全。

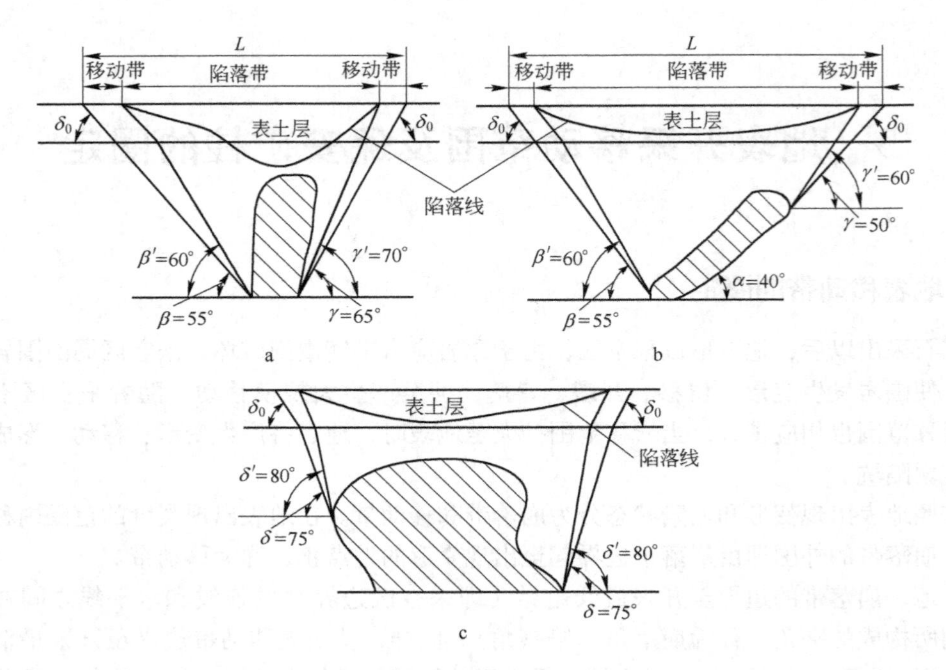

图 3-1　崩落带及移动带界线

a—垂直走向剖面 $\alpha>\gamma$ 及 γ' 情况；b—垂直走向剖面 $\alpha<\gamma$ 及 γ' 情况；c—沿走向剖面
α—矿体倾角；γ'—下盘崩落角；β'—上盘崩落角；δ'—走向端部崩落角；γ—下盘移动角；
β—上盘移动角；δ—走向端部移动角；δ_0—表土移动角；L—危险带

由于岩石的崩落角大于其移动角，故设计时只需按岩石移动角划出矿体上、下盘及沿矿体走向两端的岩石移动界线，就可圈出地表的岩石移动范围。

圈定岩石移动范围的一般规定：

（1）移动区应从开采矿体的最深部划起。

（2）对未探清的矿体应根据可能延深的部位划起。

（3）当矿体埋藏很深且分期开采时，需分区划出移动区。

（4）当矿体轮廓复杂时，应从矿体突出部位划起。

（5）对已进行工程地质及岩石力学研究的矿山，应尽可能地进行开采后岩体及地表稳定性评价，分别用数值模拟分析法（例如有限元或边界元分析）和类比法确定地表及岩体移动范围。

（6）对未进行任何岩石力学研究的矿山，可参考同类矿山的观测资料确定其地表移动范围。

（7）所圈定的移动区应分别标在总平面图、开拓系统平面图、剖面图以及各阶段平面图上。

为了具体阐明地下采空区可能引起地表土岩的塌陷和移动范围，特将其设计作图方法和步骤说明如下：

（1）在勘探线剖面图上按矿体设计开采的最低水平划出矿体下盘和上盘的岩石移动界线（在岩层中按岩石移动角划移动界线，遇土层时按表土的移动角划移动线），如图

3-2 中的 0 线剖面图。图中设计开采最低水平为 -300m。在沿脉纵剖面图上划出矿体两端的岩石移动界线，如图 3-2 中的 V_2 的沿脉纵剖面图。

（2）在地形地质平面图上划出勘探线剖面图移动界线与地表交点的坐标点位置，如图 3-2 中 0 线的岩石移动界线与地表下、上盘的二交点的坐标为 $0_下$、$0_上$；同理可求得 1 线的二交点为 $1_下$、$1_上$，2 线的二交点为 $2_下$、$2_上$，如此类推。

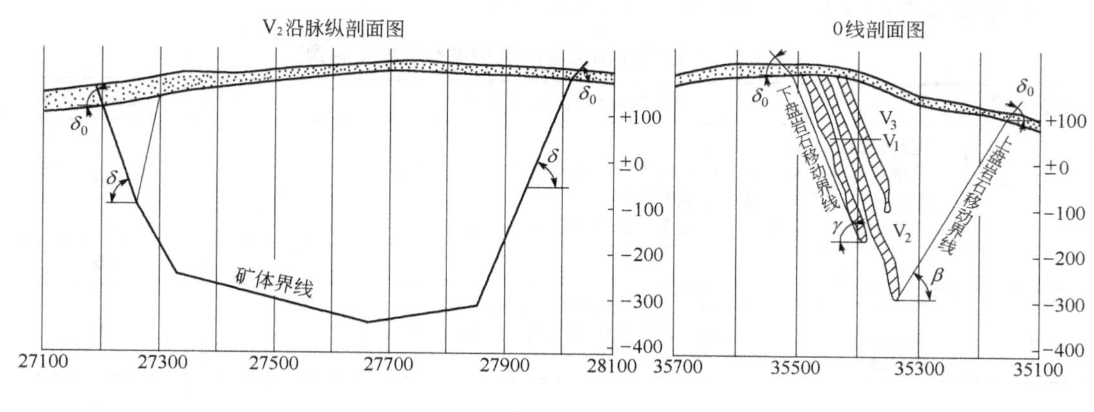

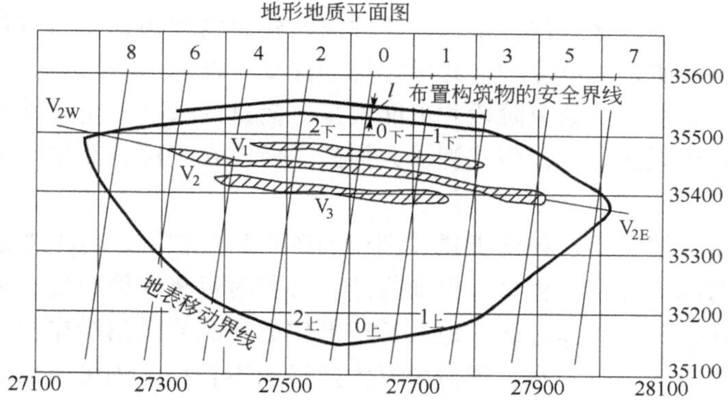

图 3-2 急倾斜矿脉采空后预计地表的土岩移动界线

V_1，V_2，V_3—矿脉编号；1，2，3…—勘探线编号；γ—下盘岩石移动角；

β—上盘岩石移动角；δ—沿矿体走向侧端岩石移动角；δ_0—表土移动角

（3）在地形地质平面图上相应绘出沿脉纵剖面图矿脉两端岩石移动界线与地表交点的坐标点位置。如图 3-2 中地形地质平面图上 V_2 脉两端岩石移动线与地面的交点，在东端为 V_{2E}，在西端为 V_{2W}。将所求得各点连成一闭合曲线，即为所要求的地表移动带。有时需按实际可能移动的情况作适当调整，调整后的闭合曲线即为预计的地表移动范围（或地表移动带）。

预计在地表移动带内的中央陷落范围可能发生土岩塌陷，其外围则产生土岩移动，显现形式为水平和垂直位移。

3.2 保安矿柱的圈定

地下矿床开采后，地表产生岩移变形，甚至导致地表塌陷。因此，为确保安全，井筒和井口周围的构筑物和建筑物均需布置在地表移动界线之外，并且其距地表移动界线还须保持一定的安全距离 l（图 3-2），该安全地带又称为保护带。

根据建筑物和构筑物的用途、服务年限及保护要求，可将保护带划分为两个保护等级。凡因受到土岩移动破坏致使生产停止或可能发生重大人身伤亡事故、造成重大损失的构筑物和建筑物，列为Ⅰ级保护，其余则列为Ⅱ级保护。

各种建筑物和构筑物的保护等级及安全距离按表 3-2 选取。

表 3-2　建筑物和构筑物的保护等级及安全距离

保护等级	建筑物和构筑物的名称	安全距离 l/m
Ⅰ	提升井筒、井架、卷扬机房 发电厂、中央变电所、中央机修厂、中央空压机站、主扇风机房 车站、铁路干线路基、索道装载站 贮水池、水塔、烟囱、永久多层公用建筑物、住宅	20
	河流、湖泊	50
Ⅱ	未设提升装备的井筒——通风井、充填井、其他次要井筒 架空索道支架、高压线塔、矿区主用铁路线、公路、水道干线 简易建筑物	10

如果受矿山现场具体条件所限，主要井筒及建筑物和构筑物需布置在地表移动带以内时，必须留足够的矿柱加以保护，此矿柱称为保安矿柱。

保安矿柱只有在矿井结束阶段才可能回采，而且回采时安全条件差，矿石损失大，劳动生产率低，甚至无法回采，而成为永久损失。所以在确定井筒位置时，应尽量避免留保安矿柱。

但在某种特殊情况下，如适于建井部位的矿石品位较低，可不考虑回采矿柱。另外如缓倾斜矿体，为减小开拓工程量，提前投产，必要时可将井筒布置在地表移动带内，此时必须留保安矿柱，又如矿体边线的地表相应部位的河流或湖沼沿岸位于地表移动带内，并且如果把河流改造或围截湖水，需付出巨大投资而不合理，则可留保安矿柱。

根据构筑物、建筑物的保护等级所要求的安全距离圈定保安矿柱。首先沿其周边划出保护区范围，再以保护区周边为起点，按所选取的岩石移动角向下划移动边界线，此移动边界线所截矿体范围就是保安矿柱。

图 3-3 所示为一个较规则的层状矿体保安矿柱的圈定方法。

保安矿柱具体圈定方法如下：

（1）首先在井口平面图上划出安全区范围（井筒一侧自井筒边起距 20m，另一侧自卷扬机房起距 20m）。

（2）在此平面图上井筒中心线作一垂直走向剖面Ⅰ—Ⅰ，在这剖面井筒左侧，依下盘岩石移动角 γ 划移动线，井筒右侧依上盘岩石移动角 β 划移动线。井筒左侧和右侧移动线所截层的顶板和底板的点，就是井筒保安矿柱沿矿层倾斜方向在此剖面上的边界点，即点 A_1'、B_1'、A_1、B_1。

（3）将根据垂直走向剖面Ⅰ—Ⅰ所划岩层移动线所截矿层的顶板界点 A_1'、A_1；和顶板界点 B_1'、B_1，投影在平面图Ⅰ—Ⅰ剖面线得 B_1'、A_1'、A_1、B_1 各点，这便是保安矿柱在这个里面沿倾斜方向上的边界点。用同样方法可求Ⅰ′—Ⅰ′剖面线上的边界点 A_2'、B_2'、A_2、

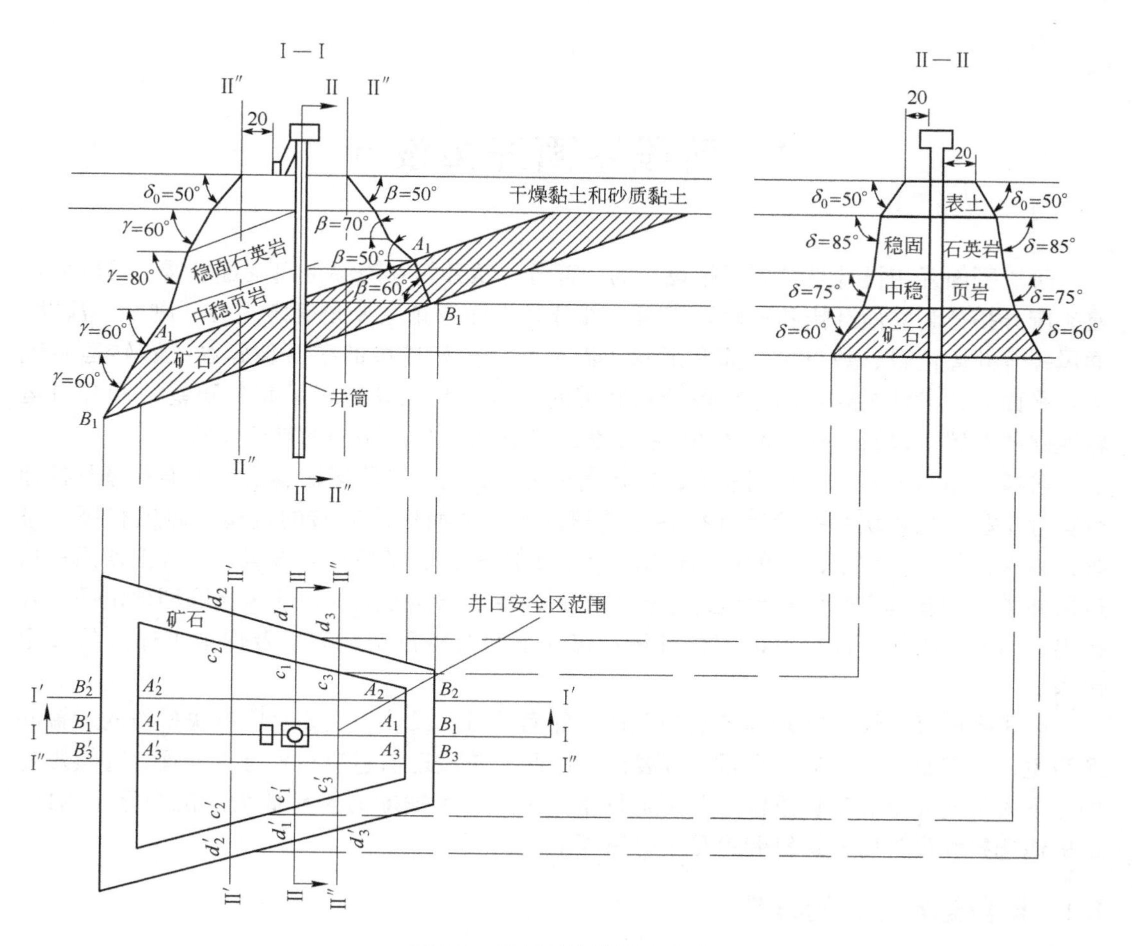

图 3-3　保安矿柱的圈定方法

B_2 及Ⅰ″—Ⅰ″剖面线上的边界点 A_3'、B_3'、A_3、B_3，分别连接顶底板界点便得相应的界线。

（4）同理，根据平行走向剖面Ⅱ—Ⅱ划岩层移动线，得所截矿体的顶板界点 c_1、c_1' 底板界点 d_1、d_1'，将这些点转绘在平面图的Ⅱ—Ⅱ剖面线上得 d_1'、c_1'、c_1、d_1 各点，这便是保安矿柱在这个剖面上走向方向的边界点。用同样方法还可求得Ⅱ′—Ⅱ′剖面的边界点 d'_2、c_2'、c_2、d_2，以及Ⅱ″—Ⅱ″剖面的边界点 d_3'、c_3'、c_3、d_3，分别连接顶底板界点便得相应的界线。

（5）将倾斜方向矿柱顶底板界线和走向方向矿柱顶底板界线延长，相交，或在垂直走向方向和平行走向方向多作几个剖面，照上法求得顶底板界点和界线，连接起来，便得整个保安矿柱的界线。

4 阶段平面开拓设计

阶段平面开拓设计是矿床开拓设计的一部分，从开拓巷道的空间位置来看，可以大致将矿床开拓分为立面开拓和平面开拓两个部分。立面开拓主要是确定主井、副井、溜井、通风井等井筒位置、数目、断面和形状，以及与它们相连接的矿石破碎系统和转运系统等。平面开拓设计主要是确定阶段开拓巷道的布置（包括井底车场和各硐室）和井口运输线路的布置等以及上述立面开拓的各工程系统在阶段平面图中的具体反映。

阶段开拓需要开掘一系列巷道，如井底车场、石门、阶段运输巷道、采准巷道及各种硐室等工程，将矿块和井筒等开拓巷道连接起来，从而形成完整的运输、通风和排水系统，以保证将矿块中采出来的矿石运出地表，并将材料、设备等运送至井下各工作面；从进风井进来的新鲜空气顺利地流通至各工作面，各工作面形成的污浊风流顺利地由回风井排出，给井下人员造成良好的工作环境；将地下水及时排至地表以及保证工作人员安全出入。

阶段平面开拓设计就是为了达到上述目的而进行的设计，主要是以解决矿石的运输问题为主，并满足探矿、通风和排水等要求。因此，阶段运输巷道布置是否合理，直接影响到井下人员的安全和工作条件、开拓工程量的大小、运输能力及矿块生产能力等。为此，正确地选择和设计阶段运输巷道是十分重要的。

4.1 阶段运输巷道的布置

4.1.1 阶段运输巷道布置的影响因素和基本要求

阶段运输巷道布置的影响因素和基本要求有以下几方面：

（1）必须满足阶段运输能力的要求。阶段运输巷道的布置，首先要满足阶段生产能力的要求，保证能够将矿石运至井底车场。其次阶段运输能力应保留一定的余地，以满足发展的需要。

（2）矿体厚度，矿石和围岩的稳固性。矿体厚度小于4～10m，采用一条沿脉巷道；厚度在10～25m，多采用一条或两条下盘沿脉巷道加穿脉巷道或两条下盘沿脉加联络巷道；极厚矿体多采用环形运输形式。

阶段运输巷道在可能的条件下，布置在稳固的岩石中，有利于掘进比较平直的巷道，有利于巷道维护和矿柱回采。

（3）应贯彻探采结合的原则。阶段运输巷道的布置，既能满足探矿的要求，又能满足为采矿、运输所利用。

（4）必须考虑所采用的采矿方法。崩落采矿法一般需要设计脉外巷道，而且要布置在下阶段的崩落界线以外，以保证下阶段开采时作为回风巷道，其他采矿方法不一定要布置脉外巷道。此外，矿块沿走向或垂直走向布置以及矿块底部结构形式等决定了矿块装矿点的位置、数目及装矿方式。

(5) 符合通风要求。阶段运输巷道的布置应有明确的进风和回风的路线，尽量减少转弯，避免巷道断面突然扩大或缩小，以减少通风阻力，并要在一定时期内保留阶段回风巷道。

(6) 系统简单。要求巷道尽量平直，布置紧凑，做到一巷多用，即系统力求简单，工程量小，开拓时间短。

(7) 其他技术要求。若矿山涌水量大，矿石中含泥较多，则放矿溜井装矿口应尽量布置在穿脉巷道内，以减少主运输巷道被泥浆污染。

4.1.2 阶段运输巷道的布置形式

运输巷道布置形式有多种，设计时可视大、中、小型矿山生产规模及矿床产状和选用的采矿方法等条件而定。

4.1.2.1 单一沿脉巷道布置

单一沿脉巷道布置形式可分为脉内布置和脉外布置。按线路布置形式又可分为单线会让式和双线渡线式（图4-1）。

单线会让式如图4-1a所示。除会让站外，运输巷道都为单线，重车通过，空车待避，或相反。因此，通过能力小，多用于薄或中厚矿体中。

当阶段生产能力增大时，采用单线会让式难以完成生产任务。在这种情况下采用双线渡线式布置，如图4-1b所示。即在运输巷道中铺设双线线路，在适当位置用渡线连接起来。这种布置形式可用在年产量200～600kt的矿山。

在矿体中掘进巷道的优点是能起探矿作用和装矿方便，并能顺便采出矿石，减少掘进费用。但矿体走向变化较大时，巷道弯曲多，对运输不利。因此，脉内布置适用于规则的中厚矿体，产量不大，矿床勘探不足，矿床品位低，不需回采矿柱的情况。

当矿石稳固性差、品位高、围岩稳固时，采用脉外布置，有利于巷道维护，并能减少矿柱损失。

对于极薄矿脉，应使矿脉位于巷道断面中央，以利于掘进时适应矿脉的变化。如果矿脉形态稳定，主要考虑巷道维护时应将巷道布置在围岩稳固的一侧。

4.1.2.2 下盘双巷加联络巷道布置

下盘沿脉双巷加联络巷道（即下盘环形或折返式）布置如图4-2所示，沿走向下盘两条平巷，一条为装矿巷道，一条为行车巷道，每隔一定距离用联络巷道连接起来（环形连接或折返式连接）。

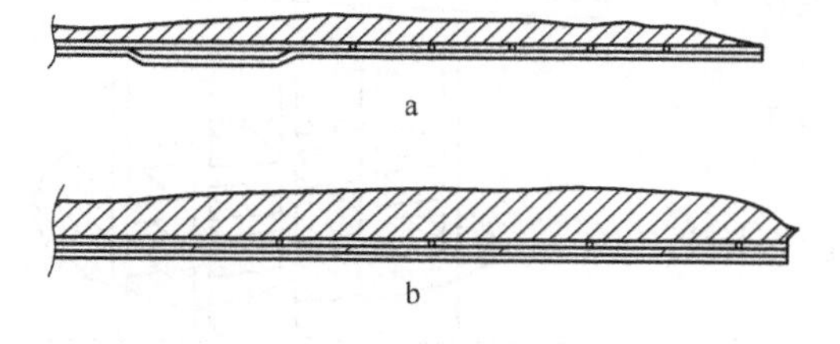

图4-1 单一沿脉巷道布置
a—单线会让式；b—双线渡线式

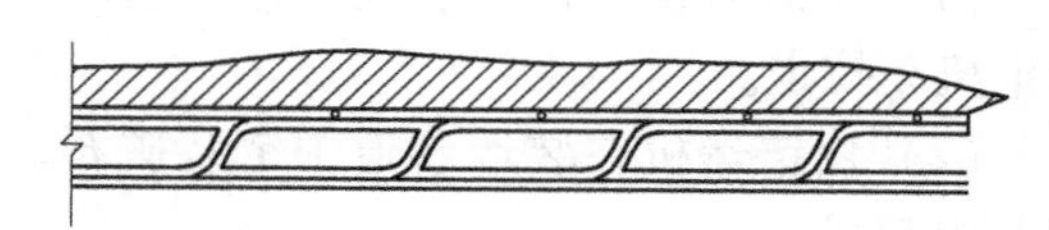

图4-2 下盘沿脉双巷加联络巷道布置

这种布置是从双线渡线式演变而来的。其优点是行车巷道平直有利于行车，装车巷道掘在矿体下盘围岩中，巷道方向随矿体走向变化而变化，有利于装车和探矿。装车线和行车线分别布置在两条巷道中，安全、方便，巷道断面小有利于维护。缺点是巷道掘进工程量大。

这种布置多用于中厚和厚矿体中。

4.1.2.3　沿脉平巷加穿脉布置

沿脉平巷加穿脉布置如图4-3所示，一般多采用下盘脉外平巷和若干穿脉配合。线路布置采用双线交叉式，即在沿脉巷道中铺设双线，穿脉巷道中铺设单线。沿脉巷道中双线用渡线连接，沿脉和穿脉线路用单开道岔连接。

这种布置方式的优点是阶段运输能力大，穿脉状况安全、方便、可靠，还可以起探矿作用。缺点是掘进工程量大，但比环形布置工程量小。

这种布置方式多用于厚矿体，阶段生产能力在600～1500kt/a。

4.1.2.4　上下盘沿脉加穿脉布置

上下盘沿脉加穿脉布置即环形布置如图4-4所示，线路布置分为空车线、重车线和环形线。环形线即是装车线又是空重车线的连接线。从卸车站驶出的空车，经空车线到装矿点装车后，由重车线驶回卸车站。

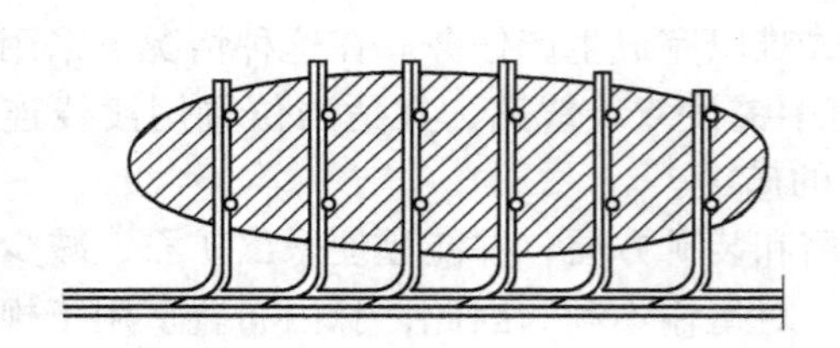

图4-3　沿脉平巷加穿脉布置

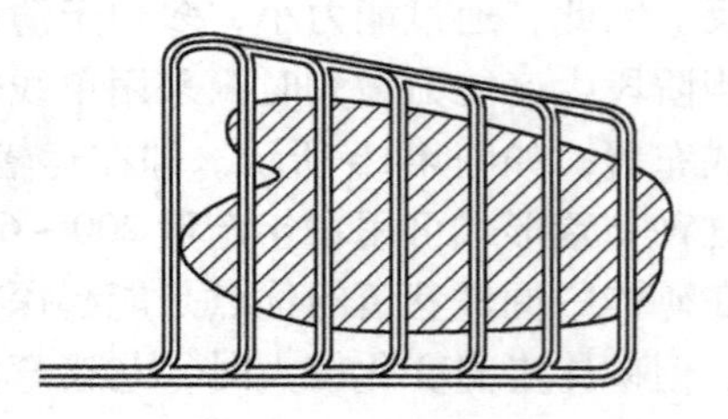

图4-4　环形运输布置

环形运输最大的优点是生产能力可以很大。此外，穿脉装车安全、方便，同时也起探矿作用。缺点是掘进量很大。这种布置通过能力可达1.5～3Mt/a；最大时为8～10Mt/a。多用于规模大的厚和极厚矿体中，也可用在几组互相平行的矿体中。

当规模很大时，可采用双线环形布置。

4.1.2.5　平底装车布置

平底装车布置方式主要是由于采用平底装车结构和无轨设备的出现发展起来的。矿石装运一般有两种方式：

（1）由装岩机将矿石装入运输巷道的矿车中，再由电机车拉走。

（2）由铲运机在装运巷道中铲装矿石，运至附近溜井中卸载。

平底装车布置形式如图4－5所示。

以上所述是阶段运输巷道的一些基本布置形式。

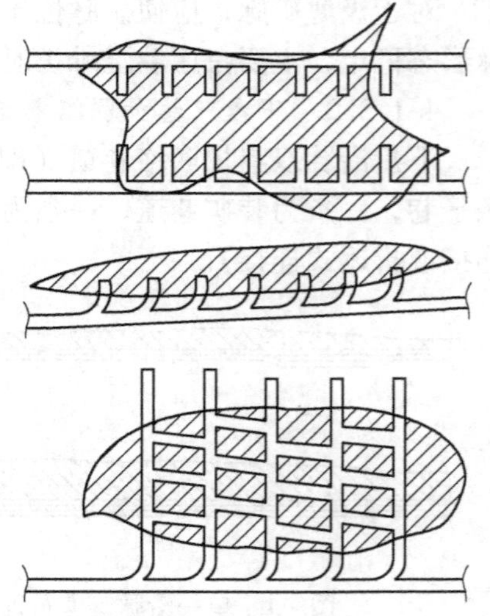

图4-5　平底装车布置

由于矿体形态、厚度和分布等复杂多变，实际的布置形式应按生产要求，根据具体条件，灵活运用。

4.1.3 主运输水平

主要运输水平是以解决矿石运输为主，并满足探矿、通风和排水要求。根据运输系统的布置分为集中运输水平和分散运输水平。

集中运输水平是地下矿山集中运输矿石的水平，即组合阶段运输水平。除了本水平的矿石还要集中上部各辅助水平的矿石，故称为集中运输水平。因此，集中运输水平与矿块的高度是不同的，其大于矿块的高度为矿块高度的整数倍。

集中运输水平布置的主要优点：

（1）运输水平集中，可以减少井底车场开拓及石门、附属硐室等井巷工程量；

（2）可集中运输矿石、废石、提升、排水等作业，生产管理简单；

（3）可减少地下破碎站的设置与迁移，便于使用大型机械和提高机械化、自动化程度，降低成本；

（4）如阶段储量不大时，可增加开拓水平层的开采年限。

缺点：

（1）必须设置主要矿石溜井及溜井上下部卸矿硐室及其设施，需要增加一部分矿石溜放至集矿阶段的附加费；

（2）阶段上部水平层的提升、排水费有时会增加；

（3）初期基建工程量大。故集中运输水平布置多用于箕斗提升或主平硐开拓的大中型矿山。

分散运输水平是地下矿山每个阶段的矿石都直接通过井筒或平硐，并将矿石运出地表。

分散运输水平多用于罐笼提升或多阶段开拓的中小型矿山。阶段矿石储量较大，生产时间较长的大型矿山，也可采用分散运输形式。

分散运输的优点：不需要掘进转运溜井，井筒的初期工程量小。

缺点：

（1）当采用双罐笼提升多阶段作业时，影响提升效率；

（2）当采用箕斗提升时，每个阶段均需掘进矿仓及装卸硐室以及相应的井底车场，故分散运输方式工程量大，投资较多。

4.2 阶段运输巷道中的线路

金属矿山井下运输可分为运输机运输、无轨运输和有轨运输等几种形式。目前我国井下主要为有轨运输，也称为轨道运输。

轨道运输按动力不同可分为人力运输、自溜运输和机械运输。

机械运输按牵引力方式不同可分为机车运输和钢绳运输。

与钢绳运输相比，机车运输有如下优点：

（1）当运输量和运输距离发生变化时，只增减机车台数，即可满足新的要求；

（2）机车运输能适应弯道、支线多等复杂的运输条件；

(3) 可兼作其他运输，如人员、材料和设备等的运输工作。

4.2.1　轨道的一般知识

4.2.1.1　轨道的基本要求

(1) 为了保证行车的平稳和安全，线路应力求取直，并且有比较一致的坡度；

(2) 在兼顾工程量小的前提下，弯道处应采用较大的曲率半径和较小的转角；

(3) 轨道敷设坚固、稳定，且有一定弹性，以减轻行车的振动；

(4) 线路的纵向、横向都应具有一定坡度，以便排出积水。

4.2.1.2　轨道的组成

轨道主要由钢轨、轨枕、道砟和连接件等组成，如图 4-6 所示。

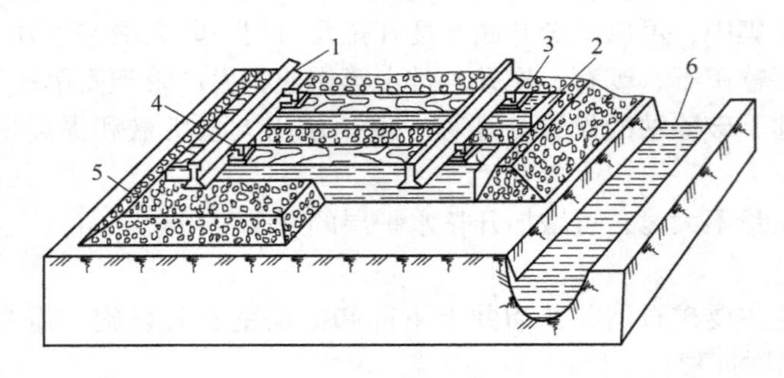

图 4-6　轨道的组成

1—钢轨；2—轨枕；3—垫板；4—道钉；5—道砟；6—水沟

A　钢轨

轨道的作用是承托和引导运行的车辆，其直接承受车辆的作用力，并将力传递到轨枕上去。车轮对轨道的作用力，不仅有垂直力，还有水平力，水平力主要由于车辆摇摆和转弯引起的。

钢轨断面形状主要是根据作用力及车轮形状决定的，钢轨在枕木上承托车辆运行与梁的作用相似。梁的断面形状最好是工字形，因此工字形为钢轨断面的基本形状，上部轨道肥厚是为了耐磨损，轨底宽大是为了与轨枕接触面大而稳定。

钢轨材质是含碳量为 0.25 ~0.6 的中碳钢。

钢轨类型以单位长度的质量（kg/m）表示。矿用钢轨有轻型、重型两种，轻型轨有 8kg/m、11kg/m、15kg/m、18kg/m 和 24kg/m 五种，重型有 33kg/m、38kg/m 两种。钢轨越重，强度越大，稳固性越好。因此，运行的车组重、速度快、行车次数频繁可采用较重的轨型。

钢轨类型的选择与阶段生产能力、机车质量、矿车容积等因素有关。一般可按表 4-1 选取。

此外，也可根据式（4-1）估算轨型

$$q = 5 + QP \tag{4-1}$$

式中　q——钢轨型号，kg/m；

P——机车轴重，t；

Q——系数，坑内运输取 2.5。

表 4-1　阶段生产能力和轨型关系

运输方式	阶段年运输量/kt·a^{-1}	轨距/mm	钢轨类型/kg·m^{-1}
电机车运输	<300	600	11～15
	300～1000	600、762	15～18
	1000～2000	762	18～24
	>2000	900	24～38
人力运输		600	8

B　轨枕

轨枕的作用是承受钢轨传来的载荷，并将其传递到大面积的道砟上；保持准确的轨距、位置及方向，阻止钢轨横向或纵向移动；缓冲行车的震动，保证车辆平稳安全地运行。

轨枕有木质、铁质和钢筋混凝土三种。

木质轨枕又称枕木，枕木优点是弹性好，与道砟摩擦力大，价格便宜，加工容易，安装方便。缺点是有可燃性，易腐朽，服务时间短，维修工作量大。

枕木的规格取决于钢轨的类型及轨距，见表 4-2。

表 4-2　轨型与枕木厚度的关系

轨型/kg·m^{-1}	枕木厚度/mm	轨型/kg·m^{-1}	枕木厚度/mm
33	140	18、15、11	120
24	130	8	100

枕木长度应适当，过长，枕木受压不均，两端会翘起；过短，会使道心里鼓。枕木的长度一般为轨距的 1.8～2.0 倍。例如，600mm 轨距用 1100～1200mm 长度枕木。

枕木间距主要取决于轨型，两根钢轨接头处应悬空，而且钢轨接头处轨枕间距 A 应比一般间距 B 小些，具体数据见表 4-3。

表 4-3　枕木间距及数量

轨型/kg·m^{-1}	≤18				24			
钢轨长度/m	8		7		8		7	
枕木间距的代表符号	A	B	A	B	A	B	A	B
枕木间距/mm	560	720	675	750	650	900	690	870
一节钢轨中枕木根数/根	12		10		10		9	
千米轨道枕木数量/根·km^{-1}	1500		1430		1250		1287	

随着国民经济的建设发展，木材供不应求。用钢筋混凝土轨枕替代枕木是一项节约木材的重要措施。据统计，每 1km 单轨线路钢筋混凝土轨枕可代替 30～40m^3 木材。钢筋混凝土轨枕具有如下优点：

（1）强度大，坚固耐磨，稳定性强；

（2）服务年限长，可减少维护工作量和维护费用；

（3）不怕矿井水腐蚀；

（4）取材和制造方便。

C 道砟

道砟作用是承受轨枕传来的压力，并把压力均匀地分布到下部的路基上。道砟具有一定的弹性，可起缓冲作用，可减缓行车震动和冲击，还可调整巷道底板的不平和轨枕的薄厚，保证线路所需要的坡度，也可阻止轨枕纵向、横向移动，保证线路稳定，并有利于排水。

道砟块度为20～40mm。在水平或10°以下的倾斜巷道中，道砟厚度不得小于150mm，轨枕下部道砟厚度不得小于100mm，上部必须埋住轨枕厚度的1/2～2/3。当巷道倾角为10°～25°时，轨枕需敷设在横向沟槽内，轨枕下部道砟厚度不得小于50mm。当巷道倾角大于25°时，必须采取防滑措施，这时轨枕下可能没有道砟，但为了需要弹性，最好采用厚胶皮作垫板。

D 连接件

轨道连接件包括道钉、垫板及鱼尾板等。

道钉的作用在于连接钢轨和枕木，道钉钉入枕木时，必须产生能够保持住钢轨不发生移动的摩擦力和能抵抗住由于车辆运行所产生的横向力。

垫板可分为平形和楔形两种。楔形垫板可使钢轨向内倾斜，这样可增大车轮踏面与轨头的接触面积，减少磨损。另外，在钢轨接头处，曲线段和有道岔的地方，均应敷设垫板。

鱼尾板用于连接钢轨，以保证车辆由一根钢轨过渡到另一根钢轨。钢轨是电流的一条回路，为了减少电阻，在钢轨与鱼尾板的接触处连接有导电铜片，或焊接一段铜线（或铝线）。

4.2.1.3 轨距

轨距是指直线轨道上两根钢轨轨头内缘在垂直中心线方向的距离 S_q，车轮轮缘外侧工作边的距离 S_L 称为轮距，如图4-7所示。

轮距较轨距小10mm，即 $V=10$mm，这是为了减少行车阻力和车辆转弯而设计的。我国地下矿山所采用的标准轨距有600mm、762 mm、900mm 轨距。

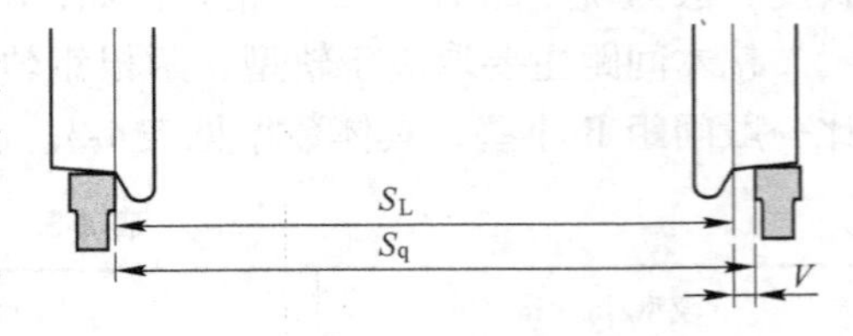

图4-7 轨距和轮距

4.2.2 弯曲轨道

车辆在弯曲轨道上运行与在直线运行不同。所以，对弯道有一些特殊的要求，这些要求是确定合理的弯道曲率半径、加宽轨距、抬高外轨、加宽双轨中心线和加宽巷道。

4.2.2.1 弯道曲率半径

车辆在弯道上行驶时，由于车辆运行的惯性作用，它有保持原来运行方向的趋势，而轨道却迫使车轮不断改变方向。因此，在车辆前轴外轮和外轨之间会不断产生碰撞。即前

轮轴会以 φ 角不断碰撞钢轨，如图 4-8 所示。φ 角称为碰撞角，即弯道上某点行车方向与弯道上相应碰撞点的切线所形成的夹角。

弯道的弯度越大，碰撞角越大，行车阻力越大。为了减少行车阻力，曲率半径应当加大，但太大又会增加巷道长度。因此，要根据碰撞角的最大允许值，求出允许的最小曲率半径。如图 4-8 所示，轴距为 S_z 的车辆与曲率半径为 R 的曲轨内接，自 O 点向 HP 作垂线并交于 M 点，则 $\angle MOP$ 等于 φ 角。由于 N 点和 P 点很接近，可以近似地认为 $\angle MON$ 等于 $\angle MOP$，因此，可得到下列关系

$$\sin\varphi = \frac{S_z}{2R} \tag{4-2}$$

从而得出

$$R_{min} = \frac{S_z}{2\sin\varphi_{max}} = CS_z \tag{4-3}$$

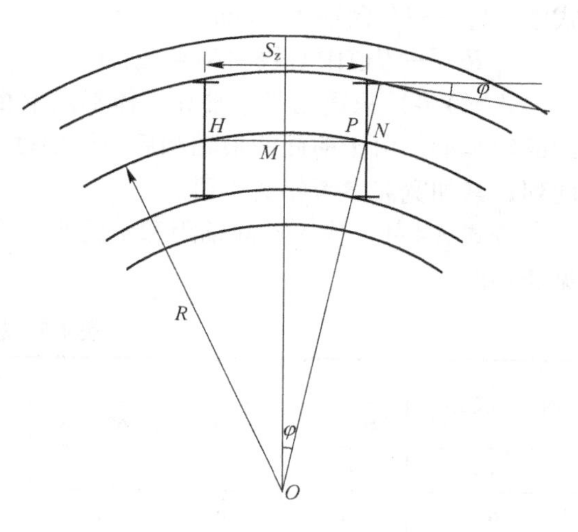

图 4-8 车辆进入弯道后的碰撞角

式（4-3）说明，井下轨道允许的最小曲率半径 R_{min} 与车辆轴距 S_z 成正比，与最大碰撞角 φ_{max} 正弦值成反比。$C = \frac{1}{2\sin\varphi_{max}}$ 是取决于速度的系数。按规定，在运行速度小于 1.5m/s，φ 角不得大于4°，此时，$C \geqslant 7$；运行速度大于 1.5m/s，φ 角不得大于3°，此时，$C \geqslant 10$。即相当于人推车的速度（$v < 1.5$m/s）时，弯道的最小曲率半径不得小于车轴距的 7 倍；电机车牵引（$v > 1.5$m/s）时，最小曲率半径不得小于车辆轴距的 10 倍。

此外，在确定弯道的曲率半径时，还应注意所选道岔的曲率半径。因为道岔曲率半径是固定的，两者不能相差太大。

一般矿山常用曲率半径见表 4-4。

表 4-4 矿山常用曲率半径

线路类别	单个矿车运行的辅助线路	电机车运行的主线路	缓和弯道
R/m	6、8、10	12、15、20	30、35

4.2.2.2 轨距加宽

车辆在弯道上行驶，当两个轴都进入弯道之后，如图 4-9 所示，由于轮轴的中心与轨道的中心线斜交，前轴的外轮挤压在外轨 B 点上，而后轴的内轮挤压在内轨 C 点上。如果弯道的轨距和直道轨距相同，则车轮的轮缘就会挤压钢轨，增大行车阻力。严重时，车轮挤死在轨道上，或造成车辆脱轨事故。因此，在弯道上必须加宽轨距，加宽值的大小与轴距、曲率半径有关。轴距越大，曲率半径越小，则弯道轨距的加宽值越大。

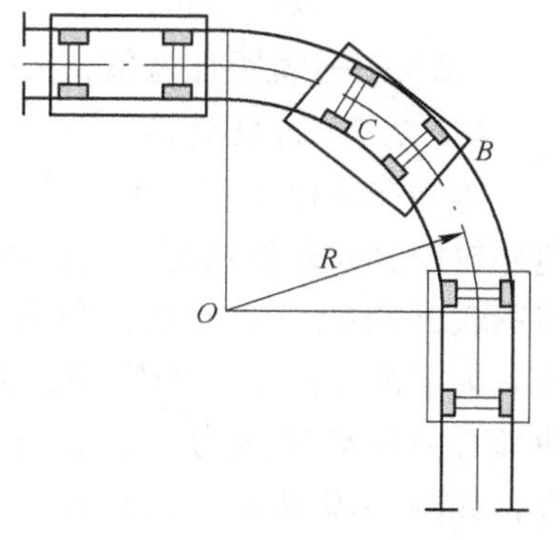

图 4-9 车辆进入弯道时的状态

设加宽尺寸为 ΔS_p，其计算式如下

$$\Delta S_p = 0.18\ \frac{S_z}{R} \tag{4-4}$$

式中　S_z——车辆轴距，mm；

R——弯道中心线曲率半径，mm。

式（4-4）只适用于车轴和车体不发生相对运动的两轴车辆。对于车体长，车容较大的四轮车辆，由于前面两根轴和后面两根轴，分别固定在前后两个转向架上，计算时不在此列，其加宽需参考相关手册。

按式（4-4）代入不同轴距和不同曲率半径，可计算出在各种条件下轨距加宽值，参见表4-5。

表4-5　轨距加宽值

曲率半径 R/m	不同轴距加宽值/mm							
	400mm	500mm	600mm	800mm	1000mm	1100mm	1200mm	1300mm
4	10	10	15	30				
6	5	10	10	20	30			
8	5	5	10	15	25	30		
12	5	5	10	10	15	20	25	25
15		5	5	10	15	15	20	20
20		5	5	10	10	15	15	15
25			5	5	10	10	10	15
30				5	10	10	10	10
40					5	10	10	10

轨距加宽方法是外轨不动，将内轨向曲线中心点方向移动，这种方法称为内轨法。轨距加宽值是从直线部分开始，逐渐加宽到曲线段起点（或终点），达到加宽规定值。这段逐渐加宽的长度 X_k，即轨道加宽的递增（或递减）距离，可用式（4-5）表示

$$X_k = (100 \sim 300)\Delta S_p \tag{4-5}$$

式中　X_k——轨道加宽到递增（或递减）距离，mm；

ΔS_p——轨距加宽值，mm。

4.2.2.3　外轨超高

车辆在弯道上运行时，由于离心力的作用，使外轮轮缘向外轨挤压。这种现象轻则加剧轮缘与钢轨的磨损，增加运行阻力；重则使车辆倾覆。为了消除离心力的影响，把弯道外轨抬高，使离心力与矿车重力的合力与抬高后的轨面垂直，如图4-10所示。这样使车辆行驶时不受离心力的影响，和在直线轨道上行驶一样。

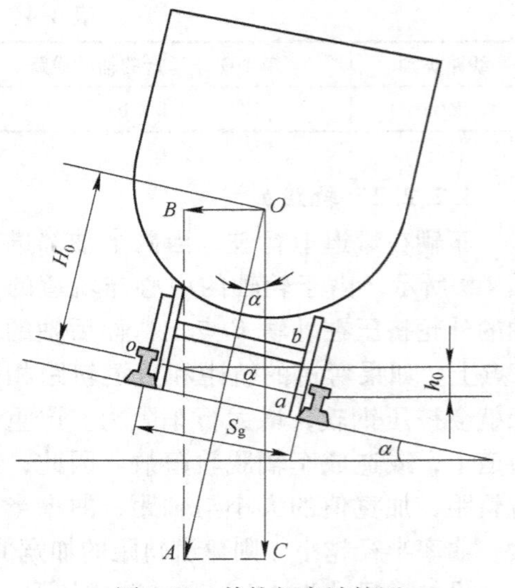

图4-10　外轨超高计算图

根据物体运行规律，离心力与行车速度的平方成正比，和弯曲轨道的曲率半径成反比，用式（4-6）表示离心力 OB 为

$$OB = \frac{Qv^2}{gR} \tag{4-6}$$

式中 Q——车辆质量，图 4-10 中 OC，t；

v——行车速度，m/s；

R——曲率半径，m；

g——重力加速度，m/s^2。

因为△OAB 与△oab 相似，则

$$\frac{\frac{Qv^2}{gR}}{Q} = \frac{h_0}{S_g \cos\alpha}$$

由于 α 角很小，$\cos\alpha \approx 1$，化简得出

$$h_0 = \frac{S_g v^2}{gR} \tag{4-7}$$

式中 S_g——轨距，mm。

外轨抬高值也可以从表 4-6 中查取。

表 4-6 外轨抬高值

弯道半径 R /m	外轨抬高值/mm								
	轨距 600mm			轨距 762mm			轨距 900mm		
	运行速度 v/m·s^{-1}								
	1.5	2.0	2.5	1.5	2.0	2.5	1.5	2.0	2.5
4	35	—	—	45	—	—	50	—	—
6	25	40	—	30	50	—	35	—	—
8	20	30	50	25	40	—	25	45	—
12	15	20	30	15	25	40	20	30	50
15	10	20	25	10	20	30	15	25	40
20	10	15	20	10	15	25	10	20	30
25	5	10	15	10	15	20	10	15	25
30	5	10	15	5	10	15	10	15	20
40	—	5	10	5	10	15	5	10	15

抬高外轨方法是增加外轨下面的道砟厚度，道砟的厚度是从直线部分逐渐增加的，到弯道起点（或终点），外轨已抬高到规定的数值。逐渐抬高的这段长度，需要规定的坡度求出。一般抬高的坡度为 3‰～10‰，则抬高段的长度即缓和线长度 X 为

$$X = (100 \sim 300)\Delta h \tag{4-8}$$

式中 X——外轨抬高递增（或递减）长度，mm；

Δh——外轨抬高值，mm。

外轨抬高和轨距加宽的递增（或递减）距离的计算结果往往不同，为了施工方便，

应使两者一致，设计时采用两者较大的值，作为外轨抬高和轨距加宽的共同递增（或递减）距离。

当缓和线坡度为10‰，车辆运行速度不超过2m/s时，缓和线长度可以从表4-7中选取。

表4-7 缓和线长度

弯道半径 R /m	缓和线长度/m		弯道半径 R /m	缓和线长度/m	
	轨距600mm	轨距900mm		轨距600mm	轨距900mm
6	4	6	15	1.6	2.4
8	3	4.5	20	1.2	1.8
9	2.7	4	30	0.8	1.2
12	2	3	35	0.7	1

4.2.2.4 巷道加宽和双轨中心距加宽

A 巷道加宽

在弯道处不仅轨距需要加宽，巷道也需要加宽。因为，车辆在弯道上行驶时，车厢向外支出的距离，比在直线上要大一些。如果巷道不加宽，车辆与巷道壁之间空隙就会减小，有碰人的危险。因此，在弯道处巷道必须加宽，如图4-11所示。

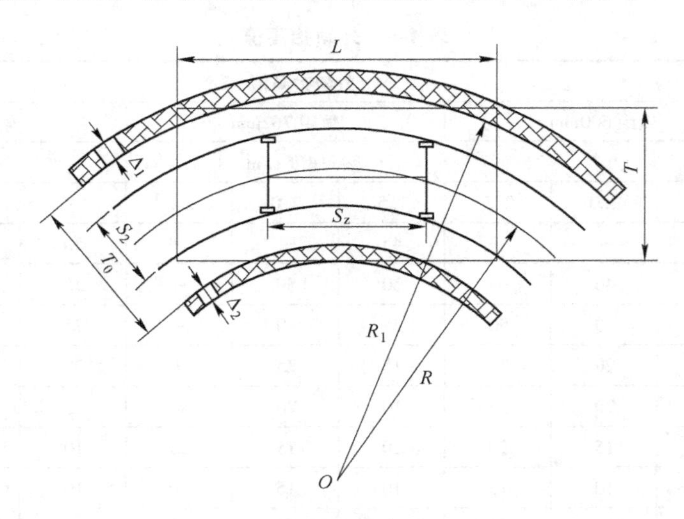

图4-11 曲线处巷道加宽

轴距为 S_z、车厢长为 L 的车辆与曲率半径为 R 的曲线内接。在直线段内，车辆所占宽度为 T_0。在曲线段内，车厢所占宽度，巷道外侧增加了 Δ_1，巷道内侧增加了 Δ_2。由图4-11所知

$$\Delta_1 = C_1 - C_2 \tag{4-9}$$

$$\Delta_2 = C_2 \tag{4-10}$$

式中 C_1——半径为 R_1 的圆弧和弦为 L 的矢高，mm；

C_2——半径为 R 的圆弧和弦为 L 的矢高，mm。

当矢高同半径相比，数值相差很小时可用式（4-11）求出矢高

$$C = \frac{l^2}{8R} \tag{4-11}$$

式中　l——弦长，mm；

R——曲率半径，mm。

根据式（4-11）可得

$$C_1 = \frac{L^2}{8R_1} \tag{4-12}$$

$$C_2 = \frac{S_z^2}{8R} \tag{4-13}$$

在上述公式中，由于 R_1 与 R 相差不大，可近似的用 R 代替 R_1，并将 C_1 和 C_2 代入式（4-9）和式（4-10）中，则得到

巷道外侧加宽距离

$$\Delta_1 = \frac{L^2 - S_z^2}{8R} \tag{4-14}$$

巷道内侧加宽距离

$$\Delta_2 = \frac{S_z^2}{8R} \tag{4-15}$$

对于两轴车辆而言，Δ_2 是很小的，可以忽略不计。但是，对于四轴车辆而言，Δ_2 是较大的，不能忽略。

B　双轨中心距加宽

当弯道内敷有双轨时，不仅轨距加宽、巷道加宽，而且两条线路中心线间的间距也要加宽。否则，两条线路上的车辆在弯道处就会有碰撞的可能。因为，外侧线路上的车辆内移 Δ_2 的距离，内侧线路上的车辆外移了一个 Δ_1 的距离。所以，加宽距离 Δ 应该是

$$\Delta = \Delta_1 + \Delta_2 = \frac{L^2}{8R} \tag{4-16}$$

例如，轨距为600mm，车辆最大宽度为1060mm，车厢间安全间隙为200mm。则双轨的直线段内中心线距离为1250mm，化整后为1300mm。在弯道上还要加上 Δ_2，Δ_2 = 200mm，则中心线间距为1500mm。

4.2.2.5　弯道的参数

在线路平面图上，弯道是用下列参数表示其特征的，如图4-12所示。曲线中心点 O、曲线半径 R、曲线对应的圆心角（又称曲线转角）α，曲线弧长 L 和切线长 T。

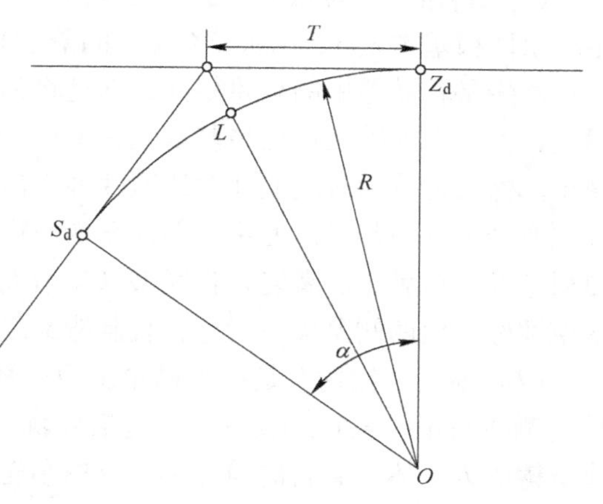

图4-12　弯道参数

曲线弧长可用式（4-17）表示

$$L = \frac{\pi R\alpha}{180°} = 0.01745R\alpha \tag{4-17}$$

式中　R——曲线半径，mm；

α——曲线对应的圆心角，(°)。

曲线段起点和终点，即曲线段两个切点，应在平面图上标出来，如图4-12所示

S_d 和 Z_d 两点，它们是线路坐标的主要坐标点。

切线长可用式（4-18）表示

$$T = R\tan\frac{\alpha}{2} \tag{4-18}$$

4.2.3 道岔

列车有一条线路顺利地转向另一条线路，必须在两条线路之间的连接处设置道岔。

4.2.3.1 道岔的结构

道岔主要由岔尖、基本轨、过渡轨、辙岔、护轮轨和转辙器等基本部分组成，如图 4-13 所示。

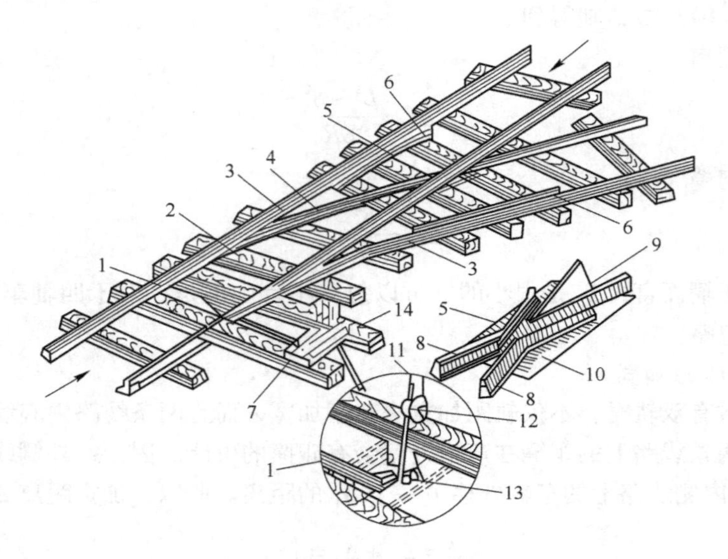

图 4-13 道岔结构

1—拉杆；2—岔尖；3—基本轨；4—过渡轨；5—辙岔；6—护轮轨；7—转辙器；8—翼轨；9—岔心；10—铁板；11—手柄；12—重锤；13—曲杠杆；14—底座

（1）转辙器。转辙器 7 的作用是带动拉杆 1 移动岔尖 2 来控制机车车辆行驶方向。它主要由两根基本轨 3、两根岔尖 2（间隔铁）、各种垫板和连接零件组成。

岔尖是转辙器中的重要零件，它是将钢轨的一端削成尖形，使之能与基本轨的工作边贴紧，岔尖 2 前端工作处与基本轨 3 工作处的交点称为岔尖的理论尖端，所成的角称为转辙角。岔尖可分为直线型和曲线型两种，前者制造简单，左右两岔尖互为对称，因此在左开或右开道岔中都可以使用。但列车逆向进入道岔侧线时，车轮轮缘对岔尖冲击角度大，使列车发生摇晃。后者能较直线型岔尖增大导轨曲线半径或缩短道岔全长，而且列车运行平稳性好。但两侧岔尖不对称，且制造又复杂，所以矿井轨道中较少采用。

（2）辙岔。辙岔 5 是使车辆轮缘由一股钢轨越上另一股钢轨的导向件。位于两条轨道（侧线与正线轨）相交处，它包括翼轨 8 和岔心 9，通常将这两部分焊接在铁板 10 上或浇铸成为整体。翼轨的前部起着支撑车轮运行，后部起着引导车轮的作用。两翼轨间的最小距离称为辙岔咽喉，岔心理论尖端与两轨线工作处交点相重合。为了增加尖端强度，岔心的实际尖端，一般都有6~10mm的宽度（一般取钢轨腹板厚度）。

（3）连接部分。连接部分也是道岔的组成部分，它与辙岔和转辙器相结合，组成道岔的整体。在矿山窄轨铁路的道岔中，导曲线的形式主要为圆曲线。为了简化道的结构，一般导曲线外股都不设超高，也不设轨底坡。

4.2.3.2 辙岔标号

辙岔中心角α称为岔心角，是道岔的重要参数，它决定着道岔的长度和曲率半径。辙岔中心角越大，曲率半径和道岔的长度越小，车组经过道岔时阻力也就越大。所以，用辙岔中心角来划分和表示辙岔标号，能大致反映道岔的结构特点，如图4-14所示。

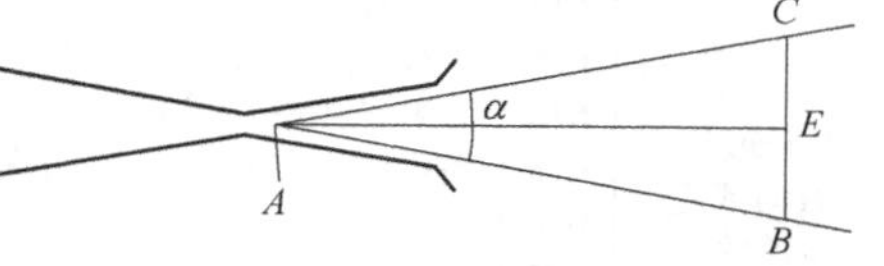

图4-14 辙岔示意图

辙岔标号M可用式（4-19）计算

$$M = 2\frac{BC/2}{AE} = 2\tan\frac{\alpha}{2} \quad (4\text{-}19)$$

式中 α——辙岔中心角，(°)。

例如，辙岔中心角$\alpha = 18°55'30''$，则$M = \frac{1}{3}$；$\alpha = 14°15'00''$，则$M = \frac{1}{4}$；$\alpha = 11°25'16''$，则$M = \frac{1}{5}$。其几何意义是辙岔中心角为顶角的等腰直角三角形的底与高之比。因此，在遇到道岔时，只要量一下辙岔处等腰直角三角形的底与高，就知道这个道岔的号码。井下常用辙岔标号为1/3、1/4、1/5及1/6，可参考表4-8选取。

表4-8 辙岔选取值

运输方式或机车质量/t	机车车辆要求的最小弯道半径/m	平均运行速度/m·s^{-1}	辙岔标号		
			轨距600mm	轨距762mm	轨距900mm
人推车	4	—	1/2	—	—
2.5以下	5	0.6~2	1/3	1/3	—
3~4	5.7~7	1.8~2.3	1/4	1/4	—
6.5~8.5	7~8	2.9~3.5	1/4	1/4	—
10~12	10	3.0~3.5	1/4	1/4	1/4
14~16	10~15	3.5~3.9	1/5	1/5	1/5
斜坡串车	—	—	1/4，1/5，1/6	1/4，1/5，1/6	1/5，1/6

4.2.3.3 道岔标号

道岔除了辙岔标号外，还有其他内容，如轨距、轨型、道岔允许的最小曲率半径、道岔转向等。这些内容综合在一起，才是道岔的全部内容，也就是道岔标号。道岔标号各项数据参见表4-9，表中道岔标号横线前的第一位数字表示线路轨距，第二、第三位数字表示钢轨质量，横线中间的数字表示辙岔标号，横线后的数字表示弯道曲线半径，右（左）表示道岔为右（左）向。例如，道岔标号为924-1/4-12（右）型道岔，其中900代表轨距，24代表轨型，1/4代表道岔号码，12代表道岔弯轨的曲率半径，（右）表示转向是右侧单开道岔，在设计时，即可按式（4-19）数据查有关手册选用。

表 4-9　道岔规格

道岔类别	道岔标号	辙岔角 α	主要尺寸/mm		质量/kg
			a	b	
单开道岔（右向或左向道岔）	608-1/2-4 右（左）	28°4′20″	1144	1816	150
	608-1/3-6 右（左）	18°55′30″	3063	2597	351
	611-1/4-12 右（左）	14°15′	3200	3390	518
	615-1/2-4 右（左）	28°4′20″	1144	1956	344
	615-1/3-6 右（左）	18°55′30″	3063	2597	597
	615-1/4-12 右（左）	14°15′	3200	3390	670
	618-1/2-4 右（左）	28°4′20″	1144	1816	317
	618-1/3-6 右（左）	18°55′30″	2302	2655	490
	618-1/4-11. 5 右（左）	14°15′	2724	3005	413
	624-1/2-4 右（左）	28°4′20″	1197	1863	475
	624-1/3-6 右（左）	18°55′30″	2293	2657	652
	624-1/4-12 右（左）	14°15′	3352	3298	868
	762/15-1/4-16 右（左）	14°15′	3352	3298	—
	762/18-1/4-15 右（左）	14°15′	3047	3952	812
	762/18-1/5-15 右（左）	11°25′16″	3786	4879	835
	762/24-1/4-16 右（左）	14°15′	3184	3977	—
对称道岔	608-1/3-12	18°55′30″	1883	2427	213
	608-3/5-3. 8	33°20′	1002	1288	139
	615-1/2-5	28°4′20″	1382	2018	440
	615-3/5-3. 8	33°20′	1404	1496	405
	615-1/3-12	18°55′30″	1882	2618	508
	618-1/3-11. 65	18°55′30″	3195	2935	550
	624-1/3-12	18°55′30″	1944	2496	618
	762/24-1/4-16	14°15′	1833	3071	—
单侧渡线	608-1/2-4 右	28°4′20″	1144	2250	278
	608-1/3-6 左	18°55′30″	3063	3062	635
	615-1/4-12 右（左）	14°15′	3200	4725	1055
	618-1/4-12 右	14°15′	2722	5514	1752
	624-1/4-12 右（左）	14°15′	3352	5902	1616
	762/24-1/4-12 右（左）	14°15′	2878	6103	2371
双线渡线（菱形道岔）	615-1/3-6	18°55′30″	3063	4492	1509
	615-1/4-12	14°15′	3200	5906	2619
	608-1/2-4	28°4′20″	1144	2242	677
	624-1/4-12	14°15′	3352	5709	3356
	762/15-1/4-16	14°15′	3160	7680	—
	762/24-1/4-12	14°15′	2878	7883	3923

4. 2. 3. 4　道岔的表示方法

为了简单明了，设计图中道岔一般都用单线表示，如图 4-15 所示。

单线表示法比较抽象，其舍掉了道岔结构和道岔内轨中心线的实际情况。而只表示道岔影响轨道平面图尺寸的部分，如辙岔中心点 O 的实际位置、辙岔角 α，以及从道岔起点到辙岔中心的距离 a 和道岔终点到辙岔中心点距离 b 的尺寸。

4. 2. 3. 5　警冲标

警冲标是一个允许停车的界限标，它是为了保证车辆安全运行而设置的标志。如果车

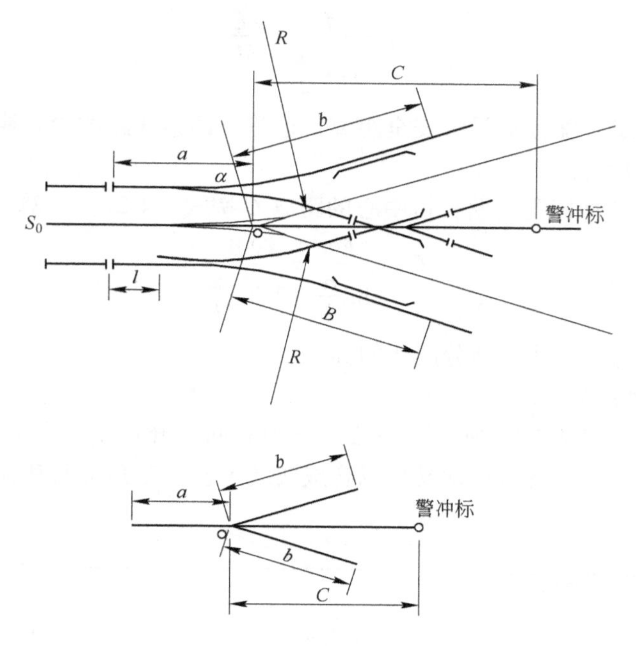

图 4-15 道岔的单线表示法

辆的停车位置越过了道岔的警冲标，就可能有与相邻线路上经过的车辆发生碰车的危险。

如图 4-16 所示，道岔警冲标位置设在两条线路之间，它与道岔转折中心的距离 C 可用下列公式表示：

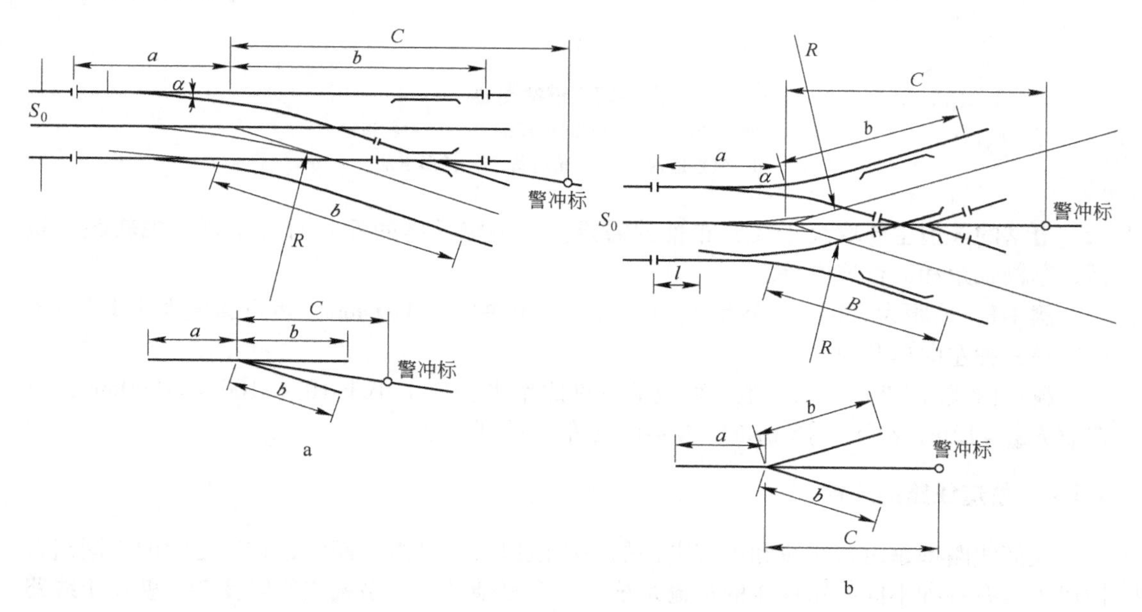

图 4-16 警冲标位置计算图
a—单开道岔；b—对称道岔

（1）单开道岔警冲标与道岔转折中心的距离 C 按式（4-20）计算

$$C=\frac{E}{\tan\frac{\alpha}{2}}=\frac{2E}{M} \tag{4-20}$$

式中　$2E$——车辆最大宽度加最大安全距离，也等于两条线路的中心线间距，mm；

M——辙岔标号。

（2）对称道岔警冲标与道岔转折中心的距离 C 按式（4-21）计算

$$C=\frac{E}{\sin\frac{\alpha}{2}}=\frac{2E}{2\sin\frac{\alpha}{2}} \tag{4-21}$$

警冲标也常作为运输线路划分区间的标志。

4.2.3.6　道岔分类及选型

道岔种类很多，如图 4-17 所示。一般可分为右向单开道岔、左向单开道岔和对称道岔三种基本类型。这三种基本道岔又可以合成渡线道岔、三角道岔和梯形道岔等。

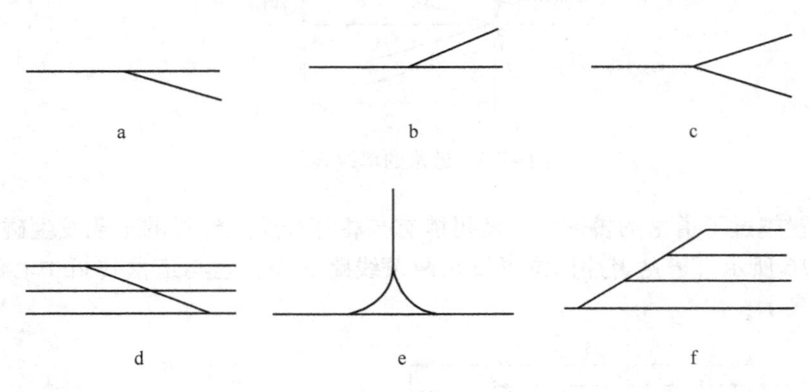

图 4-17　道岔类型

a—右向单开道岔；b—左向单开道岔；c—对称道岔；

d—渡线道岔；e—三角道岔；f—梯形道岔

道岔的选型主要取决于线路布置的需要。在决定具体的标号时，还要考虑轨距、轨型、车辆轴距和运行速度等。

例 4-1　轨距为 600mm，轨型为 18kg/m，车辆轴距为 1100mm，运行速度大于 1.5m/s。试选择一种左向单开道岔。

解： 由式（4-3）可知，道岔弯轨的允许曲率半径应不小于 $10\times1100=11000$mm，可选取 $R_{min}=12$m，故可选择 DK618-1/4-12（左）单开道岔。

4.2.4　轨道线路的连接

任何线路都是由直线段和连接它们的曲线段以及道岔组合而成，它们之间的不同组合构成了具有各种不同线路连接的运输系统。一个复杂的运输系统之所以复杂，就在于线路中的连接点的数目多、类型多。

进行连接计算的目的，在于确定线路的平面尺寸，从而绘制运输线路平面图。

4.2.4.1　曲线和道岔的连接

曲线段和道岔连接时，在道岔范围内，外轨不能超高，轨距也不能加宽。为了保证曲线段外轨超高和轨距加宽，必须在道岔和曲线之间，加上一段插入段 d，如图 4-18 所示。d 的长度一般应大于或等于外轨超高和轨距加宽的递增（或递减）距离 X。

如果由于某种原因，如空间不允许或为了尽量缩短巷道长度等，不希望加入交叉的插入段，也可以在曲线本身范围内，逐渐地垫高外轨和加宽轨距，此时，在道岔和曲线间，允许加入一个最小插入段，把二者紧密地连接起来。最小插入段 $d_{min}=200\sim300\text{mm}$。

4.2.4.2 单向分岔连接

相交的两条线路通过单向分岔连接起来，如图 4-19 所示。这种连接方式在巷道分岔处广为常见。

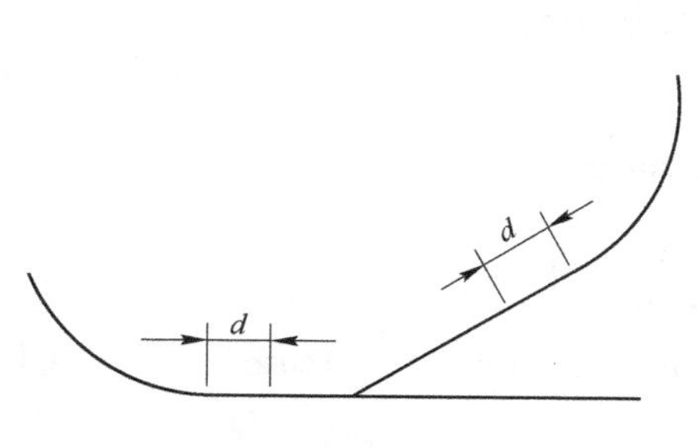

图 4-18 曲线与道岔的连接

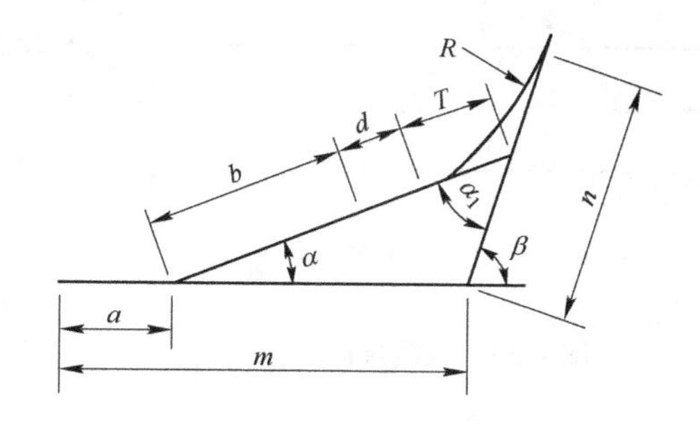

图 4-19 单向分岔连接

已知两条线路中心线的交角为 β，选定的单开道岔参数为 a、b、α 和曲率半径 R，并加入插入段 d，此时的连接系统尺寸按式（4-22）公式组计算。

$$
\begin{aligned}
\alpha_1 &= \beta-\alpha \\
T &= R\tan\frac{\alpha_1}{2} \\
m &= a+\frac{(b+d+T)\sin\alpha_1}{\sin\beta} \\
n &= T+\frac{(b+d+T)\sin\alpha}{\sin\beta}
\end{aligned}
\tag{4-22}
$$

例 4-2 道岔采用 618-1/4-11.5 单开道岔，道岔参数见表 4-9，转弯半径 $R=15000\text{mm}$，$\beta=90°$，采用单开道岔连接，计算其连接尺寸。

解：插入段 $d=2000\text{mm}$，计算过程如下：

$$
\begin{aligned}
\alpha_1 &= \beta-\alpha \\
&= 90°-14°15'=75°45' \\
T &= R\tan\frac{\alpha_1}{2}=15000\times\tan\frac{75°45'}{2} \\
&= 11667\text{mm} \\
m &= a+\frac{(b+d+T)\ \sin\alpha_1}{\sin\beta}=2724+\frac{(3005+2000+11667)\ \sin75°45'}{\sin90°} \\
&= 18883\text{mm}
\end{aligned}
$$

$$n = T + \frac{(b+d+T)\ \sin\alpha}{\sin\beta} = 11667 + \frac{(3005+2000+11667)\ \sin 14°15'}{\sin 90°}$$

$$= 15772\text{mm}$$

4.2.4.3　双线单向连接

双线单向连接是用单开道岔将单轨线路过渡成双轨线路的一种连接方式，如图4-20所示。单轨线路中的调车场和井底车场中的材料支线等属于此种连接。

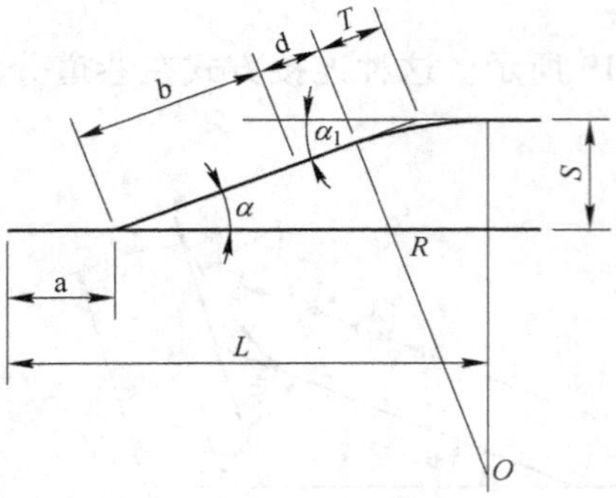

图4-20　双线单向连接

已知双轨中心线间的距离 S、曲线半径 R 和所选定的单开道岔参数，连接系统尺寸计算如式(4-23)公式组所示。

$$\alpha_1 = \alpha$$

$$T = R\tan\frac{\alpha_1}{2}$$

$$d = \frac{S}{\sin\alpha} - (b+T)$$

$$L = (a+T) + (b+d+T)\cos\alpha \tag{4-23}$$

或　$$L = a + \frac{S}{\tan\alpha} + T$$

根据求得 d 值大小判定是否有实现连接的可能性，若 $d \geqslant 200 \sim 300\text{mm}$，则连接是可能的，否则不可能连接。

例4-3　道岔采用618-1/4-11.5单开道岔，道岔参数见表4-9，转弯半径 $R = 15000\text{mm}$，采用双线单向连接，$S = 1400\text{mm}$，计算其连接尺寸。

解： $T = R\tan\frac{\alpha}{2} = 15000 \times \tan\frac{14°15'}{2} = 1875\text{mm}$

$$d = \frac{S}{\sin\alpha} - (b+T) = \frac{1400}{\sin 14°15'} - (3005+1875) = 808\text{mm}$$

求得 $d > 300\text{mm}$，满足连接要求。

$$L = (a+T) + (b+d+T)\cos\alpha = (2724+1875) + (3005+808+1875)\cos 14°15' = 10111\text{mm}$$

4.2.4.4　双线对称连接

双线对称连接（单双轨对称连接）是指对称道岔在直线段将单轨线路过渡成双轨线路的一种连接方式，如图4-21所示。此种连接方式在罐笼马头门处广为应用。

已知条件及要求同上，其连接系统尺寸计算公式组如下

$$T = R\tan\frac{\alpha}{4}$$

$$d = \frac{S}{2\sin\frac{\alpha}{2}} - (b+T)$$

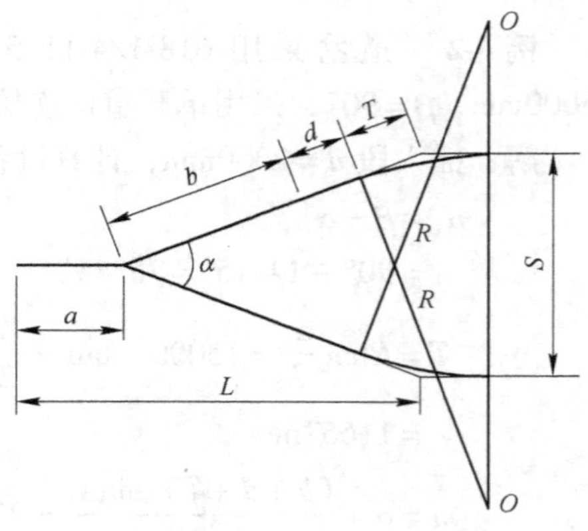

图4-21　双线对称连接

$$L = a + \frac{S}{2\tan\frac{\alpha}{2}} + T \tag{4-24}$$

若 $d \geqslant 200 \sim 300\text{mm}$，则连接是可能的，否则不可能连接。

双线单向连接和双线对称连接在不可能连接时，可加大双轨中心线间的距离，或者选用标号更小的道岔。

例 4-4　道岔采用 618-1/3-11.65 对称道岔，道岔参数见表 4-9，采用对称道岔连接，转弯半径 $R = 15000\text{mm}$，$S = 1968\text{mm}$，计算其连接尺寸。

解：

$$T = R\tan\frac{\alpha}{4} = 15000 \times \tan\frac{18°55'30''}{4} = 1241\text{mm}$$

$$d = \frac{S}{2\sin\frac{\alpha}{2}} - (b + T) = \frac{1968}{2\sin\frac{18°55'30''}{2}} - (2935 + 1241) = 1809\text{mm}$$

求得 $d > 300\text{mm}$，满足连接要求。

$$L = a + \frac{S}{2\tan\frac{\alpha}{2}} + T = 3195 + \frac{1968}{2\tan\frac{18°55'30''}{2}} + 1241 = 10339\text{mm}$$

4.2.4.5　单开道岔与双弯道连接

当单轨线路过渡成双轨线路，并且单轨线路与双轨线路的中心线斜交时，采用单开道岔与双弯道连接（单双轨斜连接）方式，如图 4-22 所示。

已知双轨线路中心线间距 S、单双轨中心线交角 β_1、曲线半径 R_1 和 R_2（$R_1 = R_2$）和所选定的单开道岔，一般取 $d_2 = 200 \sim 300\text{mm}$。用式（4-25）公式组计算连接系统的尺寸

$$\beta_1 = \beta_2 + \alpha$$

$$\beta_2 = \beta_1 - \alpha$$

$$T_1 = R_1\tan\frac{\beta_1}{2},\quad T_2 = R_2\tan\frac{\beta_2}{2}$$

$$d_1 = \frac{(b + d_2 + T_2)\sin\beta_2 + S}{\sin\beta_1} - b - T_1 \tag{4-25}$$

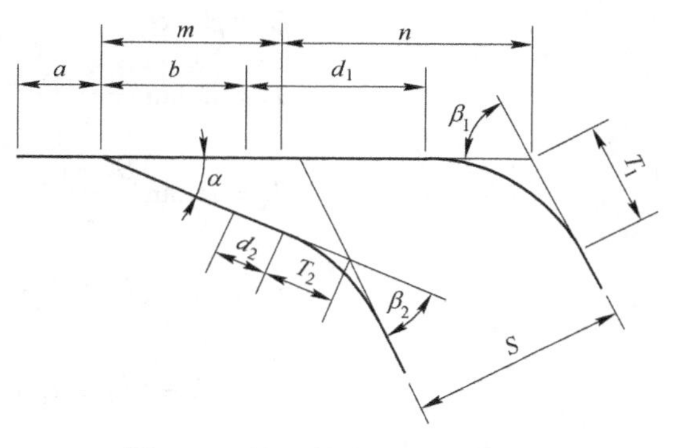

图 4-22　单开道岔与双弯道连接

若 $d_1 \geqslant 200 \sim 300\text{mm}$，连接是可能的，继续计算

$$n = \frac{S}{\sin\beta_1}$$

$$m = \frac{(b + d_2 + T_2)\sin(\beta_1 - \alpha)}{\sin\beta_1}$$

若 $d_1 < 200 \sim 300\text{mm}$，则取 $d_1 = 200 \sim 300\text{mm}$，重新计算应有的 S 值，并根据新的 S 值，重新计算 n 和 m 值。

4.2.4.6　三角道岔连接

如图 4-23 所示，三角道岔连接系统在运输石门与运输沿脉平巷的连接处广为应用。

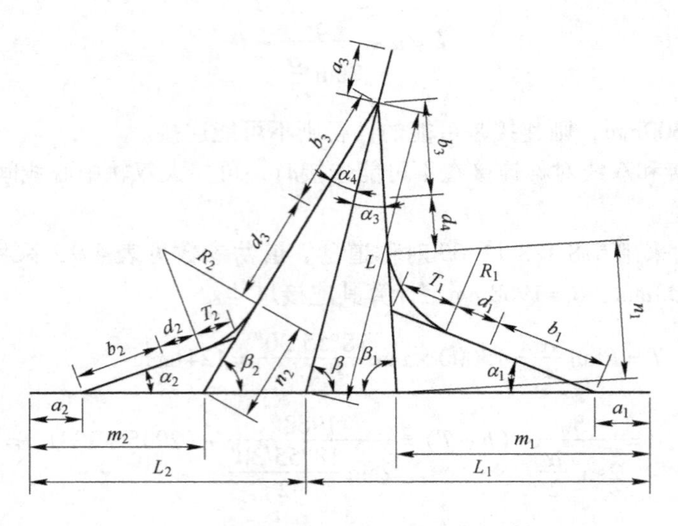

图 4-23　三角道岔连接

已知被连接的两条线路轨道中心线的交角为 β，所选定的右向单开道岔、左向单开道岔、对称道岔（其参数分别为 a_1、b_1、α_1、a_2、b_2、α_2、a_3、b_3、α_3、α_4）R_1，R_2，d_1，d_2，d_4，其中取 $d_1 = d_2 = d_4 = 200 \sim 300\text{mm}$，$\alpha_3 = \alpha_4$。

求算三角道岔连接尺寸的公式如下

$$
\begin{aligned}
\beta_1 &= 180° - (\beta + \alpha_3) \\
\beta_2 &= \beta - \alpha_4 \\
T_1 &= R_1 \tan \frac{\beta_1 - \alpha_1}{2} \\
T_2 &= R_2 \tan \frac{\beta_2 - \alpha_2}{2} \\
m_1 &= a_1 + (b_1 + d_1 + T_1) \frac{\sin(\beta_1 - \alpha_1)}{\sin\beta_1} \\
n_1 &= T_1 + (b_1 + d_1 + T_1) \frac{\sin\alpha_1}{\sin\beta_1} \\
L_1 &= m_1 + (n_1 + d_4 + b_3) \frac{\sin\alpha_3}{\sin\beta} \\
m_2 &= a_2 + (b_2 + d_2 + T_2) \frac{\sin(\beta_2 - \alpha_2)}{\sin\beta_2} \\
n_2 &= T_2 + (b_2 + d_2 + T_2) \frac{\sin\alpha_2}{\sin\beta_2} \\
L &= (n_1 + d_4 + b_3) \frac{\sin\beta_1}{\sin\beta} \\
d_3 &= (n_1 + d_4 + b_3) \frac{\sin\beta_1}{\sin\beta_2} - (n_2 + b_3)
\end{aligned}
\tag{4-26}
$$

若 $d_3 \geqslant 200 \sim 300\text{mm}$，则连接是可能的，若 $d_3 < 200 \sim 300\text{mm}$，则必须从左部开始重新

计算，步骤同上。一般只把 d_4 放在 β 为锐角的一面，一般不会重算。

$$L_2 = m_2 + (n_2 + d_3 + b_3)\frac{\sin\alpha_4}{\sin\beta}$$

当 $\beta = 90°$ 时，这种连接方式就成了对称三角道岔连接。

例 4-5 今有一三角道岔，转角 75°，中间选用 615-1/3-12 对称道岔，两翼选用 615-1/4-12 单开道岔，用半径 $R = 15000$mm 的曲线连接，做平面布置计算。

解： 由表 4-9 查得：615-1/3-12 对称道岔的 $\alpha = 18°55'30''$，$a = 1882$mm，$b = 2618$mm；615-1/4-12 单开道岔的 $\alpha = 14°15'$，$a = 3200$mm，$b = 3390$mm。

由三角道岔计算公式及连接图可知：

$$\alpha_1 = \alpha_2 = 14°15', \quad a_1 = a_2 = 3200\text{mm}, \quad b_1 = b_2 = 3390\text{mm}$$

$$\alpha_3 = \alpha_4 = \frac{18°55'30''}{2} = 9°27'45'', \quad a_3 = 1882\text{mm}, \quad b_3 = 2618\text{mm}$$

$$\beta = 75°$$

因此，

$$\beta_1 = 180° - (\beta + \alpha_4) = 180° - (75° + 9°27'45'') = 95°32'15''$$

$$\beta_2 = \beta - \alpha_3 = 75° - 9°27'45'' = 65°32'15''$$

从表 4-7 中选取缓和线段 $d = 1600$mm，令

$$d_1 = d_2 = d_4 = 1600\text{mm}$$

按三角道岔计算公式计算如下：

$$T_1 = R_1 \tan\frac{\beta_1 - \alpha_1}{2} = 15000 \times \tan\frac{95°32'15'' - 14°15'}{2} = 12876\text{mm}$$

$$T_2 = R_2 \tan\frac{\beta_2 - \alpha_2}{2} = 15000 \times \tan\frac{65°32'15'' - 14°15'}{2} = 7200\text{mm}$$

$$m_1 = a_1 + (b_1 + d_1 + T_1)\frac{\sin(\beta_1 - \alpha_1)}{\sin\beta_1} = 3200 + (3390 + 1600 + 12876) \times \frac{\sin 81°17'15''}{\sin 95°32'15''}$$
$$= 20943\text{mm}$$

$$n_1 = T_1 + (b_1 + d_1 + T_1)\frac{\sin\alpha_1}{\sin\beta_1} = 12876 + (3390 + 1600 + 12876) \times \frac{\sin 14°15'}{\sin 95°32'15''} = 17294\text{mm}$$

$$L_1 = m_1 + (n_1 + d_4 + b_3)\frac{\sin\alpha_4}{\sin\beta} = 20943 + (12974 + 1600 + 2618) \times \frac{\sin 9°27'45''}{\sin 75°} = 24604\text{mm}$$

$$L = (n_1 + d_4 + b_3)\frac{\sin\beta_1}{\sin\beta} = (17294 + 1600 + 2618) \times \frac{\sin 95°32'15''}{\sin 75°} = 22167\text{mm}$$

$$m_2 = a_2 + (b_2 + d_2 + T_2)\frac{\sin(\beta_2 - \alpha_2)}{\sin\beta_2} = 3200 + (3390 + 1600 + 7200) \times \frac{\sin 51°17'15''}{\sin 65°32'15''}$$
$$= 13650\text{mm}$$

$$n_2 = T_2 + (b_2 + d_2 + T_2)\frac{\sin\alpha_2}{\sin\beta} = 7200 + (3390 + 1600 + 7200) \times \frac{\sin 14°15'}{\sin 95°32'15''} = 10497\text{mm}$$

$$d_3 = (n_1 + d_4 + b_3)\frac{\sin\beta_1}{\sin\beta_2} - (n_2 + b_3)$$

$$= (17294 + 1600 + 2618) \times \frac{\sin 84°25'45''}{\sin 65°32'15''} - (10497 + 2618)$$

$$= 10408\text{mm}$$

$$d_3 > d$$

$$L_2 = m_2 + (n_2 + d_3 + b_3)\frac{\sin\alpha_4}{\sin\beta} = 13650 + (10497 + 10408 + 2618) \times \frac{\sin 9°27'45''}{\sin 75°}$$

$$= 17655\text{mm}$$

4.2.4.7　线路的平移连接

如图 4-24 所示，已知线路向一侧平移 S 的距离，所选定的连接曲线半径 R，按下述方法求算连接尺寸。

由于连接部分有反向曲线段，为了保证车辆顺利通过，反向曲线间的最小插入段 $d_{max} \geqslant S + 2$ 鱼尾板长，平移连接的关键是要确定插入段的方向，即 α 角以及连接尺寸 L。

$$L = 2T + \sqrt{(2T + d)^2 - S^2} \qquad (4\text{-}27)$$

$$\alpha = \arctan \frac{S}{\sqrt{(2T + d)^2 - S^2}} \qquad (4\text{-}28)$$

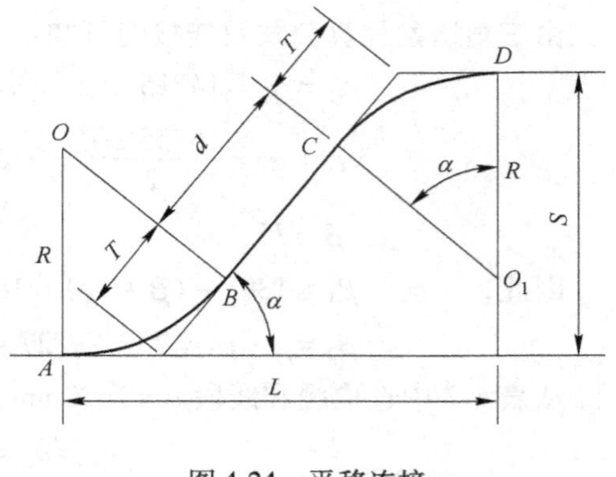

图 4-24　平移连接

4.2.5　线路立面设计

4.2.5.1　线路纵剖面

沿线路中心线纵向剖开，展直后在立面上的投影，称做线路的纵剖面。线路纵剖面的起伏变化，是用线路坡度表示的。线路坡度是纵剖面上两点的高差与其间距之比，如图 4-25 所示。

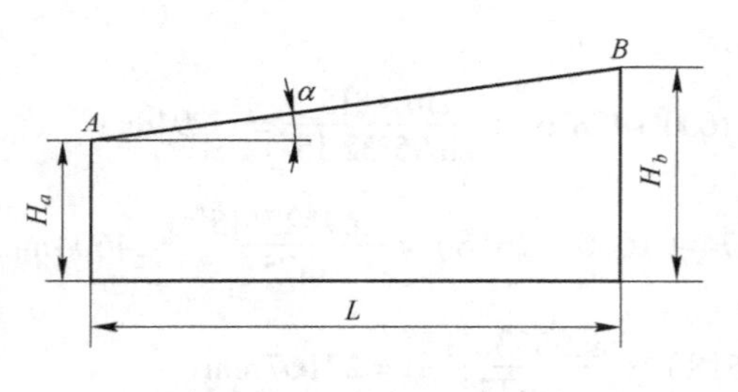

图 4-25　线路坡度计算图

坡度值按式（4-29）计算

$$i = \tan\alpha = \frac{H_b - H_a}{L} \qquad (4\text{-}29)$$

式中　i——A，B 两点之间的坡度；

H_b——B 的标高；

H_a——A 的标高；

L——A，B 两点之间的水平距离。

从式（4-29）中可以看出，线路坡度是用线路与水平面夹角的正切来表示的。坡度通常以千分数表示。

4.2.5.2　等阻坡

矿山运输的特点之一是重载单向运行，可从采场装矿站到井底车场或卸矿站之间掘成一定的下坡，使重车下坡，减少行车阻力，卸载后空车返回装矿站时走上坡增加阻力，但增加阻力不大，这样可使空车上坡和重车下坡的阻力相等。这样一个坡度称为等阻坡，一般井下矿山的等阻坡为 3‰左右，所以矿山线路设计坡度通常取 3‰ ~ 5‰，坡度计算式为

$$i_{dz}=\frac{(P+Q_{ZL})\omega_{ZL}-(P+Q_{KL})}{2P+Q_{ZL}+Q_{KL}} \tag{4-30}$$

式中 i_{dz}——等阻坡度,‰;

P——机车重，t;

Q_{ZL}——重车车组质量（不包括机车），t;

Q_{KL}——空车车组质量（不包括机车），t;

ω_{ZL}——重列车基本阻力系数，kg/t;

Q_{KL}——空列车基本阻力系数，kg/t。

由式（4-30）算得的等阻坡必须满足排水坡度的要求。

5 井 底 车 场

5.1 竖井井底车场形式

井底车场连接着井下运输与井筒提升，矿石、废石、材料和设备等都要经由这里转运，因此要在井筒附近设置储车线、调车线和绕道等。此外井底车场也为升降人员、排水以及通风等工作服务，所以相应地在井筒附近设置一些硐室，例如水泵房与水仓、井下变电站、候罐室、信号硐室等。井底车场就是这些巷道和硐室的总称。

5.1.1 井底车场的线路和硐室

组成井底车场的线路和硐室如图 5-1 所示。主、副井均设在井田中央，主井为箕斗井，副井为罐笼井，两者共同构成一个双环形井底车场。

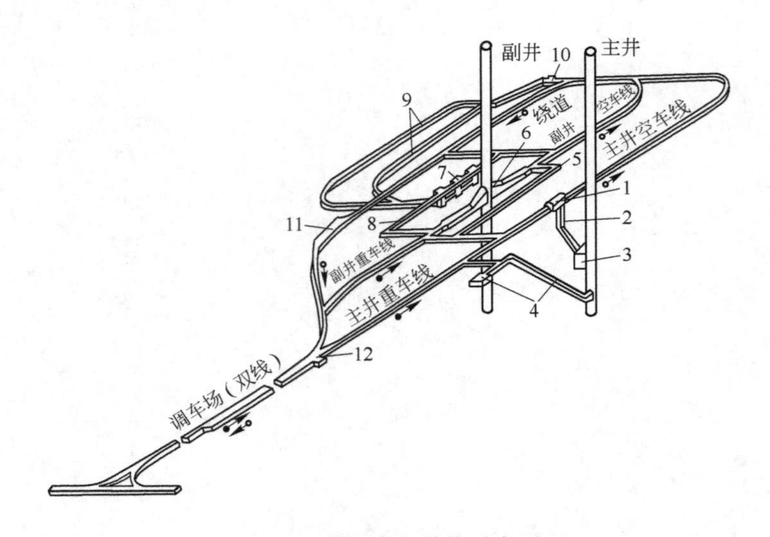

图 5-1 井底车场结构示意图

1—翻笼硐室；2—溜井；3—箕斗装载硐室；4—回收散落碎矿斜井；5—候罐室；6—马头门；7—水泵房；8—变电整流站；9—水仓；10—清淤绞车硐室；11—机车修理库；12—调度室

5.1.1.1 井底车场线路（巷道）

（1）储车线路，是容纳空重车辆的专用线路，包括主井的重车线与空车线，副井的重车线与空车线，以及停放材料车、人车等的支线。

（2）行车线路，即调度空重车辆的运行线路，如连接主、副井的空、重车线的绕道，调车场支线和供矿车进出罐笼的马头门线路。

（3）辅助线路，如通往各硐室的及硐室内的专用线路等。

5.1.1.2　井底车场硐室

根据提升、运输、排水和升降人员等项工作的需要，井底车场内设置各种硐室，其布置主要取决于硐室的用途和使用上的方便。如与主井提升有关的翻笼硐室、贮矿仓、箕斗装载硐室、清理散矿硐室及斜巷等，须设在主井附近适当位置。副井系统的硐室一般有马头门、水泵房、水仓、变电室及候罐室等。此外，还有车线进口附近的调度室，设在便于进出车地点的电机车库及机车修理硐室等。

5.1.2　井底车场形式

井底车场按提升设备分类可分为罐笼井底车场、箕斗井底车场和罐笼－箕斗混合井底车场三种。按服务井筒数目可分为单一井筒井底车场和多井筒（主井、副井）的井底车场。按矿车运行系统可分为尽头式井底车场、折返式井底车场和环形式井底车场三种，如图5-2所示。根据主、副井储车线垂直、平行或斜交主要运输巷道的关系，环形式车场又可分为立式、卧式、斜式三种类型。

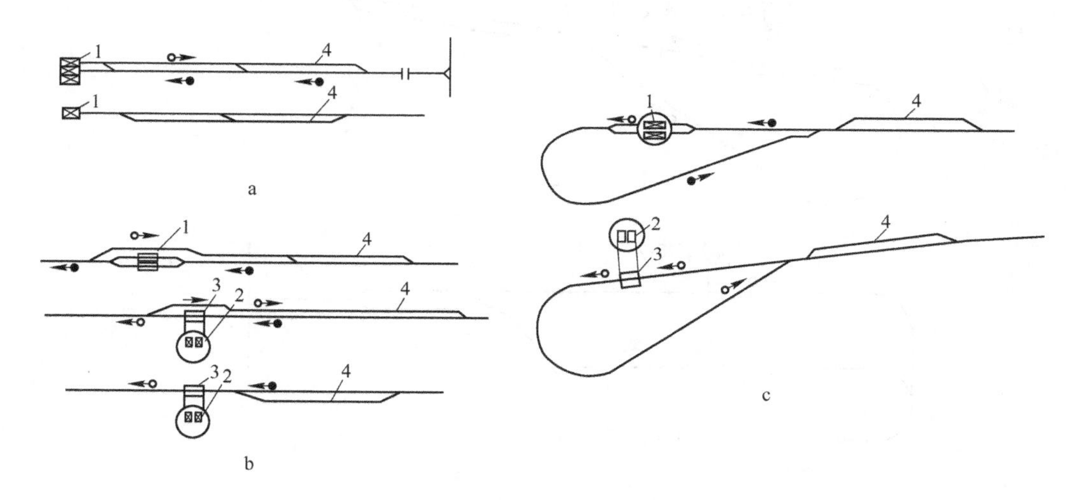

图5-2　井底车场形式示意图

a—尽头式；b—折返式；c—环形式

1—罐笼；2—箕斗；3—翻车机；4—调车线路

5.1.2.1　尽头式井底车场

尽头式井底车场用于罐笼提升，特点是井筒单侧进、出车，空、重车的储车线和调车场均设在井筒一侧，从罐笼拉出空车后，再推进重车。这种车场通过能力小，多用于小型矿山或副井的布置，如图5-2a所示。

5.1.2.2　折返式井底车场

井筒或卸车设备（如翻车机）的两侧均敷设线路。一侧进重车，另一侧出空车，空车经另外敷设的平行的折返线路从原线路变换矿车首尾方向返回。当岩石稳固时，可在同一条巷道中敷设平行的折返线路，否则，需另行开掘平行巷道，如图5-2b所示。

5.1.2.3　环形井底车场

环形井底车场与折返式井底车场相同也是一侧进重车，另一侧出空车，由井筒或卸车设备出来的空车，经由储车线和绕道不改变首尾方向返回，形成环形线路，如图 5-2c 所示。

在大中型矿井，由于提升量大，可分别开掘主、副井筒，且为了便于管理，主、副井常集中布置在井田的中央。图 5-3b 所示为双井筒井底车场，主井是箕斗井，副井是罐笼井，主、副井的运行路线均为环形，构成双环形井底车场。

为了减少井筒工程量及简化管理，在生产能力允许条件下，也可用混合井代替双井筒，即用箕斗提升矿石，用罐笼提升废石、运送人员和材料、设备等。此时，线路布置与采用双井筒时的要求相同。图 5-3c 所示为双箕斗单罐笼混合井的井底车场线路布置，其中箕斗提升的翻车机线路采用折返式车场，罐笼提升的线路采用尽头式车场。图 5-3a 所示也是混合井的井底车场线路布置，其中箕斗线路为环形车场，罐笼线路为折返式车场，通过能力比图 5-3c 所示形式大。

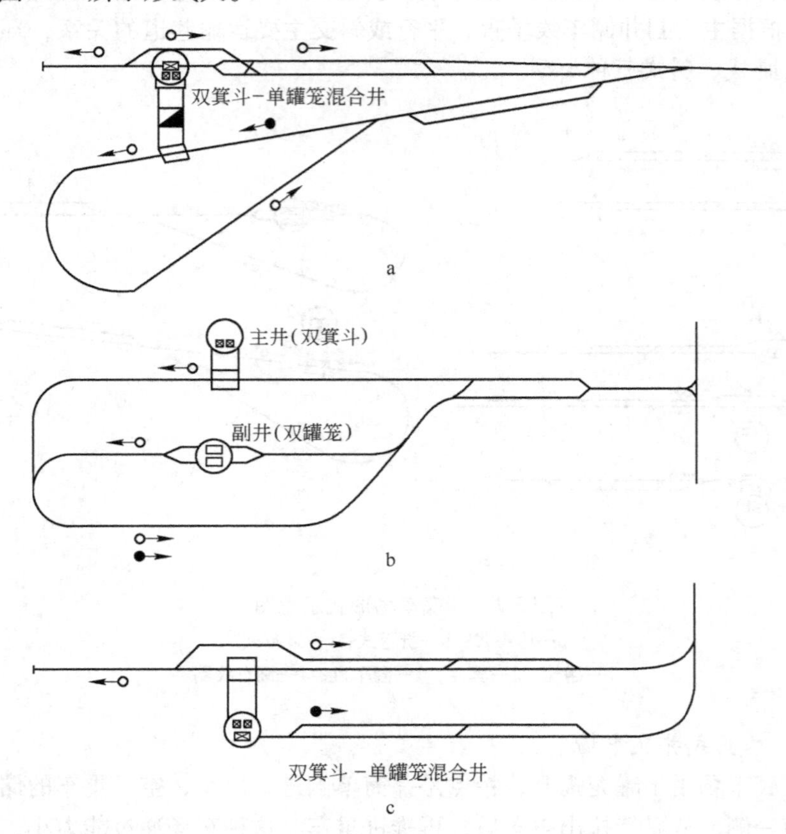

图 5-3　两个井筒或混合井的井底车场

a—双箕斗单罐笼混合井环形-折返式井底车场；b—主井双箕斗、副井双罐笼双环形井底车场；c—双箕斗单罐笼混合井折返-尽头式井底车场

5.1.3　井底车场形式的选择

选择合理的井底车场形式和线路结构，是井底车场设计中的首要问题。影响选择井底车场的因素很多，如生产能力、提升容器类型、运输设备和调车方式、井筒数量、各种主

要硐室及其布置要求、地面生产系统要求、岩石稳固性以及井筒与运输巷道的相对位置等。在金属矿山一般情况下，主要考虑前四项。

矿井生产能力大的应选用通过能力大的形式。年产量300kt以上的可采用环形式或折返式车场，100~300kt/a可采用折返式车场，100kt/a以下可采用尽头式车场。

当采用箕斗提升时，固定式矿车用翻车机卸载，年产量较小的，可用电机车推顶矿石列车进入翻车机卸载，卸载后立即拉走，也即采用经原进车线返回的折返式车场。在阶段产量较大并用多电机车运输时，翻车机前可设置推车机或采用自溜坡。此时可采用另设返回线的折返式车场。

当采用罐笼井并兼做主、副井提升时，一般可用环形车场，但产量小时也可用折返式车场。副井采用罐笼提升时，根据罐笼数量和提升量大小确定车场形式。如为单罐且提升量不大时，可采用尽头式井底车场。

当采用箕斗一罐笼混合井（图5-3a，c），或者两个井筒（一主一副）集中布置时，应采用双井筒的井底车场。在线路布置上须使主、副井提升的两组运输线路相互结合，如在调车线的布置上考虑共用，主提升箕斗井车场为环形时，副提升罐笼井车场在工程量增加不大时可使罐笼井空车线路与主井环形线路连接，构成双环形井底车场。

总之，选择井底车场形式时，应在满足生产能力要求的条件下，尽量使结构简单，这样可节省工程量，管理方便，生产操作安全可靠并易于施工维护。

5.2 竖井井底车场线路平面布置

5.2.1 井底车场储车线

确定合理的储车线长度很重要，储车线短，储存车辆过少，将使提升与井下运输彼此牵制过大，影响提升的生产能力；相反，过长时，使车场内的调车时间增加，也降低生产能力，同时增大开拓工程量，浪费投资（只要能满足要求，太长没有用）。

主、副井空、重车线的储车线长度可按式（5-1）计算

$$L = Knl_1 + l_2 + l_3 \tag{5-1}$$

式中 L——储车线长度，m；

l_1——矿车长度，m；

l_2——电机车长度，m；

l_3——考虑电机车停车（制动）而增加的长度，取8~10m；

n——列车的矿车数；

K——储存系数。

储车系数K，根据主井、副井、提升设备类型，生产能力以及提升运输的不均衡性等确定。主井、产量大和不均衡性大的储车线要采用较大的K值，罐笼井的要比箕斗井的大些。使用自卸矿车和不摘钩的翻笼卸载的固定式矿车的箕斗井，它的空车线长度可短些，此时可取$K=1.1\sim1.2$。

根据实际经验，主井的空、重车线，取$K=1.5\sim2.0$；副井空、重车储车线取$K=1.1\sim1.5$；当副井也提升一部分矿石时，副井的重车线长度要比空车线长度大些，因为副井重车线有可能储存重矿车、废石车和空材料车等。

储车线的起止点见表 5-1 和图 5-4。

表 5-1　储车线的起止点

储车线路名称	起　点	终　点
箕斗井重车线	翻车机的进车口	连接储车线与行车线的道岔警冲标
箕斗井空车线	翻车机的出车口	连接储车线与行车线的道岔警冲标
罐笼井重车线	复式阻车器后轮挡	连接储车线与行车线的道岔警冲标
主罐笼井空车线	对称道岔的末端（双罐笼）	连接储车线与行车线的道岔警冲标
主罐笼井空车线	摇台基本轨末端（单罐笼）	连接储车线与行车线的道岔警冲标
副罐笼井空车线	进材料车支线的道岔警冲标	出材料车支线的道岔警冲标
材料车支线	进材料车支线的道岔警冲标	出材料车支线的道岔警冲标

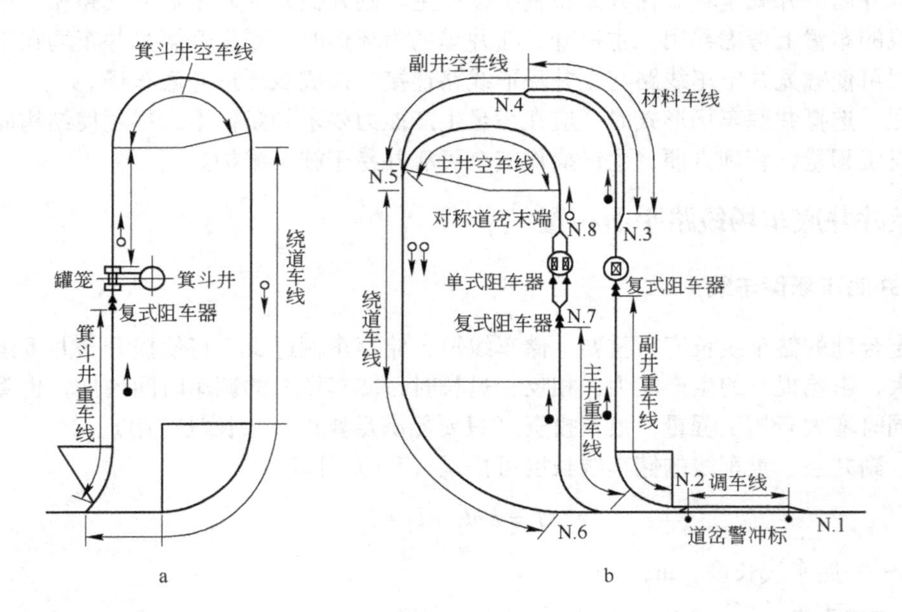

图 5-4　井底车场储车线起止点示意图

a—罐笼井出车线路；b—箕斗井储车线路

调车支线的长度一般取一列车长度再加上停车长度（8 ~ 10m）即可。材料线长度一般为 6 ~ 8 个矿车长度，随到随走，也可以不设专用支线。

5.2.2　马头门的平面布置

马头门线路是罐笼井井底车场线路的一个重要组成部分。平面布置主要根据操车设备及对行车速度（坡度）要求确定。

5.2.2.1　操车设备

为了矿车进罐、卸载和对矿车行止控制，在设计中需选用各种操车设备，现对各种操车设备简介如下：

(1) 卸载设施。箕斗提升时，若采用固定式矿车，须在空、重车线连接处设翻车机，将矿车推进翻车机后卸载。目前多用侧卸式圆形翻车机（翻笼）。若采用自卸矿车时，须根据矿车类型不同，设置侧卸曲轨或底卸托轨。

(2) 推车机。推送矿车进罐笼或翻车机的专用操车设备，推送单个（或两个）矿车的推送速度可达1m/s；成列车推时，由于需较大推力，故推进速度一般约为0.5m/s。目前在金属矿山使用比较广泛的推车机是钢绳推车机和气动推车机。

(3) 阻车器。阻止矿车运行，并使之停在指定地点的操车设备。设在需要摘钩卸车的重车线上和进入罐笼的重车线上。分单式阻车器和复式阻车器，单式阻车器有一对轮挡（阻爪），复式阻车器有两对轮挡。复式阻车器操车时，两对轮挡一开一闭，期间可放一辆或两辆矿车，即为每次放出的矿车数。在进双罐的重车线上，两种阻车器均设置。设单式阻车器是为了防止矿车掉入井筒，同时便于推车机从距井筒最近的固定位置上推车。复式阻车器为了分解列车，通过分车道岔轮流地分配给双道的单式阻车器。单罐提升时，因进罐车线为单线，只设一个复式阻车器即可（箕斗井也是一个复式阻车器）。

(4) 罐笼的承接装置。罐座是设在罐笼底部承托罐笼的承接装置。由于罐托易产生礅罐事故，一般仅在最下一个阶段的井底车场中使用。摇台是一种自井口线路向罐笼搭接的承接装置，允许停罐位置（进出车辆的标高）有一定变化。当采用钢丝绳罐道时，须设稳罐装置，借以保证进出车时罐笼的稳定性，一般均与摇台联动配合使用。托罐机是与多绳提升配套使用的承接装置。当罐笼停在低于进车水平时，托罐机托起罐笼内框架以达到进出车水平，换车后再恢复原位，能减少调绳工作，如图5-5所示。

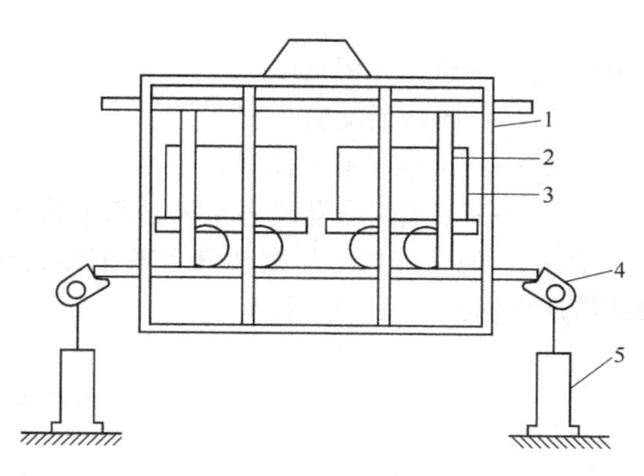

图5-5 托罐机工作原理

1—外框架；2—内框架；3—矿车；4—罐托；5—油罐

(5) 分车器（自动分连道岔）。用于罐笼进车线上，它可将矿车由储车线的单道轮流分道至井口双道上，常用的是轮压式分车器。

(6) 爬车机。自溜坡上损失的高差可采用爬车机补偿，使用爬车机可以减少绕道长度。爬车机的种类很多，以链式的应用的最为广泛。

5.2.2.2 线路计算

在选定操车设备之后，便可进行马头门线路的平面布置计算。

双罐笼提升，操车设备有摇台、单式阻车器和复式阻车器，马头门线路布置如图5-6所示，各段线路长度计算方式如下：

(1) 单式阻车器轮挡至罐笼中心线的距离按式（5-2）计算

$$A = \frac{L_0}{2} + L_4 + L_3 + L_2 \tag{5-2}$$

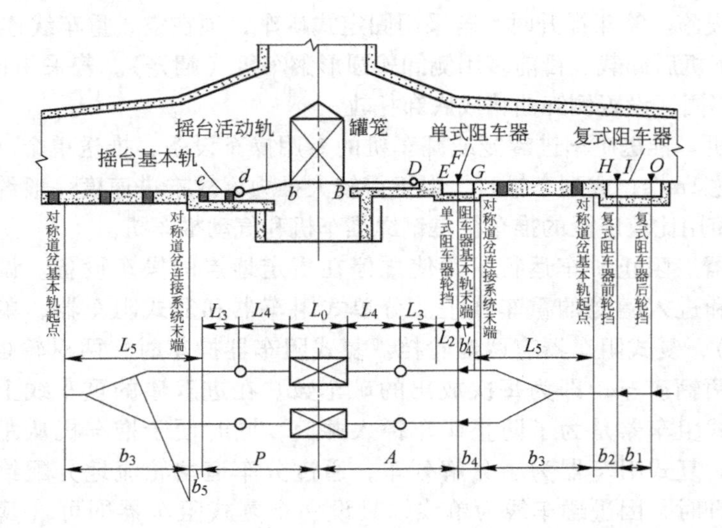

图 5-6　双罐时马头门线路平面布置示意图

式中　L_0——罐笼底板长度；

L_4——摇台活动轨长度；

L_3——摇台基本轨长度；

L_2——单式阻车器轮挡至摇台基本轨末端距离。

（2）为便于安装阻车器和满足矿车停放要求，单式阻车器轮挡到对称道岔连接系统末端的距离按式（5-3）计算

$$b_4 \geqslant S_{zh} + \frac{D_L}{2} \tag{5-3}$$

$$b_4 \geqslant L' \tag{5-4}$$

式中　S_{zh}——矿车最大轴距；

D_L——车轮直径；

L'——单式阻车器轮挡到阻车器基本轨末端长度。

一般取 $b_4 \geqslant 2000$mm。

（3）复式阻车器前轮挡至对称道岔基本轨起点的距离 b_2，要保证复式阻车器的基础不妨碍敷设对称道岔，一般取 $b_2 = 1.5 \sim 2.0$m。

（4）出车摇台基本轨末端至对称道岔连接系统末端的距离 b_5，此段距离保持摇台基础与道岔不相接触并使矿车保持在直线上。一般取 $b_5 = 1.5 \sim 2.0$m。

当采用推车机推送矿车进罐时，马头门线路的尺寸要考虑到推车机的安装和运行问题。

单罐提升时的马头门线路布置如图 5-7 所示，操车设备有摇台和复式阻车器（计算道理同上）。

平面布置中一些尺寸还要按行车速度（如重车进罐速度）和允许坡度进行验算，才能最后确定下来。

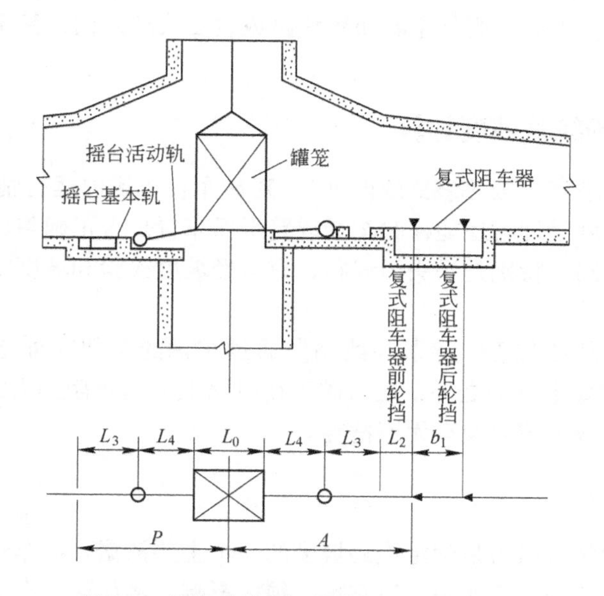

图 5-7 单罐时马头门线路平面布置示意图

5.2.3 竖井井底车场线路平面布置基本步骤

在开拓设计中确定主副井筒相互位置时，必须考虑到井底车场的线路布置，在条件可能时应使线路总长度最短，当井筒相互位置已定时，可按下列步骤进行井底车场的设计：首先选定井底车场形式，此后便可以计算储车线长度以及进行井底车场平面布置的设计与计算。

（1）设计原始条件：

1）井筒中心坐标；

2）提升方式及井筒断面布置；

3）出车（储车线）方位；

4）井底车场与运输巷道（石门）的相关位置；

5）矿车与电机车的技术规格和外形尺寸；

6）阶段日产量等。

（2）线路计算中的有关资料与参数：

1）井底车场形式；

2）主、副井储车线长度；

3）井口操车设备及其布置方式；

4）钢轨类型、道岔及弯道半径等。

（3）计算步骤：

1）计算主、副井筒的相互位置及主、副井储车线间距离；

2）计算储车线长度和道岔连接系统尺寸；

3）利用投影法计算各段尺寸，即进行平面几何计算，检验平面闭合问题。

在进行平面布置时，要考虑到各段线路的平面要求，留有一定的调整余地，若坡度和储车线长度不能满足要求时，则须重新布置线路或改变线路结构，甚至需要重新选择车场形式。

5.3 竖井井底车场线路坡度计算

井底车场线路的坡度（或称线路纵断面），对矿车在车场内运行情况及车场的通过能力具有很大影响。坡度设计时还能检验车场线路平面布置是否正确与合理。因此，在井底车场设计中，各种线路，特别是马头门线路，只有经坡度检验和坡度闭合计算，才能最后确定下来。

井底车场内各种线路坡度，除了与线路所通过车辆的类别（如空车、重车、单车和车组等）对行车速度要求有关之外，还与矿车在线路上的运行阻力及线路本身状态有关，如直通、弯道、上坡或下坡以及有无道岔等。

5.3.1 矿车运行阻力

矿车在线路上的运行阻力是确定线路坡度的一个主要依据。矿车运行阻力除了与它本身构造和润滑情况有关外，工作条件对它也有很大影响。例如矿车在坡道上、弯道上和做加、减速运行时，阻力都有变化。矿车沿水平直线线路做等速运动时的阻力，即出矿车轴承内摩擦以及车轮与钢轨间的摩擦所产生的阻力，称为基本阻力。由工作条件，如坡度、弯道、道岔和加速度等所产生的阻力，称为附加阻力。

5.3.1.1 基本阻力系数

设矿车重量为 G（N 或 kN），则其基本阻力 F_1 为

$$F_1 = G\omega \tag{5-5}$$

式中，ω 为矿车运行的基本阻力系数，其大小取决于矿车轴承类型，矿车自重和载重以及轨道状态等因素。滚动轴承矿车，在清洁轨道面上运行时的基本阻力系数，见表 5-2。

表 5-2 矿车基本阻力系数

矿车容积/m^3		0.5	0.7~1.0	1.2~1.5	2	4	10
阻力系数	空车	0.009	0.008	0.007	0.006	0.005	0.004
	空列车	0.011	0.010	0.009	0.007	0.006	0.005
	重车	0.007	0.005	0.005	0.0045	0.004	0.0035
	重列车	0.009	0.008	0.007	0.006	0.005	0.004

对铺设质量差，轨面脏的路线，阻力系数适当增加，如对中间巷道和探矿巷道等，可按增加 50% 计算。

基本阻力系数可用“实验坡”方法测定。如图 5-8 所示，实验坡由两部分组成，一部分为水平的，另一部分为倾斜的，将测定的矿车布置与倾斜段上，使其向下自动溜行，测定自动运行长度，即可求得阻力系数。

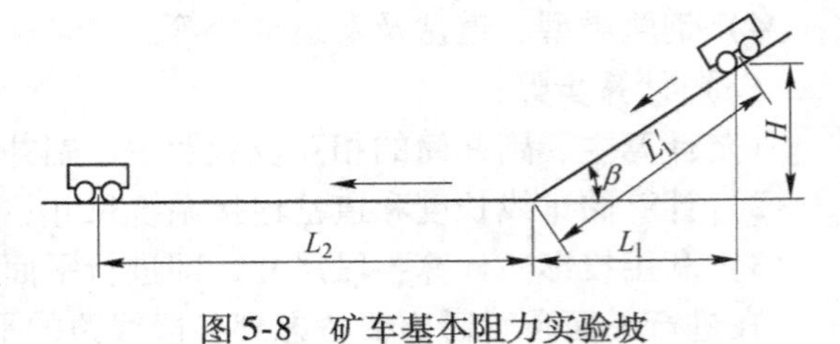

图 5-8 矿车基本阻力实验坡

设倾斜段长度 L_1' 的水平投射长度 L_1，垂直投影高度为 H，若矿车借惯性在水平段上运行的距离 L_2，则矿车的运动方程为

$$GH = G\cos\beta\omega L_1' + G\omega L_2 = G(L_1'\cos\beta + L_2)\omega = G(L_1 + L_2)\omega \tag{5-6}$$

式中 G——矿车重量；

β——实验坡斜面倾角。

由式（5-6）得出基本阻力系数为

$$\omega = \frac{H}{L_1 + L_2} \tag{5-7}$$

由于 L_1 和 H 为定值，所以 L_2 值越大，则阻力系数 ω 越小。

5.3.1.2 附加阻力

在矿车运行阻力中，除了基本阻力之外，在工作条件下所产生的阻力均为附加阻力，有以下几种。

A 坡度阻力

矿车在倾角为 α 的坡道上运行时，由于矿车自重 G 沿倾斜方向的分力所引起的运行阻力，称为坡度阻力（也称为附加坡道阻力），即

$$F_p = \pm G\sin\alpha \tag{5-8}$$

当 α 很小时，$\sin\alpha = \tan\alpha = i$，所以坡度阻力为

$$F_p = \pm Gi \tag{5-9}$$

式（5-9）中的正号表示上坡，负号表示下坡；i 为坡道阻力系数，用无量纲数表述（如 0.005），有时也以 mm/m 表示轨道的倾斜度。

B 惯性阻力

当矿车以加速或减速运行时，须克服附加惯性阻力为

$$F_g = \pm K\frac{G}{g}a \tag{5-10}$$

式中 g——重力加速度，m/s^2；

a——运行加速度，m/s^2；

K——考虑到车轮转动惯量而设的系数，对重车，$K = 1.03 \sim 1.05$；对空车 $K = 1.07 \sim 1.1$，一般平均取 $K = 1.03 \sim 1.08$。

矿车运行中有时加速，有时减速，所以 a 值有正有负。当 $a > 0$ 时，惯性力方向与运行方向相反，惯性力为正；当 $a < 0$ 时，惯性力方向与运行方向相同，惯性力为负。

C 弯道阻力

矿车在弯道运行时须克服的附加弯道阻力为

$$F_w = G\omega_w \tag{5-11}$$

式中 ω_w——弯道阻力系数。

$$\omega_w = K_w \frac{35}{1000\sqrt{R}} \tag{5-12}$$

式中 K_w——系数，当外轨抬高时，$K_w = 1$，不抬高时，$K_w = 1.5$；

R——弯道曲线半径，m。

D 道岔阻力

矿车通过道岔时，道岔对矿车产生一定的阻力，当矿车沿合岔和分岔方向通过一个普

通道岔时，道岔附加阻力系数为

$$\omega_c = \frac{\pi R_{g \cdot H} \alpha \omega_{g \cdot H}}{180(a+b)} \tag{5-13}$$

式中 $R_{g \cdot H}$——道岔曲合轨半径，m；

α——道岔辙岔角（单侧道岔）或辙岔角之半（对称道岔），(°)；

$a+b$——道岔长度，m；

$\omega_{g \cdot H}$——外侧曲合轨未超高的附加阻力系数，$\omega_{g \cdot H} = 0.5\omega + 1.5 \frac{35}{1000\sqrt{R_{g \cdot H}}}$；

ω——矿车的基本阻力系数。

矿车沿合岔或分岔方向通过一个自动（弹簧）道岔时，其阻力系数，除了按式（5-13）计算外，还要加上一个岔尖挤压阻力系数 ω_i。

$$\omega_i = \frac{20}{G(a+b)} \tag{5-14}$$

式中 20——矿车挤压道岔尖轨所做的功。

矿车直通自动道岔时，其附加阻力系数只等于 ω_i。

E 总阻力系数

在阻力和坡度计算中有时用总阻力系数。总阻力系数可以认为是线路全长的总平均阻力系数。它是基本阻力系数与附加阻力系数之和，但并不是简单相加。如图 5-9 所示，AB 间有若干附加阻力段，各段线路长度与附加阻力系数分别为 l_1，l_2，l_3，…，l_n 和 ω_1，ω_2，ω_3，…，ω_n，则总阻力系数按式（5-15）计算

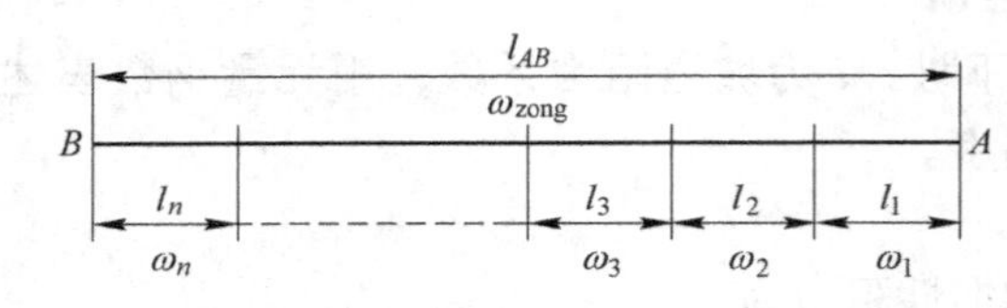

图 5-9 总阻力系数计算示意图

$$\omega_{zong} = \frac{l_1\omega_1 + l_2\omega_2 + l_3\omega_3 + \cdots + l_n\omega_n}{L_{AB}} + \omega \tag{5-15}$$

式中 ω——基本阻力系数；

L_{AB}——AB 间线路总长度。

5.3.2 矿车自溜运行

如图 5-10 所示，矿车在倾角 γ 的轨道上运行时所需的力为

$$F = (\pm \sin\gamma + \omega\cos\gamma)G \tag{5-16}$$

式中 ω——矿车运行时的阻力系数。

线路为直线时，式中 ω 则为基本阻力系数。如有弯道和道岔时，则需加上这些附加阻力系数。

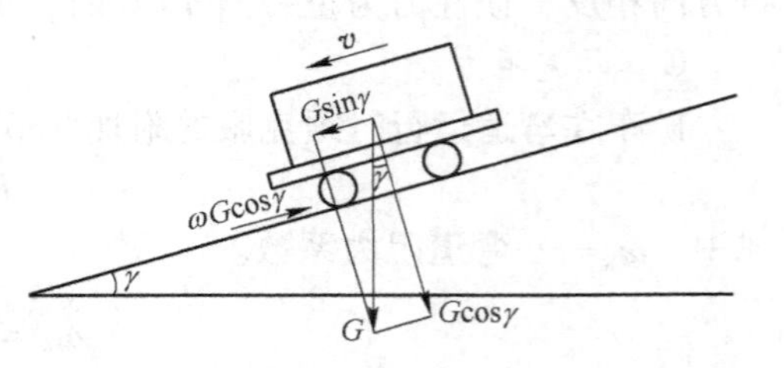

图 5-10 矿车在倾斜线路上顺坡运行受力关系

在一般情况下，由于 γ 值很小，可以近似的取 $\cos\gamma = 1$，$\sin\gamma = \tan\gamma = 1$，代入式(5-16)得

$$F = G(\omega \pm i) \tag{5-17}$$

式中 i——线路坡度，顺坡运行时取负值；逆坡运行时取正值。

线路坡度与阻力系数决定了矿车自动滚行的状态，当 $i=\omega$ 时，矿车以等速运行；$i>\omega$ 时，矿车加速运行；$i<\omega$ 时，矿车减速运行。

矿车沿直线轨道顺坡自动滚行时，作用在矿车上的力为

$$F=G(i-\omega) \tag{5-18}$$

同时据牛顿第二定律得

$$F=\frac{G}{g}a \tag{5-19}$$

所以有

$$\frac{a}{g}=i-\omega \tag{5-20}$$

即矿车运行的加速度为

$$a=g(i-\omega) \tag{5-21}$$

式中 g——重力加速度。

矿车运行速度、距离、坡度和阻力系数等关系式如下：

$$v_{\mathrm{m}}=\sqrt{v_{\mathrm{ch}}^2+2aL}=\sqrt{v_{\mathrm{ch}}^2+2gL(i-\omega)} \tag{5-22}$$

式中 v_{m}——矿车运行末速度；

v_{ch}——矿车运行初速度；

L——矿车运行距离。

式（5-22）为矿车自动滚行计算的基本公式，其余参数均可用此公式求得。例如，矿车运行初速度

$$v_{\mathrm{ch}}=\sqrt{v_{\mathrm{m}}^2-2gL(i-\omega)} \tag{5-23}$$

线路坡度

$$i=\frac{v_{\mathrm{m}}^2-v_{\mathrm{ch}}^2}{2gL}+\omega \tag{5-24}$$

线路高差

$$\Delta H=iL \tag{5-25}$$

从以上公式可以看出，在线路阻力系数既定的情况下，自动滚行的参数为 v_{ch}、v_{m}、i、L，但是，在一般情况下，只能用坡度来控制矿车的运行速度。

在井底车场中，为了行车安全和考虑到对设备的冲击，矿车的运行速度 v_m 有以下的限制：

（1）在弯道上取 0.5～2.5m/s，容积大的矿车取小值。

（2）在直线段取不大于 3m/s。

此外，在确定线路坡度时，要考虑到矿车由静止状态到自动滚行时所需要的坡度，即所谓的启动坡，其数值可按基本阻力系数 ω 的 2.5～3.0 倍计算。

5.3.3 马头门线路坡度计算

马头门线路的平面布置初步确定之后，即可进行坡度计算，在计算中校验平面尺寸的可能性和合理性。总之，马头门平面布置尺寸与坡度要求必须是统一的，在满足坡度要求

的前提下，平面布置力求紧凑。

5.3.3.1 罐笼两侧摇台基本轨的高差

如图 5-11 所示，罐笼两侧摇台基本轨的高差按式（5-26）计算

$$\Delta h = \Delta h_1 + \Delta h_2 + \Delta h_3 \tag{5-26}$$

式中 Δh_1——停罐误差，根据井筒设备性能和司机操作技术等因素确定，一般取 $\pm(50 \sim 100)$mm；

Δh_2——钢丝绳弹性伸长值，可用式（5-27）计算

$$\Delta h_2 = \frac{Gl_g}{E_g A_g} \tag{5-27}$$

G——矿车的有效载重，N；

l_g——钢丝绳悬垂长度，mm；

E_g——钢丝绳弹性模量；

A_g——钢丝绳的金属断面面积，cm^2；

Δh_3——空车出罐自动滚行所需的摇台最小高差，考虑到罐笼停在允许误差最低点，再加上弹性延长时，空车出罐应具有足够的下坡，设计中一般取：$\Delta h_3 = 50 \sim 100$mm，或按摇台活动轨长度 L_4 计算：$\Delta h_3 = L_4(30‰ \sim 40‰)$。

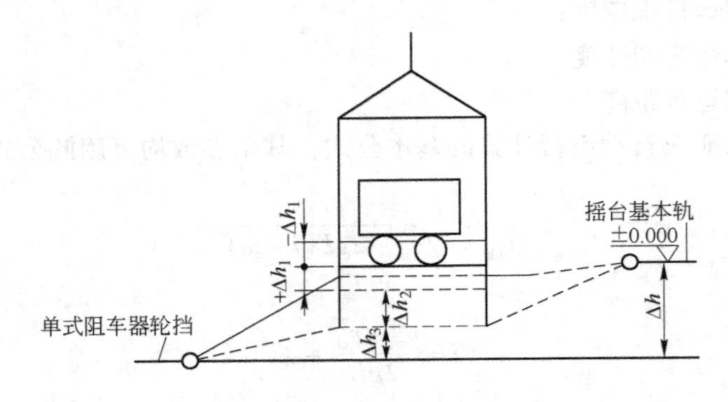

图 5-11 罐笼两侧摇台基本轨高差

5.3.3.2 重车进罐速度

重车进罐速度是指重车从阻车器启动以后到进入罐笼与阻车器相遇为止，在这段线路上的各个瞬间速度。若重车进罐用推车机时，则重车进罐速度等于推车机的运行速度，这时线路各段的坡度应小于或最多等于矿车的运行阻力系数，即 $i \leqslant \omega$。若重车进罐是靠下坡运动滚行获得动量，并且此动量可将空车碰击出罐，则矿车进罐速度和线路各段的坡度，按下列两种情况分别进行计算。

A 不设置摇台

不设摇台时重车进罐进程如图 5-12 所示。

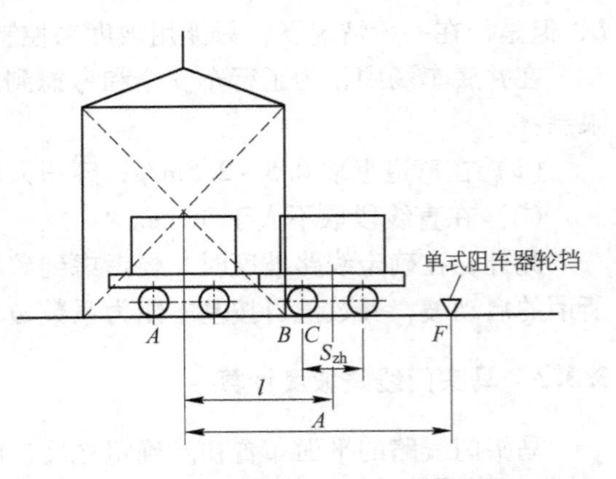

图 5-12 不设摇台时重车进罐进程

(1) 重车进入罐内被阻车器挡住时，图5-12中 A 点的末速度 v_A 一般取 0.75 ~ 1.0m/s。

(2) 重车刚过 B 点后，沿罐笼底板运行的初速度按式(5-28)计算

$$v_{B\cdot \mathrm{ch}} = \sqrt{v_A^2 + 2gl_0(\omega_{\mathrm{zh}} - i_0)} \tag{5-28}$$

式中 ω_{zh}——重车运行的基本阻力系数；

l_0——罐笼底板的计算长度，$l_0 = \frac{1}{2}(L_0 + S_{\mathrm{zh}})$；

S_{zh}——矿车轴距，m；

L_0——罐笼底板长度，m；

i_0——罐笼底板坡度，$i_0 = 0$。

(3) 重车到达罐笼与轨道接口处 B 点的瞬时速度按式(5-29)计算

$$v_B = \sqrt{v_{B\cdot \mathrm{ch}}^2 + \frac{2A}{m_{\mathrm{zh}}}} \tag{5-29}$$

式中 A——重车经过罐笼与轨道接口处所耗损的功；

m_{zh}——重车质量。

(4) 重车撞击罐笼内空车以后（重车前轮在 C 点）的瞬时速度按式(5-30)计算

$$v_{\mathrm{P}\cdot \mathrm{H}} = \sqrt{v_B^2 - 2gL_{BC}(i_{CB} - \omega_{\mathrm{zh}})} \tag{5-30}$$

式中 L_{BC}——BC 段长度，m；

$$L_{BC} = 1 - \frac{L_0 + S_{\mathrm{zh}}}{2}$$

l——矿车长度，m；

i_{CB}——CB 段坡度，一般取 $i_{CB} = 30‰ \sim 40‰$。

(5) 重车撞击空车时（前轮在 C 点）的瞬时速度按式(5-31)计算

$$v_{\mathrm{P}} = v_{\mathrm{P}\cdot \mathrm{H}} \frac{1+\mu}{1-\mu K} \tag{5-31}$$

式中 μ——质量系数，$\mu = \frac{G_o}{G + G_o}$；

K——撞击系数，一般取 $K = 0.5$。

(6) 单式阻车器的轮挡到罐笼中心线的距离（图5-12）按式(5-32)计算

$$A = L_{CF} + 1 - \frac{S_{\mathrm{zh}}}{2} = \frac{v_P^2}{2g(i_{FC} - \omega_{\mathrm{zh}})} + 1 - \frac{S_{\mathrm{zh}}}{2} \tag{5-32}$$

式中 i_{FC}——FC 段的线路坡度，为保证矿车自动启动，取 $i_{FC} = i_{CB} = 30‰ \sim 40‰$。

B 设摇台时的坡度计算

如图5-13所示，当设摇台时，重车从 C 点到 A 点各段的瞬间速度仍用上述公式计算。其中 $i_{FC} = i_{CB} = i_4$，均为摇台活动轨的计算坡度。

当用推车机时 $i_{CB} = i_4 = 0$。

重车从单式阻车器的轮挡 F 点到 C 点的各个瞬间速度，按下列公式计算：

(1) 重车过摇台的活动轨与基本轨接口处以后，在 D 点瞬时速度，按式(5-33)

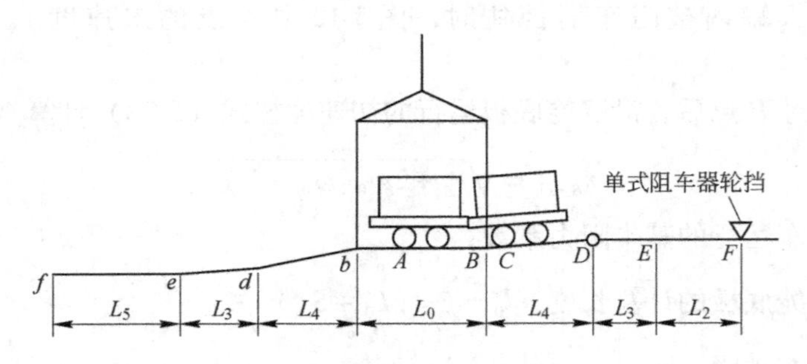

图5-13　设摇台时重车进罐过程

计算

$$v_{D\cdot \mathrm{ch}}=\sqrt{v_{\mathrm{P}}^2-2g(L_4-L_{BC})(i_4-\omega_{\mathrm{zh}})}\tag{5-33}$$

式中　v_{P}——重车碰撞空车时（前轮在 C 点）的瞬时速度，见式（5-31）。

（2）重车过摇台的活动轨与基本轨接口处以前，在 D 点的瞬时速度，按式（5-34）计算

$$v_{D\cdot \mathrm{q}}=\sqrt{v_{D\cdot \mathrm{ch}}^2+\frac{2A}{m_{\mathrm{zh}}}}\tag{5-34}$$

式中　A——重车过轨道接口处所耗费的功；

m_{zh}——重车质量。

（3）重车刚到摇台基本轨的瞬时速度按式（5-35）计算

$$v_R=\sqrt{v_{D\cdot \mathrm{q}}-2gL_{DE}(i_{ED}-\omega_{\mathrm{zh}})}\tag{5-35}$$

式中　L_{DE}，i_{ED}——摇台基本轨长度和坡度，在条件允许时，最好使 $i_{ED}=0$。

（4）阻车器轮挡到摇台基本轨之间（EF）线路的坡度按式（5-36）计算

$$i_{FE}=\frac{{v_E}^2}{2gL_{EF}}+\omega_{\mathrm{zh}}\tag{5-36}$$

若求得的 $i_{FE}>40‰$，则应加大 L_{EF} 值。

5.3.3.3　空车出罐速度

空车出罐速度是指空车在罐笼内受重车碰击后，自动滚行在马头门空车线上各个瞬间的速度。现以设摇台情况为例，列出计算方法。

（1）空车在罐笼内受重车碰击后所获得的初速度按式（5-37）计算

$$v_{\mathrm{a}}=v_{\mathrm{P\cdot H}}+Kv_{\mathrm{P}}\tag{5-37}$$

式中　K——碰击系数，取 $K=0.5$。

（2）空车过罐笼与摇台活动轨接口处 b 点之前的瞬时速度按式（5-38）计算

$$v_{b\cdot \mathrm{q}}=\sqrt{v_A^2-2gl_0(\omega_{\mathrm{K}}-i_0)}\tag{5-38}$$

式中　ω_{K}——空车运行的基本阻力系数；

其余符号意义同前。

（3）空车过 b 点后的瞬时速度按式（5-39）计算

$$v_{b\cdot \mathrm{H}}=\sqrt{v_{b\cdot \mathrm{q}}^2-\frac{2A}{m_{\mathrm{K}}}}\tag{5-39}$$

式中 m_K——空车质量；

A——空车过接口处 b 时所耗损的功。

（4）空车到达摇台活动轨与基本轨接口处 d 点之前的瞬时速度按式（5-40）计算

$$v_{d \cdot q} = \sqrt{v_{b \cdot H}^2 + 2gL_4(i_{bd} - \omega_K)} \tag{5-40}$$

式中 L_4——摇台活动轨长度，m；

i_{bd}——空车侧摇台活动轨的坡度。

按停罐下限位置计算的最小坡度

$$i_{bd \cdot x} = \frac{\Delta h_3}{L_4} \tag{5-41}$$

按停罐上限位置计算的最大坡度

$$i_{bd \cdot y} = \frac{2\Delta h_1 + \Delta h_3}{L_4} \tag{5-42}$$

（5）空车过轨道接口处 d 点后的瞬时速度按式（5-43）计算

$$v_{d \cdot H} = \sqrt{v_{d \cdot q}^2 - \frac{2A}{m_K}} \tag{5-43}$$

式中 A——过轨道接口处所损耗的功。

（6）空车在摇台基本轨末端 e 点的速度按式（5-44）计算

$$v_e = \sqrt{v_{d \cdot H}^2 - 2gL_{ed}(\omega_K - i_{ed})} \tag{5-44}$$

式中 i_{ed}——空车侧摇台基本轨坡度，18‰。

（7）从摇台基本轨末端到对称道岔基本轨的起点之间，路线 L_5 最好采用一种坡度，其数值按式（5-45）计算

$$i_5 = \frac{v_f^2 - v_e^2}{2gL_5} + \frac{(b_3 - \overline{a+b})\omega_W + (a+b)\omega_z}{L_5} + \omega_K \tag{5-45}$$

式中 v_f——要求空车出马头门线路时（f 点）所具有的速度，为了使空车在空车线上具有一定的自动滚行能量，一般取 $v_f = 1.0 \sim 1.8$m/s；

b_3——对称道岔连接系统长度，m；

$a+b$——对称道岔长度，m；

$\overline{a+b}$——对称道岔投影长度，m；

ω_W——对称道岔连接系统的弯道附加阻力系数；

ω_z——自动道岔的附加阻力系数，$\omega_z = \omega_c + \omega_i$。

当罐笼井不设摇台时，上述各公式中 $L_3 = 0$，$L_{DE} = 0$，$L_4 = L_{bd} = 0$，并且 $v_e = v_{b \cdot H}$，此时如果整个空车道（从罐笼道至对称道岔的基本轨起点）采用同一坡度，则可按式(5-46)计算

$$i_2 = \frac{v_f^2 - v_{b \cdot H}^2}{2gL_5} + \frac{(b_3 - \overline{a+b})\omega_W + (a+b)\omega_z}{L_5} + \omega_K \tag{5-46}$$

式中 L_5，b_3——见图 5-6，$L_5 = b_5 + b_3$；

$b_3 - \overline{a+b}$——对称道岔中弯道长度的近似值。

5.3.3.4 从复式阻车器到单式阻车器之间的线路坡度

如图 5-6、图 5-7 所示，当重车从复式阻车器启动之后，通过具有下坡的直线段 b_2 而

产生一定的加速度，然后以此动量克服对称道岔的阻力。在到达单式阻车器轮挡时，要求矿车速度不超过0.75～1.0m/s。

在一般情况下，整个线路 L_1 最好采用同一坡度 i_1，b'_4 与 L_2 也采用同一坡度，即为单式阻车器的基本轨安装坡度。

当重车进罐是利用自动滚行时，取 $i_{b'_4}=i_2=20‰\sim30‰$，即等于单式阻车器轮挡到摇台基本轨之间 $EF(L_2)$ 段的线路坡度 i_{FE}。当重车进罐是利用推车机时，$i_{b'_4}=i_2=\omega_{zh}-(1\sim2)‰$，这样，一方面能保证矿车自动滚行到单式阻车器轮挡时的速度不致太大（$v<0.75$m/s）；另一方面又能保证单式阻车器即使轮挡打开时，矿车也不会自动滚行到罐笼，所以从安全上来看比较可靠；同时由于具有一定的顺坡运行，也减少推车机的推力。

复式阻车器基本轨 b_1 的安装坡度与直线段 b_2 坡度，一般均大于矿车启动坡度，以保证矿车不仅能自动启动，而且在到达 H 点时还具有足够的能量克服 L_1 段和 b'_4 段的阻力，自动滚行到单式阻车器轮挡处。为此，一般取 $i_{b_1}=i_{b_2}\geqslant(2.5\sim3.0)\ \omega_{zh}$。线路 L_1 段的坡度 i_1，按下列方法计算：

（1）重车在单式阻车器基本轨末端 G 点的瞬时速度（图5-6）

$$v_G=\sqrt{{v_F}^2-2gb'_4(i_{CF}-\omega_{zh})} \tag{5-47}$$

式中 v_F——到达阻车器轮挡的速度，一般取 $v_F=0.75$m/s，不超过1.0m/s；

b'_4——单式阻车器轮挡到基本轨末端的距离，要根据阻车器结构确定。

（2）重车从复式阻车器前轮挡 I 点自启动后，经 b_2 运行到对称道岔基本轨起点 H 时的瞬时速度

$$v_H=\sqrt{2gb_2(i_{IH}-\omega_{zh})} \tag{5-48}$$

（3）线路 L_1 段的坡度

$$i_1=\frac{v_G^2-v_H^2}{2gL_1}+\frac{(b_3-a+b)\omega_W+(a+b)\omega_z}{L_1}+\omega_{zh} \tag{5-49}$$

$$L_1=b_3+b''_4,b''_4=b_4-b'_4$$

式中 b_3——对称道岔连接系统长度。

由式（5-48）与式（5-49）可知，b_2 与 L_1 段坡度 i_1 有关，通常取 $b_2=2.0$m，但当 $i_1>18‰\sim20‰$时，可适当加大 b_2 的数值，以求减小 L_1 段的坡度。

5.3.4 储车线坡度

5.3.4.1 罐笼井储车线坡度

A 罐笼井重车线坡度

罐笼井重车线坡度应按车组自动滚行设计。在复式阻车器后挡轮后面的一段（2m左右），为了保证矿车能自动启动滚行，可取与复式阻车器相同的坡度，即 $i'_{zh}=(2.5\sim3.0)\omega_{zh}$，其余坡度可按既能保证矿车的自动滚行，又可防止阻车器受过大冲击的要求确定。根据实际测定资料表明，由于矿车对阻车器的冲击以及复式阻车器轮挡的开闭所引起的振动，它有利于后面矿车的启动，因此重车线坡度 $i_{zh}=(1.5\sim1.8)\omega_{zh}$即可。

B 罐笼井空车线坡度

空车线一般均采用自动滚行。对空车线坡度的要求是，既要使空车出马头门时所获得

的能量足以克服线路上的阻力，直接滚行到储车线终点；又要避免空车冲出界外，即使矿车到达终点时的速度等于零。并且，空车任何瞬间速度均不得超过有关规定数值。

在设计中空车线后段应有一定长度的弯道，且整个空车线采用同一坡度时，可按式（5-50）计算坡度

$$i_K = \frac{v_A^2 - v_B^2}{2gL_K} + \frac{\omega_W L_W}{L_K} + \omega_K \tag{5-50}$$

式中 v_A——矿车到达终点的速度，m/s；

v_B——空车出马头门线路终点的瞬时速度，m/s；

L_K——空车储车线长度，m；

ω_W——弯道的附加阻力系数；

L_W——弯道长度，m。

到达终点的速度 v_A，当不设摇台时，$v_A=0$；当设摇台时，v_A 值的选取与罐笼停止位置有关，如取上限时，则 $v_A>0$，可取 $v_A=0.4\text{m/s}$；如停罐位置取下限时，则取 $v_A=0$。

空车线后部最好设一段平坡（缓坡段），它既能起着调整坡度作用，又有利于电机车启动，并对矿车也起阻车作用。

5.3.4.2 箕斗井储车线坡度

A 箕斗井重车线坡度

箕斗井重车线的坡度与线路上所用的操车设备有关。设有推车机（或调度绞车）时，线路坡度应小于重车运行的阻力系数，可以采用3‰～4‰的下坡或更小的坡度（向翻车机）。具体数值视绕道的补偿高度大小而定，当补偿高度较大时，应尽量减小重车线坡度。

不采用推车机时，阻车器到翻车机段的坡度计算，与罐笼井不设摇台的马头门线路计算相同，其余部分的坡度与罐笼井重车线相同。

B 箕斗井空车线坡度

箕斗井空车线坡度，无论是在摘钩翻车条件下单车运行，或者不摘钩翻车条件下的车组运行，均应采用自动滚行。由于翻车机内轨道是水平的，故空车线开端部分（约15～25m）的坡度可以取大些，等于空车自动启动阻力系数，也即使 $i'_K=(2.5\sim3.0)\omega_K$。既有利于翻车的运转和减轻推车机的负荷，又可防止矿车连接器的挤压扭断。其余部分的坡度以保证自动滚行为准。

整个空车线路的坡度和罐笼井相同，也可设计成三段，第一段坡度大于阻力系数，加速运行；第二段坡度等于阻力系数，等速运行；末段坡度小于阻力系数，减速运行，到达终点时为零。

5.3.4.3 行车绕道坡度

行车绕道坡度主要取决于主、副井的空、重车线长度和坡度，用绕道坡度来补偿储车线路的高度损失。当电机车只拉空车上坡时，其坡度控制在10‰左右，不得超过15‰。若在绕道中拉或顶重车上坡时，其坡度不宜超过6‰～7‰，当条件较好时，可再增加1‰～2‰，但不应再增大。计算坡度超过上述数值时，需采取措施，例如增加绕道长度或设置爬车设备等。

5.3.5 井底车场线路闭合计算

井底车场线路坡度确定后，便可按各个变坡点进行坡度（纵断面）闭合计算。在车场线路上任意两个相邻变坡点 A 与 B 之间的高差为

$$\Delta h_{AB} = \pm i_{AB} \cdot L_{AB} \tag{5-51}$$

式中 Δh_{AB}——两相邻变坡点 A、B 的高差，即

$$\Delta h_{AB} = h_A - h_B$$

h_A——A 点的相对标高；

h_B——B 点的相对标高；

i_{AB}——两相邻变坡点间的坡度，上坡取正号，下坡取负号；

L_{AB}——两变坡点间的距离。

闭合计算时，从一已知相对标高的变坡点出发，逐点计算出所有变坡点的相对标高，计算结果必须符合下列要求：

（1）在闭合环路（或折返线路）上从某点出发，经环路（或折返线路）又回到该点时，所推算出的相对标高必须等于原来的相对标高。

（2）在任一线路上，从一已知相对标高点出发，经一些变坡点至另一已知相对标高点，所推算出的相对标高必须等于另一已知点的相对标高。

计算结果不符合上述要求时，必须重新调整各段线路坡度。对组成井底车场的各个环路应分别进行闭合计算。

坡度闭合计算是坡度设计中的重要组成部分，它不仅能检验坡度是否闭合，同时还能检验线路布置是否合理。

5.4 竖井井底车场通过能力

井底车场通过能力是指单位时间内可能通过货载数量，通常以日（或班）通过矿石吨数，即 t/d(或 t/班) 表示。

在井底车场设计中，当线路平面布置完毕之后，即应开始编制电机车在井底车场内的运行图表和调度图表，并在此基础上计算井底车场的通过能力，以校核是否能满足要求。在进行此项工作之前，暂时先不要进行其他部分设计，以免通过能力不足而造成返工。

确定井底车场通过能力的步骤，一般是首先编制不同类型列车（矿石列车、岩石列车）的运行图表，并计算出在井底车场内的调车时间；其次根据不同类型列车的配比，编制出井底车场的调度图表，若是井底车场与运输巷道直接连接时，在列车配比中还需考虑左翼进车与右翼进车数量问题。最后根据调度图表确定平均进车时间，并依此计算井底车场的通过能力。

5.4.1 电机车在井底车场内运行图表的编制

为了计算电机车在井底车场内的调车时间，需要先绘制一张井底车场线路平面图，在图中标出各主要线段的长度、道岔位置、形式及其编号，如图 5-14 所示，并按下列原则将整个井底车场线路划分为若干个区段。

(1) 凡一台电机车（或列车）未驶出之前，另一台电机车（或列车）不能驶入尽头线，应划为一个区段。

(2) 若某线路能同时容纳数台互不妨碍的电机车（或列车），则可将该线路划分为数个区段。例如调车场可划为两个平行的区段。

(3) 区段的划分需考虑到设置信号的可能性和合理性。

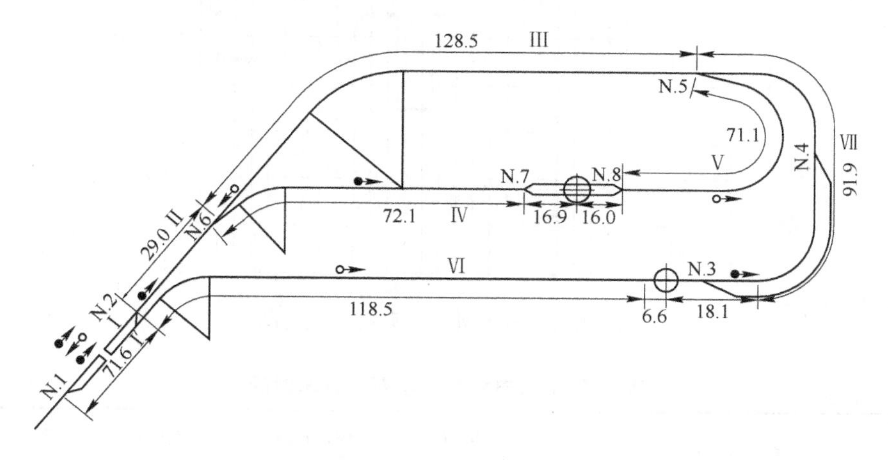

图 5-14 井底车场运行区段的划分

根据区段的线路长度和电机车（或列车）的运行速度，便可计算出在区段内的运行时间。在设计中可按表 5-3 选取运行速度和调车作业时间。

表 5-3 电机车（列车）运行速度调车作业时间

作业名称		运行速度/m·s^{-1}	作业时间/s
运行距离小于 50m 时，拉或推列车 运行距离 50～100m 时，拉或推列车 运行距离大于 100m 时，电机车拉列车		1.0 1.5 2.2	
电机车单独运行	运行距离小于 100m 运行距离大于 100m	2.0 2.5	
通过道岔 通过一个需要待拨道岔 摘钩 挂钩 转换运行方向			10 30 15 20 20

根据电机车（或矿车）在井底车场内运行顺序、所经路线以及计算的时间，就可以绘制电机车在井底车场内的运行图（图 5-15）。

以上述井底车场为例，井底车场线路（图 5-14），共分八个区段，即主井空、重车线（Ⅴ、Ⅳ）；副井空、重车线（Ⅶ、Ⅵ）；绕道（Ⅲ）、连接线（Ⅱ）和调车场（Ⅰ、Ⅰ′）。

矿石列车经石门来到井底车场区域内的调车线（Ⅰ）停下来。电机车摘钩后，经另一线路（Ⅰ′）绕行到列车尾部，不用挂钩直接将矿石列车顶送至主井重车线（Ⅳ）。然后电机车退回（退至 N.6 道岔左），经绕道（Ⅲ）到主井空车线（Ⅴ）拉空车驶出井底车场。矿石列车的调车时间见表 5-4 和表 5-5，矿石列车运行图如图 5-15 所示。

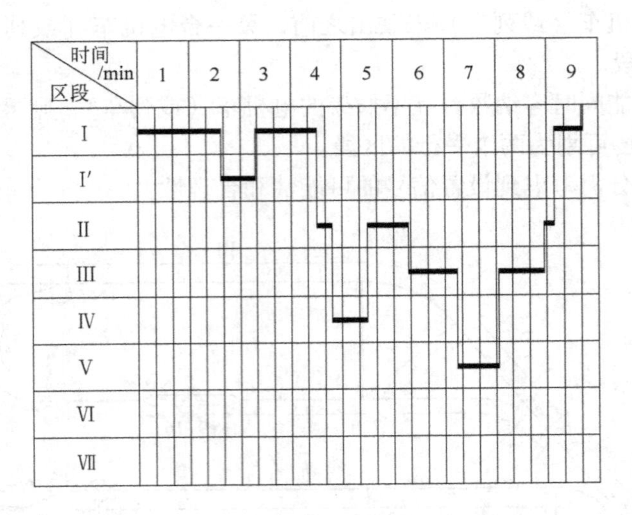

图5-15 1号电机车（矿石）运行图

表5-4 1号电机车（矿石）调车时间

序号	作业名称	运行距离/m	运行速度/m·s⁻¹	运行时间/s	各区间的时间/s
1	电机车拉矿石车进入调车场，停在N.1和N.2道岔之间	60	1.5	40	Ⅰ—40
2	电机车与矿石列车摘钩			15	Ⅰ—15
3	电机车驶出N.2道岔后转向	约20	1	20+20=40	Ⅰ—40
4	电机车经N.2道岔，调车线（Ⅰ′）和N.1道岔停止	约80	2.0	40	Ⅰ′—10
5	电机车换向，启动，进N.1道岔，到车尾部	约12	2.0	20+6=26	Ⅰ—26
6	电机车顶推矿石列车经N.2道岔、N.6道岔进主井重车线	约110	1.5	73	Ⅰ—42 Ⅱ—19 Ⅳ—12
7	电机车换向，启动，并返回N.6道岔之左	约28	2.0	14+20=34	Ⅳ—29
8	电机车换向，经N.6道岔（待拨道岔），绕道，N.5道岔，驶进主井空车线	156	2.5	20+20+62=102	Ⅱ—44 Ⅲ—51 Ⅴ—7
9	电机车与空车列车挂钩并换向			20+20=40	Ⅴ—40
10	空车列车经N.5、N.6、N.2、N.1道岔驶出井底车场	251	2.2	114	Ⅴ—8 Ⅲ—58 Ⅱ—13 Ⅰ—35
	合计	524s(8min44s)			

表 5-5 1号电机车在井底车场各区段延续时间

路 段	Ⅰ	Ⅰ′	Ⅰ	Ⅱ	Ⅳ	Ⅱ	Ⅲ	Ⅴ	Ⅲ	Ⅱ	Ⅰ
延续时间/s	95	40	68	19	41	44	51	55	58	13	35

岩石列车经石门到调车线（Ⅰ′）停下来摘钩，然后电机车绕行到列车尾部，将列车顶送至副井重车线，电机车退回，并单独经绕道去空车线，拉空车驶出井底车场，岩石列车调车时间见表 5-6 和表 5-7，运行图如图 5-16 所示。

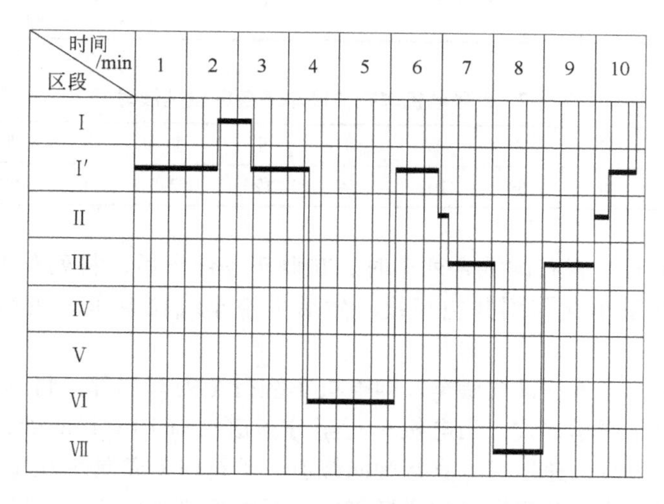

图 5-16 2号电机车（岩石）运行图

表 5-6 2号电机车（矿石）调车时间

序号	作 业 名 称	运行距离 /m	运行速度 /m · s^{-1}	运行时间 /s	各区间的时间 /s
1	电机车拉岩石车进入调车场，停在 N.1 和 N.2 道岔之间	60	1.5	40	Ⅰ′—40
2	电机车与岩石列车摘钩			15	Ⅰ′—15
3	电机车驶出 N.2 道岔后转向	约 20	1.0	20 + 20 = 40	Ⅰ′—40
4	电机车经 N.2 道岔，调车线和 N.1 道岔停止	约 80	2.0	40	Ⅰ—40
5	电机车换向，进 N.1 道岔，到列车尾部	约 12	2.0	20 + 6 = 26	Ⅰ′—26
6	电机车顶推岩石列车经 N.2 道岔进副井重车线	约 133	1.5	89	Ⅰ′—42
7	电机车换向，启动，并返回 N.2 道岔	约 86	2.0	20 + 43 = 63	Ⅵ—55 Ⅰ′—8
8	电机车换向，经 N.2 道岔（待拨道岔），N.6、N.5、N.4 道岔及绕道，进入副井空车线	约 196	2.5	20 + 20 + 79 = 119	Ⅰ′—46 Ⅱ—12 Ⅲ—52 Ⅶ—9

续表 5-6

序号	作业名称	运行距离/m	运行速度/m·s^{-1}	运行时间/s	各区间的时间/s
9	电机车与空车列车挂钩并换向			20+20=40	Ⅶ—40
10	空列车经 N.4、N.5、N.6、N.1 道岔驶出井底车场	256	2.2	116	Ⅶ—10 Ⅲ—58 Ⅱ—13 Ⅰ—35
合计		588s(9min48s)			

表 5-7 2 号电机车在井底车场各区段延续时间

路段	Ⅰ′	Ⅰ	Ⅰ′	Ⅳ	Ⅰ′	Ⅱ	Ⅲ	Ⅶ	Ⅲ	Ⅱ	Ⅰ′
延续时间/s	95	40	68	102	54	12	52	59	58	13	35

当电机车拉矿石与岩石的混合列车时，在调车场停车后，将列车中的矿石车与岩石车分别顶送至主井重车线与副井空车线。然后去空车线拉空车。在本例中未考虑混合列车。

本例中的调车方式是顶推式调车，即电机车绕行至列车尾部，将列车顶送至重车线。有的矿山采用了甩车调车方式，当电机车行至分车道岔前 10～15m 处，电机车在运行中与矿石列车摘钩，并且加速运行，直接驶向绕道，矿石列车靠惯性力进入主井重车线。采用甩车式调车方式能增大井底车场的通过能力，但甩车的速度较难控制。一般情况下，甩车速度 v(m/s) 可按式（5-52）计算

$$v=\sqrt{\frac{2gL(\omega \pm i)}{K}} \tag{5-52}$$

式中 g——重力加速度，取 $g=9.81\text{m/s}^2$；

L——摘钩后自动滚行距离，m；

ω——矿车运行阻力系数；

i——线路坡度，上坡取正号，下坡取负号；

K——考虑到车轮转动惯量而设的系数，取 $K=1.03\sim1.05$。

为了便于编制列车运行图表，按调车时间表列出各区段的延续时间，见表 5-5、表 5-7。

5.4.2 井底车场调度图表的编制

井底车场调度图表就是各种类别列车在井底车场内的总运行图表。在编制调度图表时，首先确定各种类型列车的配比，从而确定各种列车进入井底车场的顺序和数量；其次，根据列车数量和顺序，将运行图表相互重叠起来，使同一区段内的各水平线（表示时间数量），在任何情况下都不重合，即在任何时候，都不能有一台以上电机车同时在同一区段内运行。同一区段内相邻两水平线之间距离，是表示某一台电机车离开该区段到另一台电机车进入该区段的间隔时间。为了避免碰车事故，必须使前后两机车之间保持有一

定的安全距离，即要求前后两台电机车经过同一地点时，保有一定的间隔时间。该间隔时间可按下列不同情况分别确定：

（1）当一台单独运行或推顶列车运行的电机车刚离开某区段时，另一台单独运行或拉列车运行的电机车，又随即进入该区段，其间隔时间不应小于20s。

（2）当一台单独运行或推顶列车运行的电机车刚离开某一区段，另一台推顶列车运行的电机车，又随即进入该区段时，它们的间隔时间必须不小于一列车长度 L_i 与电机车（列车）运行速度 v 的比值，即

$$t \geqslant \frac{L_i}{v} \tag{5-53}$$

（3）当一台牵引列车运行的电机车刚离开某一区段，另外一台推顶着列车运行的电机车，又随即进入该区域时，此时的间隔时间必须小于两倍列车长度与机车运行速度的比，即

$$t \geqslant \frac{2L_i}{v} \tag{5-54}$$

若是前一台电机车刚离开某一区段，而另一台电机车又随即进入该区段，分别位于该区段的两端，并且区段长度大于列车长度，在这种情况下的间隔时间不受上述要求限制。

在编制调度图表时，力求各次列车进入井底车场的间隔时间相等，以利各项有关工作均衡进行。同时也尽可能使电机车在井底车场内调度运行所消耗的时间为最短。但有时延长电机车在井底车场内某一区段的运行（或停车）时间，反而可缩短前后两次列车进入井底车场的间隔时间。

以前面所讲的电机车运行图（图5-15、图5-16）为例，并接上述要求编制成的调度图，如图5-17所示。从这样的图表中可以清楚地看出井底车场内能同时容纳电机车台数和各次列车进入井底车场的间隔时间。

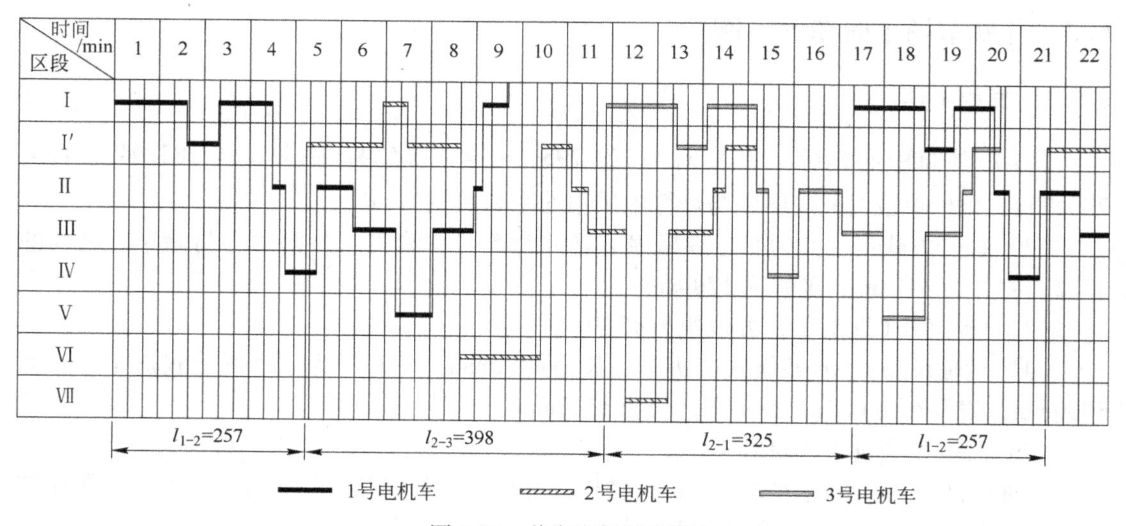

图5-17 井底车场调度图

5.4.3 井底车场通过能力计算

井底车场通过能力，可按式（5-55）计算

$$A_{r \cdot t} = \frac{3600nGt_r}{Ct_p(1+K)} \tag{5-55}$$

式中 $A_{r \cdot t}$——井底车场通过能力，t/d；

n——矿石列车中矿车数；

G——一辆矿车的有效载重，t；

t_r——每日工作小时数；

C——运输不均衡系数，$C=1.2 \sim 1.3$（煤矿设计中取 $C=1.3 \sim 1.5$）；

K——岩石系数，根据岩石量确定，如岩石量为矿石量的20%，则 $K=0.2$；

t_p——列车进入井底车场的平均间隔时间，s。

t_p 可按式（5-56）计算

$$t_p = \frac{t_{1-2} + t_{2-3} + \cdots + t_{n-1}}{N} \tag{5-56}$$

式中 t_{1-2}——1 号列车与 2 号列车进入车场的间隔时间，s；

t_{2-3}——2 号列车与 3 号列车进入车场的间隔时间，s；

t_{n-1}——n 号（最末的）列车与 1 号（最先的）列车进入车场间隔时间，s；

N——每个调度循环的列车数。

根据设计要求，井底车场的通过能力必须具有 30% ~ 50% 的储备能力，其储备系数为

$$K_{cb} = \frac{A_{r \cdot t}}{A_r} = 1.3 \sim 1.5 \tag{5-57}$$

式中 $A_{r \cdot t}$——井底车场可能的日通过能力，t/d；

A_r——矿石日产量，t/d。

5.5 井底车场平面布置实例

5.5.1 原始条件

（1）井筒中心坐标：主井 $x_1 = 279.795$，$y_1 = 740.524$；副井 $x_2 = 282.943$，$y_2 = 770.358$。坐标单位为 m。图中与计算中采用的距离单位为 mm。

（2）提升方式：主井为 5 号双罐笼，副井为 5 号单罐笼。井筒中心与储车线之间的距离；主井为 441mm；副井为 170mm。

（3）储车线（进出车）方位角为 42°10′。

（4）运输设备：10t 架线式电机车，长为 4490mm；矿石车为 $2m^3$ 固定式矿车，长为 3000mm；岩石车为 $0.5m^3$ 翻斗车，长为 1500mm。

（5）阶段日产量为 2000t。

根据生产能力、提升方式、运输设备以及井筒与石门的相关位置等，经方案分析比较后，选用双环型井底车场，如图 5-18 所示。

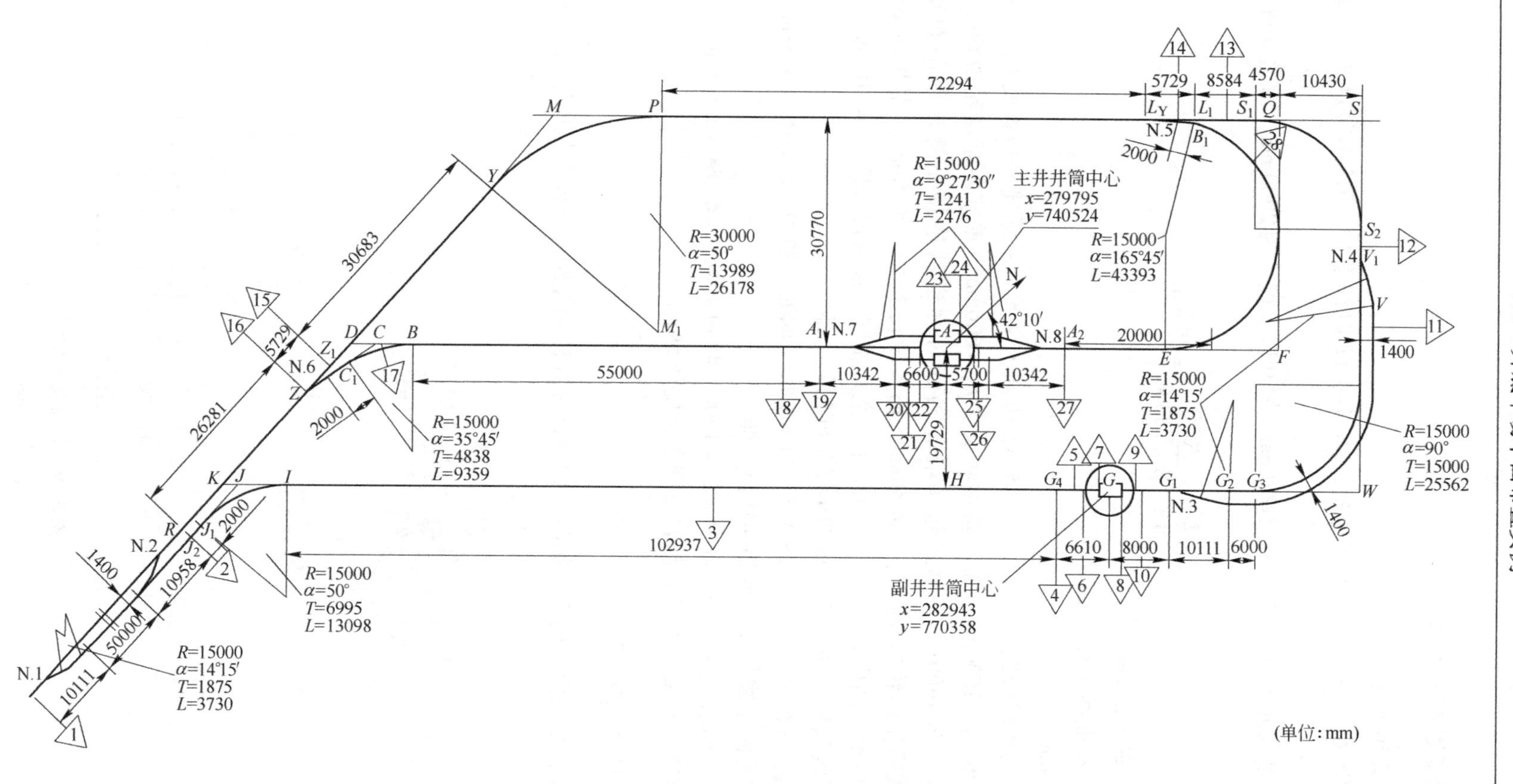

图 5-18 双环形井底平面布置计算示例

5.5.2 线路计算的基本参数

（1）钢轨采用18kg/m。

（2）道岔用618-1/4-11.5 单开道岔，618-1/4-11 渡线道岔，518-1/3-11.65 自动分车对称道岔。

（3）弯道的最小曲线半径 R 为15000mm，缓和段长度 d 为2000mm，弯道双轨线路中心距加宽值为

$$\Delta = \frac{L^2}{8R} = \frac{3000^2}{8 \times 15000} = 75\text{mm}$$

式中　L——矿车长，mm；

R——最小曲线半径，mm。

取 $\Delta = 200$mm。

（4）主井马头门线路布置方式（图5-6）及其有关尺寸：罐笼底板长度 $L_0 = 3200$mm，摇台活动轨长度 $L_4 = 1500$mm，摇台基本轨长度 $L_3 = 600$mm，单式阻车器轮挡到摇台基本轨末端的距离 $L_2 = 1400$mm，单式阻车器轮挡到对称道岔连接系统末端的距离 $b_4 = 1500$mm，复式阻车器轮挡间距 $b_1 = 2400$mm，插入段长度 $b_5 = 2000$mm。副井马头门布置方式如图5-7所示，图中 L_0、L_4、b_1 的尺寸与主井相同，插入段长度 $L_2 = 510$mm。

（5）储车线长度：主井空、重储车线长度相同，即

$L_{zh \cdot zh} = L_{zh \cdot k} = K_{zh} n_{zh} l_1 + l_2 + l_3 = 1.5 \times 11 \times 3000 + 4490 + 8000 = 61990\text{mm} \approx 62\text{m}$

副井空、重储车线长度也取相同数值。即

$b_{F \cdot zh} = L_{F \cdot k} = K_{FDF} l_1' + l_2 + l_3 = 1.2 \times 27 \times 1500 + 4490 + 8000 = 61090\text{mm} \approx 61\text{m}$

（6）调车支线长度根据矿石与岩石列车长度取50m。

5.5.3 平面闭合尺寸计算

（1）在井底车场内有两个井筒时，则需计算井筒相互距离和储车线间距（图5-19）。

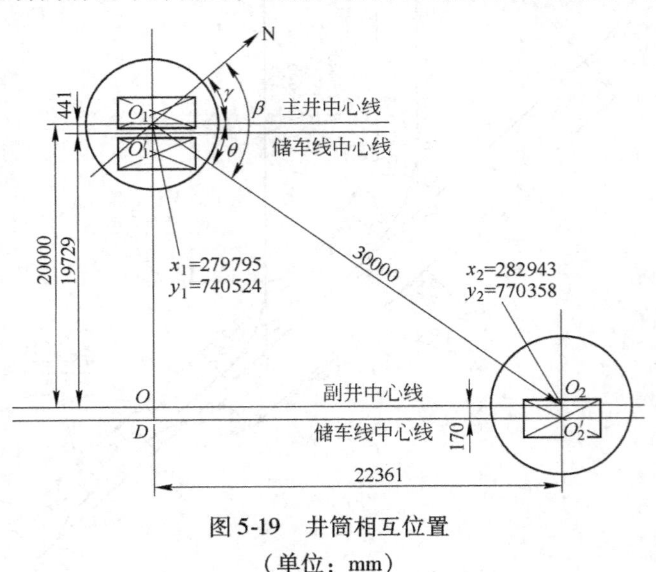

图5-19　井筒相互位置

（单位：mm）

1）主、副井筒中心连线的方位角

$$\beta = \arctan\frac{y_2 - y_1}{x_2 - x_1} = \arctan\frac{770358 - 740524}{282943 - 279795} = 83°58'36''$$

2）储车线与井筒中心连线间的夹角

$$\theta = \beta - \gamma = 83°58'36'' - 42°10' = 41°48'36''$$

3）井筒中心连线的长度

$$O_1O_2 = \sqrt{(x_2 - x_1)^2 + (y_2 - y_1)^2} = \sqrt{(282943 - 279795)^2 + (770358 - 740524)^2} = 30000\text{mm}$$

4）井筒间距

沿储车线方向的间距

$$OO_2 = O_1O_2\cos\theta = 30000 \times \cos41°48'56'' = 22361\text{mm}$$

垂直储车线方向的间距

$$OO_2 = O_1O_2\sin\theta = 30000 \times \sin41°48'56'' \approx 20000\text{mm}$$

5）储车线间距

$$O_1'O_2' = OO_1 - O_1O_1' + OD = 20000 - 441 + 170 = 19729\text{mm}$$

（2）各种道岔连接系统尺寸，计算方法如下：

1）已知双轨中心线间的距离 $S = 1400$mm，曲线半径 $R = 15000$mm，选定的单开道岔 618-1/4-11.5 左，$\alpha = 14°15'$，$a = 2724$mm，$b = 3005$mm，求算连接系统尺寸（图 5-20）。

$$\alpha = \alpha_1 = 14°15'$$

$$T = R \times \tan\frac{\alpha_1}{2} = 15000 \times \tan\frac{14°15'}{2} = 1875\text{mm}$$

$$d = \frac{S}{\sin\alpha} - (b + T) = \frac{1400}{\sin14°15'} - (3005 + 1875) = 808\text{mm}$$

$$l = a + T + (b + d + T) \times \cos\alpha = 2724 + 1875 + (3005 + 808 + 1875) \times \cos14°15' = 10111\text{mm}$$

$$C = \frac{2E}{2\tan\frac{\alpha}{2}} = \frac{1400}{1/4} = 5600\text{mm}$$

$$L = 0.01745 \times R \times \alpha = 0.01745 \times 15000 \times 14°15' = 3730\text{mm}$$

2）已知双轨中心距 $S = 1968$mm，曲线半径 $R = 15000$mm，选定的对称道岔 618-1/3-11.65，$\alpha = 18°55'$，$a = 3195$mm，$b = 2935$mm，求算连接系统尺寸（图 5-21）。

$$T = R \times \tan\frac{\alpha}{4} = 15000 \times \tan\frac{18°55'}{4} = 1241\text{mm}$$

$$L = 0.01745 \times R \times \frac{\alpha}{2} = 0.01745 \times 15000 \times 9°27'30'' = 2476\text{mm}$$

$$d = \frac{S}{2\sin\frac{\alpha}{2}} - (b + T) = \frac{1968}{2\sin\frac{18°55'}{2}} - (2935 + 1241) = 1812\text{mm}$$

$$l = a + \frac{S}{2\tan\frac{\alpha}{2}} + T = 3195 + \frac{1968}{2\tan\frac{18°55'}{2}} + 1241 = 10342\text{mm}$$

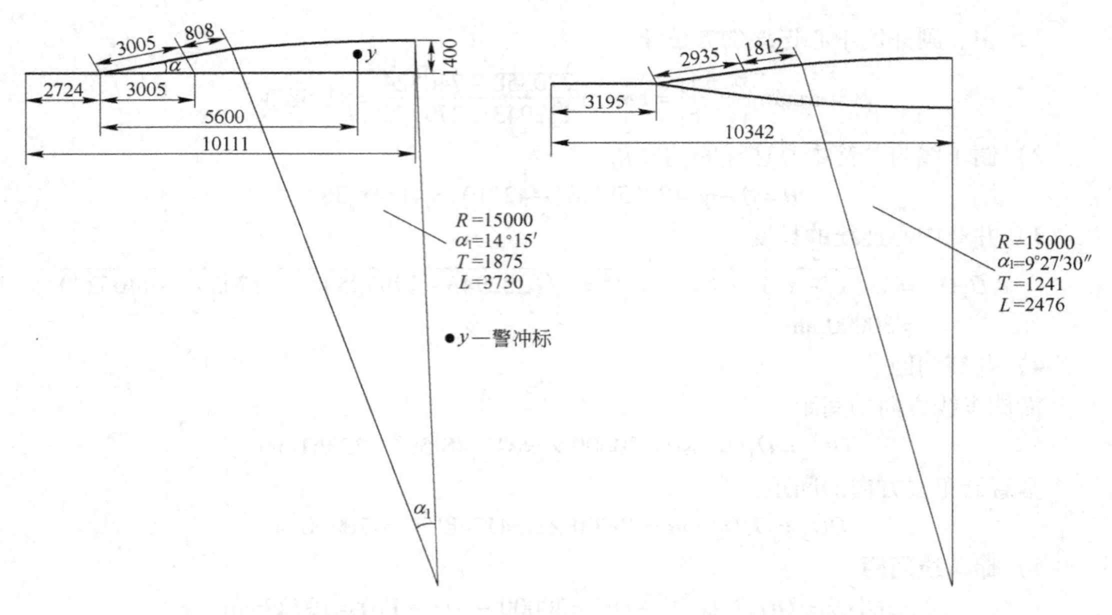

图 5-20　单向双线连接（单位：mm）

图 5-21　对称道岔（单位：mm）

$d \geqslant 200 \sim 300$mm，连接是可能的。

3）已知两条线路中心线交角 $\beta = 90°$，曲线半径 $R = 15000$mm，选定的单开道岔参数 618-1/4-11.5 右，$\alpha = 14°15'$，$a = 2724$mm，$b = 3005$mm，选取插入段 $d = 2000$mm，求算连接系统尺寸（图 5-22）。

$$\alpha_1 = \beta - \alpha = 90 - 14°15' = 75°45'$$

$$T = R \times \tan\frac{\alpha_1}{2} = 15000 \times \tan\frac{75°45'}{2} = 11667\text{mm}$$

$$L = 0.01745 \times R \times \alpha_1 = 0.01745 \times 15000 \times 75°45' = 19830\text{mm}$$

$$m = a + \frac{(b + d + T)\sin\alpha_1}{\sin\beta} = 2724\ \frac{(3005 + 2000 + 11667)\sin 75°45'}{\sin 90°} = 18883\text{mm}$$

$$n = T + \frac{(b + d + T)\sin\alpha}{\sin\beta} = 11667 + \frac{(3005 + 2000 + 11667)\sin 14°15'}{\sin 90°} = 22002\text{mm}$$

$$C = 5600\text{mm}$$

4）已知两线路中心线交角 $\beta = 50°$，曲线半径 $R = 15000$mm，选定的单开道岔为 618-1/4-11.5 右，$\alpha = 14°15'$，$a = 2724$mm，$b = 3005$mm，选取插入段 $d = 2000$mm，求算连接系统尺寸（见图 5-23）。

$$\alpha_1 = \beta - \alpha = 50° - 14°15' = 35°45'$$

$$T = R \times \tan\frac{\alpha_1}{2} = 15000 \times \tan\frac{35°45'}{2} = 4838\text{mm}$$

$$L = 0.01745 \times R \times a_1 = 0.01745 \times 15000 \times 35°45' = 9359\text{mm}$$

$$m = a + \frac{(b + d + T)\sin\alpha_1}{\sin\beta} = 2724 + \frac{(3005 + 2000 + 4838)\sin 35°45'}{\sin 50°} = 10231\text{mm}$$

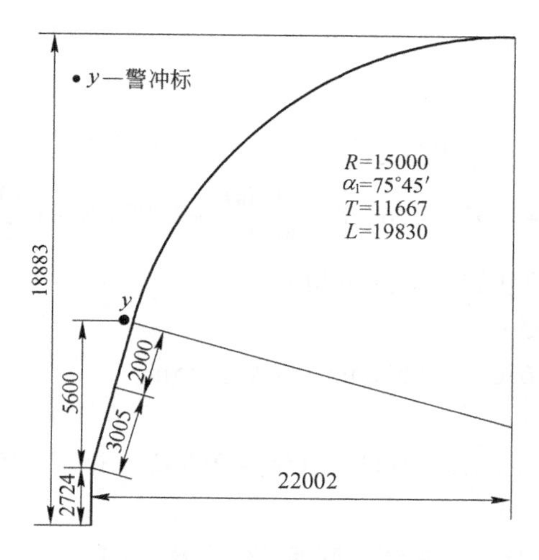

图 5-22 单向分岔连接(单位:mm)

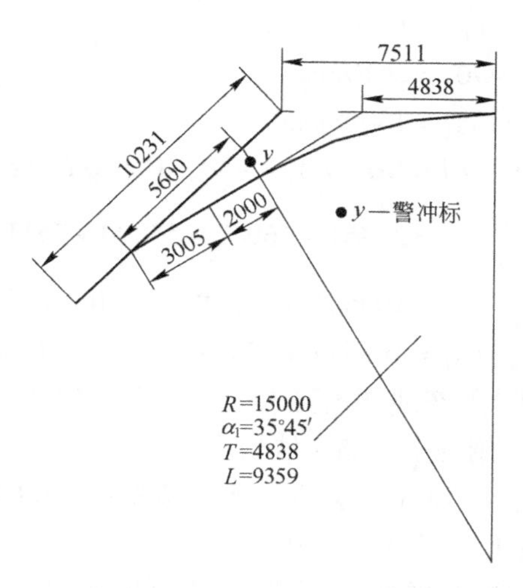

图 5-23 单向分岔连接(单位:mm)

$$n = T + \frac{(b + d + T)\sin\alpha}{\sin\beta} = 4838 + \frac{(3005 + 2000 + 4838)\sin 14°15'}{\sin 50°} = 7511\text{mm}$$

$C = 5600\text{mm}$

(3) 各段线路长度计算方法如下:

1) 主井马头门线路长度，按对称道岔连接系统和井口操车设备布置计算（图 5-18）

$$AA_1 = 10342 + 6600 = 16942\text{m}$$

$$AA_2 = 10342 + 5700 = 16042\text{m}$$

2) 主井重车储车线长度，根据储车线长度要求 $A_1C_1 \geqslant 62\text{m}$（当取 $d = 2000\text{mm}$ 时，警冲标的位置（图 5-18）接近 C_1 点，为简化计算，储车线长度计算到 C_1 点，以下同），同时为了保证有一列以上矿车在直线段上启动行车，取 $A_1B = 55\text{m}$。图 5-18 中 A_1C_1 为 64395mm，满足储车要求。

3) 主井空车储车线长度，按储车线长度要求 $A_2B_1 \geqslant 62\text{m}$。图 5-18 中 A_2B_1 长度为 63393mm，已满足要求。为了便于空车出罐后获得必需的自动滚行能量，设一直线段 A_2E，取 $A_2E = 20\text{m}$。

4) 副井马头门线路长度，根据井口操车设备、自溜坡以及材料车线等要求确定。

① 重车侧（图 5-6）

$$GG_4 = \frac{L_0}{2} + L_4 + L_3 + L_2 + b_1$$

$$= \frac{3200}{2} + 1500 + 600 + 510 + 2400 = 6610\text{mm}$$

② 空车侧（图 5-6）

$$\frac{L_0}{2} + L_4 + L_3 = \frac{3200}{2} + 1500 + 600 = 3700\text{mm}$$

考虑连接材料线，取 $GG_1 = 8000\text{mm}$

5) 副井重车储车线长度

$$L_{Fzh} = GI + IJ_1 - GG_4$$

式中 $GG_4 = 6610mm$

$IJ_1 = 13098mm$

$$GI = GH + AA_1 + A_1B + BD + AH \times \cot 50° - KJ - JI$$

$$= 22361 + 16942 + 55000 + 7511 + 19729 \times \cot 50° - \frac{1400}{\sin 50°} - 15000 \times \tan\frac{50°}{2}$$

$= 109547mm$（式中的50°为石门和储车线间夹角）

$$L_{Fzh} = 109547 + 13098 + 6610 = 116035mm$$

副井储车线超出要求的长度为 $116525 - 61000 = 55525mm$，大于55m。

6）副井空车储车线长度

$L_{EK} = 1787$（从警冲标起）$+ 6000 + 25562 + OV + 10111 + 2000 + 25562 + S_1L_1 - 2595$（从警冲标止）$= 68427 + OV + S_1L_1$

式中，OV 是根据主、副井储车线间距 HA 以及主井和绕道间距 FQ 求算，即

$$OV = HA + FQ - (SS_2 - OW + S_2V_1 + VV_1)$$

$$= 19729 + 30770 - (15000 + 15000 + 2000 + 10111) = 8388mm$$

$$FQ = 15000 + 15000 \times \sin 75°45' + (2000 + 3005)\sin 15°15'$$

$$= 15000 + 14538 + 1232 = 30770mm$$

S_1L_1 根据图5-20和图5-22连接系统计算

$$S_1L_1 = HG + GG_1 + G_1G_2 + G_2G_3 + G_3W - (AA_2 + A_2E + EF) - SS_1 + LQ - LL_1$$

$$= 22361 + 8000 + 10111 + 6000 + 15000 - (16042 + 20000 + 15000) - 1500 + 18883 - 5729 = 8584mm$$

$G_2G_3 = 6000mm$ 是根据交叉点支护要求确定的。

$$LQ = 2724 + (3005 + 2000\cos 14°15' + 15000 - 15000 \times \cos 75°45' = 18883mm$$

将 OV、S_1L_1 代入 $L_{F.K}$式中，得

$$L_{F.K} = 68427 + 8388 + 8584 = 85399mm$$

副井空车储车线超过要求的长度为 $85399 - 61000 = 24399mm$，多余24m。

7）绕道长度

$$L_R = LP + PY + YZ_1$$

式中 $LP = (DB + BA_1 + A_1A + AA_2 + A_2E + EF) - LQ - MP - QF \times \cot 50°$

$$= 7511 + 55000 + 16942 + 16042 + 20000 + 15000 - 18883 - 13989 - 25819$$

$$= 71804mm$$

$$YZ_1 = MD + DZ - MY - Z_1Z$$

$$= \frac{30770}{\sin 50°} + 10231 - 13989 - 5729 = 30680mm$$

$$L_R = 72294 + 26178 + 30680 = 129125mm$$

8）根据图5-22连接系统计算 ZR

$$ZR = DK + JJ_1 + J_1J_2 - DZ - 1400 \times \cot 50°$$

$$= \frac{19729}{\sin 50°} + 15000 \times \tan\frac{50°}{2} + 2000 - 10231 - 1400 \times \cot 50°$$

$=23343\text{mm}$

（4）为了检查计算中有无错误，可用投影法进行平面闭合检验，在本例中可沿储车线方向和垂直储车线方向进行检验。

沿储车线方向可按三条线路，即主副井储车线和绕道进行计算。

1）主井储车线投影长度（在 DF 区间）

$$
\begin{aligned}
& DB + BA_1 + A_1A + AA_2 + A_2E + EF \\
&= 7511 + 55000 + 10342 + 6600 + 5700 + 10342 + 20000 + 15000 \\
&= 130495\text{mm}
\end{aligned}
$$

2）副井储车线投影长度（DF 区间）

$$
\begin{aligned}
& KJ + JI + IG_4 + G_4G + GG_1 + G_1G_2 + G_2G_3 + G_3W - AH \times \cot 50^\circ - SQ \\
&= \frac{1400}{\sin 50^\circ} + 6995 + 102927 + 6610 + 8000 + 10111 + 6000 + \\
& 15000 - 19729 \times \cot 50^\circ - 10430 = 130495\text{mm}
\end{aligned}
$$

3）绕道投影长度（DF 区间）

$$
\begin{aligned}
& QS_1 + S_1L_1 + L_1L + LP + PM + FQ \times \cot 50^\circ \\
&= 4570 + 8584 + 5729 + 71804 + 13989 + 25819 = 130495\text{mm}
\end{aligned}
$$

其次在垂直储车线方向进行检验：

1）$WO + OV + VV_1 + V_1S_2 + S_2S = 15000 + 8388 + 10111 + 2000 + 15000 = 50499\text{mm}$

2）$(MY + YD + DK)\sin 50^\circ = (13989 + 26178 + 25754) \times \sin 50^\circ = 50498\text{mm}$

3）$AH + FQ = 19729 + 30770 = 50499\text{mm}$

根据上述检查证明主、副井储车线与行车绕道全闭合。上述计算也可用主井储车线与行车绕道，以及副井储车线与行车绕道分两个环形单独验算。

由上述计算看出，主井的重车线与空车线的长度合适，而副井的储车线长度比设计要求长度超出较多，重车线超出55m，空车线超出24m。若是主、副井相互位置允许调整时，则改变主井或副井的位置，可使主、副井的储车线长度完全符合设计要求。

本例中，因主、副井位置不能改变，所以只能先按设计要求确定主井储车线长度之后，再根据计算求得副井储车线长度。另外，在选定该种形式井底车场的情况下，副井的重车线是不能调整的。副井空车线能用改变线路结构的方法节省巷道，例如在岩石稳固性允许时，可以与主井空车线合并一段，在该段巷道内敷设双轨。

5.6 井底车场坡度计算示例

仍以前面所讲的井底车场为例进行坡度计算。本节仅以主井储车线坡度计算。三者的坡度图均已画出（图5-24），副井储车线和绕道的坡度计算从略。

5.6.1 原始数据

（1）2m^3 固定式矿车自重 G_0 为1120kg，矿车有效载重 G 为4500kg。

（2）空车基本阻力系数 ω_K 为6‰，重车基本阻力系数 ω_{zh} 为4.5‰。

（3）钢丝绳规格：$6 \times 19 + 1$；钢丝绳直径 φ_g 为46.5mm；钢丝绳的金属断面积 A_g 为 8.06cm^2，钢丝绳弹性模量 $E_g = 1.88 \times 10^{10}\text{Pa}$，钢丝绳悬垂长度 l_g 为150m。

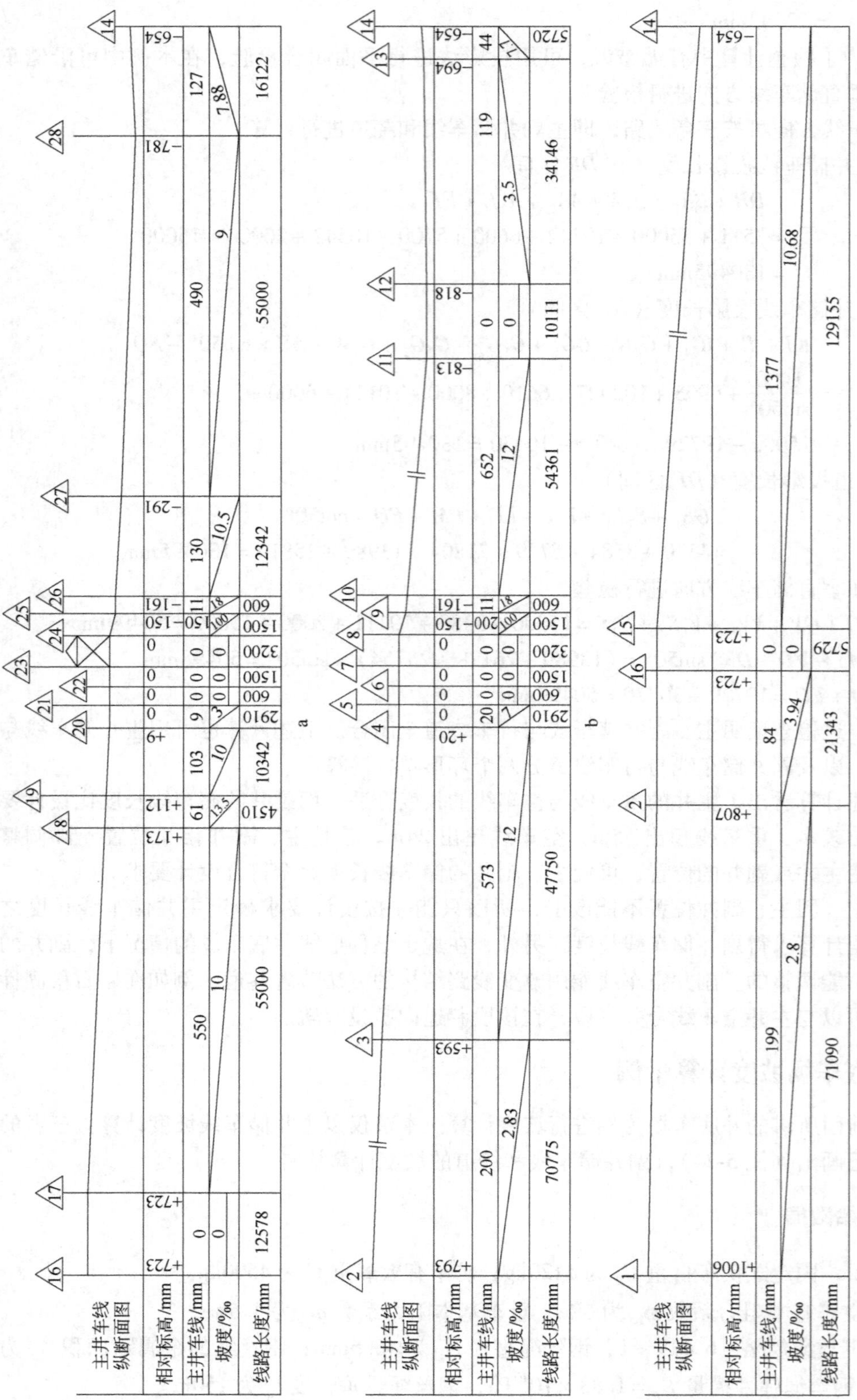

主井车线纵断面图
16　17　18　19　20　21　22　23　24　25　26　27　28　14
相对标高/mm　+723　+723　+173　+112　+9　0　0　0　0　−150　−161　−291　−781　−654
主井车线/mm　0　550　61　103　9　0　0　0　150　11　130　490　127
坡度/‰　0　10　13.5　10　3　0　0　0　100　18　10.5　9　7.88
线路长度/mm　12578　55000　4510　10342　2910　600　1500　3200　1500　600　12342　55000　16122

a

主井车线纵断面图
2　3　4　5　6　7　8　9　10　11　12　13　14
相对标高/mm　+793　+593　+20　0　0　0　0　−150　−161　−813　−818　−694　−654
主井车线/mm　200　573　20　0　0　0　200　11　652　0　119　44
坡度/‰　2.83　12　7　0　0　0　100　18　12　0　3.5　7.7
线路长度/mm　70775　47750　2910　600　1500　3200　1500　600　54361　10111　34146　5720

b

主井车线纵断面图
1　2　16　15　14
相对标高/mm　+1006　+807　+723　+723　−654
主井车线/mm　199　84　0　1377
坡度/‰　2.8　3.94　0　10.68
线路长度/mm　71090　21343　5729　129155

c

图 5-24　井底车场线路坡度计算示例

a—主井车线坡度；b—副井车线坡度；c—绕道坡度

5.6.2　罐笼两侧摇台高差

（1）钢丝绳弹性延长值

$$\Delta h_2 = \frac{Gl_g}{E_g A_g} = \frac{4500 \times 150}{1.88 \times 10^{10} \times 8.06 \times 10^{-4}} = 0.045\text{m} = 45\text{mm}$$

取　$\Delta_2 = 100\text{mm}$

（2）停罐位置误差，考虑井筒深度不大，取 $\Delta h_1 = \pm 50\text{mm}$。

（3）按停罐在最低位置时，空车出罐仍具有自动滚行所要求的能量，出车侧摇台坡度取30‰～40‰，由此造成的高差

$$\Delta h_3 = L_4 \times (30‰ \sim 40‰) = 1500 \times (30‰ \sim 40‰) = 45 \sim 60\text{mm}$$

取　$\Delta h_3 = 100\text{mm}$

采用摆角为30°的压气控制的摇台，其摇臂长 L_4 为1500mm。

罐笼两侧摇台基本轨高差

$$\Delta h = \Delta h_1 + \Delta h_2 + \Delta h_3 = 100 + 100 + 50 = 250\text{mm}$$

5.6.3　主井重车线坡度（纵断面）设计

（1）变坡点23～24属于罐笼底板，平坡。

（2）变坡点21～22～23属于推车机范围内，均取平坡，此时停罐位置取最高位置。

（3）变坡点20～21属于单式阻车器安装范围

$$i_{20\sim21} = \omega_{zh} - (1 \sim 2)‰ = 4.5‰ - (1 \sim 2)‰$$

取　$i_{20\sim21} = 3‰$。

（4）变坡点18～19属于复式阻车器安装范围

$$i_{18\sim19} = 3 \times \omega_{zh} = 3 \times 4.5‰ = 13.5‰$$

（5）变坡点19～20属于对称道岔连接系统范围

1）由复式阻车器前轮挡自溜到对称道岔基本轨始点的瞬时速度

$$\begin{aligned} v_{19} &= \sqrt{2gb_2(i_{18\sim19} - \omega_{zh})} \\ &= \sqrt{2 \times 9.81 \times 2000 \times (13.5‰ - 4.5‰)} = 0.611\text{m/s} \end{aligned}$$

2）矿车到达单式阻车器轮挡的速度，取

$$v_{D \cdot Z} = 0.5\text{m/s}$$

3）到达对称道岔连接系统末端的速度

$$\begin{aligned} v_{20} &= \sqrt{v_{D \cdot Z}^2 - 2gb_4(i_{20\sim21} - \omega_{zh})} \\ &= \sqrt{0.5^2 - 2 \times 9.81 \times 1.5 \times (3‰ - 4.5‰)} = 0.542\text{m/s} \end{aligned}$$

4）变坡点19～20，即对称道岔连接系统的坡度

$$\begin{aligned} i_{19\sim20} &= \frac{v_{20}^2 - v_{19}^2}{2gb_2} + \frac{\omega_W L_W + (a+b)\omega_Z}{b_3} + \omega_{zh} \\ &= \frac{0.542^2 - 0.611^2}{8 \times 9.81 \times 10.342} + \frac{9‰ \times 2.476 + (2.935 + 3.195) \times 6.10‰}{10.342} + 4.5‰ \\ &= 10‰ \end{aligned}$$

式中 ω_W——对称道岔连接系统弯道阻力系数，当 $R=15$m，外轨超高时，取 $\omega_W=9‰$；

ω_Z——自动道岔的附加阻力系数，

$$\omega_Z=\omega_c+\omega_j=5.52‰+0.581‰=6.10‰$$

ω_j——自动道岔岔尖挤压阻力系数，

$$\omega_j=\frac{20}{(G_0+G)\times(a+b)}=\frac{20}{(1120+4500)\times(2.93+3.195)}=0.581‰$$

ω_c——普通道岔附加阻力系数，

$$\omega_c=\frac{\pi Ra\omega_{q\cdot H}}{180\times(a+b)}=\frac{3.14\times11.65\times9.458\times17.55‰}{180\times(2.935+3.195)}=5.52‰$$

$\omega_{q\cdot H}$——道岔外侧曲合轨未超高时的附加阻力系数，

$$\omega_{q\cdot H}=0.5\omega_{zh}+1.5\times\frac{35}{1000\sqrt{R}}=0.5\times4.5‰+1.5\times\frac{35}{1000\sqrt{11.65}}=17.55‰$$

（6）变坡点 17 ~ 18 属于重车储车线范围

$$i_{17\sim18}=(1.8\sim2.5)\times\omega_{zh}=(1.8\sim2.5)\times4.5‰$$

取 $i_{17\sim18}=10‰$。

5.6.4 主井空车线坡度设计

（1）空车受重车撞击后的初速度

$$v_a=v_{P\cdot H}+KV_P=0.75+0.5\times0.75=1.125\text{m/s}$$

式中 $v_{P\cdot H}$——推车机的推车速度，$v_{P\cdot H}=V_P=0.75$m/s。

（2）空车过罐笼与摇台活动轨接口处之前的瞬时速度

$$v_{24\cdot q}=\sqrt{v_A^2-2gl_0(\omega_K-i_0)}$$
$$=\sqrt{1.125^2-2\times9.81\times1.1\times(6‰-0)}=1.07\text{m/s}$$

式中 $l_0=\frac{1}{2}(L_0-S_{zh})=(3.000-1.000)\times\frac{1}{2}=1.1$m

（3）空车过罐笼与摇台活动轨接口处以后的瞬时速度

$$v_{24\cdot H}=\sqrt{v_{24\cdot q}^2-\frac{2A}{m_K}}$$
$$=\sqrt{1.072^2-\frac{2\times20\times9.81}{1120}}=0.88\text{m/s}$$

（4）空车到达摇台活动轨与基本轨接口处之前的瞬时速度

$$v_{25\cdot q}=\sqrt{v_{24\cdot H}^2+2gL_4(i_{24\sim25}-\omega_K)}$$
$$=\sqrt{0.88^2+2\times9.81\times1.5\times(100‰-6‰)}=1.88\text{m/s}$$

式中 $i_{24\sim25}$——罐笼停在中间位置时的摇台活动轨坡度，即

$$i_{24\sim25}=\frac{\Delta h_1+\Delta h_2}{L_4}=\frac{150}{1500}=100‰$$

（5）空车过摇台活动轨与基本轨接口处之后的瞬时速度

$$v_{25\cdot H}=\sqrt{v_{25\cdot q}^2-\frac{2A}{m_K}}$$

$$=\sqrt{1.88^2-\frac{2\times20\times9.81}{1120}}=1.79\text{m/s}$$

（6）空车过摇台基本轨末端的速度

$$v_{26}=\sqrt{v_{25\cdot\text{H}}^2+2gL_3(i_{25\sim26}-\omega_\text{K})}$$
$$=\sqrt{1.79^2+2\times9.81\times0.6\times(18‰-6‰)}=1.83\text{m/s}$$

式中　$i_{25\sim26}$——摇台基本轨坡度，取18‰。

（7）从摇台基本轨末端变坡点26到对称道岔连接系统终端变坡点27的坡度，此段取等速运动

$$i_{26\sim27}=\frac{v_{27}^2-v_{26}^2}{2gL_{26\sim27}}+\frac{\omega_\text{W}L_\text{W}+(a+b)\omega_\text{z}}{L_{26\sim27}}+\omega_\text{K}$$
$$=\frac{1.83^2-1.82^2}{2\times9.81\times12.342}+\frac{9‰\times2.476+(2.935+3.195)\times5.52}{12.342}+6‰$$
$$=10.5‰$$

式中　$L_{26\sim27}=5.7+10.342-\left(\frac{3.200}{2}+1.5+0.6\right)=12.342\text{m}$

（8）变坡点27～28坡度计算

$$i_{27\sim28}=\frac{v_{28}^2-v_{27}^2}{2gL_{27\sim28}}+\frac{\omega_\text{W}\times L_\text{W}}{L_{27\sim28}}+\omega_\text{K}$$
$$=\frac{0.4^2-1.83^2}{2\times9.81\times55}+\frac{9‰\times35}{55}+6‰=8.78‰$$

由于空车线坡度是按罐笼停在最高位置计算的，所以取 $v_{28}=0.4\text{m/s}$。

为了防止空车线冲出储车线界外，将变坡点28～14段铺成7.88‰的上坡。

（9）按主井车线计算了坡度和各变坡点的相对标高之后，就以主井车线起止点相对标高为准，计算副井和停车绕道（回车线）的坡度，以及进行整个线路闭合计算。在闭合计算中，为满足闭合要求，可回过头来再调整线路坡度。总之，一直调整到各线路坡度达到闭合为止。

本例中，各车线计算起止点如下，取变坡点14作为共同计算终点。

主井车线变坡点16～17～18…24～14。

副井车线变坡点2～3～4…13～14。

行车绕道变坡点1～2～16～15～14。

各车线坡度和闭合计算结果如图5-24所示。

在井底车场设计中，除了平面图和坡度图之外，还要附有各种不同尺寸的巷道断面图和交岔点图。为了说明车场的通过能力，还须作出调度表。各种硐室根据施工需要，另外进行单项设计。

6 采 矿 方 法

6.1 采矿方法分类

采矿方法就是研究矿块（包括矿房和矿柱）的开采方法，主要包括采准、切割和回采三项工作。而地压与采场结构密切相关，地压管理决定了采场能否安全生产，崩矿和出矿能否顺利进行，并最终影响到采场开采的安全、效率和经济效益。采矿方法的分类是以矿块回采时地压管理方法为依据分为三大类，见表 6-1。

表 6-1 常用采矿方法分类

采矿方法类别	采矿方法名称	典型采矿方法
空场采矿法	全面采矿法	全面采矿法
	房柱采矿法	房柱采矿法
	留矿采矿法	留矿采矿法
	分段采矿法	分段矿房法
	阶段矿房法	水平深孔落矿阶段矿房法
		垂直深孔落矿阶段矿房法
		垂直深孔球状药包落矿阶段矿房法
崩落采矿法	单层崩落采矿法	长壁式崩落法
		短壁式崩落法
		进路式崩落法
	分层崩落采矿法	分层崩落法
	分段崩落采矿法	有底柱分段崩落采矿法
		无底柱分段崩落采矿法
	阶段崩落采矿法	阶段强制崩落采矿法
		阶段自然崩落采矿法
充填采矿法	分层（单层）充填采矿法	上向分层充填采矿法
		上向进路充填采矿法
		点柱分层充填采矿法
		下向分层充填采矿法
		壁式充填采矿法
	分段充填采矿法	分段充填采矿法
		分段空场嗣后充填采矿法
	阶段充填采矿法	阶段嗣后充填采矿法
		VCR 嗣后充填采矿法
		留矿采矿嗣后充填采矿法
		房柱采矿嗣后充填采矿法

注：本表充填采矿法是根据矿块结构、回采工作面推进方向及采充顺序进行分类，若按照充填材料及其输送方法不同分类，充填采矿法可分为：干式充填法、水力充填法和胶结充填法等充填采矿方法。

6.2 采矿方法的选择

采矿方法在矿山生产中占有十分重要的地位。因为它对矿山生产规模、矿石损失率、贫化率、劳动生产率、成本及安全等诸多指标都有很重要的影响，所以，采矿方法选择的合理、正确与否，直接关系着企业的经济效益和发展。

因此，在确定选择哪种采矿方法之前要充分研究一切影响采矿方法选择的各种因素。

6.2.1 影响采矿方法选择的因素

影响采矿方法选择的因素有：

（1）矿石围岩的物理力学性质。矿石和围岩的物理力学性质中，矿山和围岩的稳固性是关键因素，其决定着采场地压管理方法、采矿方法选择、采场构成要素及落矿方法，矿岩稳固性对采矿方法选择的影响见表6-2。

表6-2 矿岩稳固性对采矿方法选择的影响

矿岩稳固性	矿岩均稳固	矿石稳固 围岩稳固性较差	矿石稳固性差 围岩稳固	矿石、围岩均不稳固
采矿方法	可考虑空场法	可考虑充填法、崩落法（自然崩落法除外）	可考虑强制崩落围岩的崩落法或下向充填法	可考虑下向充填法、崩落法（阶段崩落法除外）

（2）矿体倾角的大小。矿体倾角主要影响矿石在采场内的运搬方式。倾角大于60°，可利用矿石自重运搬，采用浅孔留矿法，否则平场工作量过大；倾角小时，阶段高度不宜过大，否则放矿困难；水平或缓倾斜矿体可采用电耙运搬方式；倾角小于10°的矿体（厚矿体），可考虑开掘底盘漏斗或采用无轨设备运搬等。

（3）矿体厚度。矿体厚度主要影响采矿方法和落矿方法的选择以及矿块的布置方式等。

矿体厚度小于5~8m，可用浅孔落矿的采矿法；矿体厚度大于5~8m，可用中深孔落矿的采矿法；矿体厚度大于10m，可用深孔落矿的采矿法。

（4）矿体形状、走向长度、开采深度。矿体形态规则时，所有采矿方法均可考虑；矿体形态不规则时，采用深孔阶段矿房和阶段崩落采矿法会引起较大的损失率、贫化率，因此不宜考虑。

矿体走向长，可使上盘地压加大。

开采深度超过600~1000m时，因地压升高，有可能产生岩爆现象，则不宜再用空场法，在此情况下采用充填法和崩落法较为适宜。

（5）矿石价值、品位高低及其分布。高价或高品位矿可使用回收率高的充填法、分层崩落法；低价矿石应用回收率低、高效的阶段矿房法、阶段强制崩落法、无轨开采的采矿法。品位分布不均可考虑用全面法、分层崩落法或无底柱分段崩落法。

（6）围岩矿化情况及矿岩接触情况。围岩矿化，对应用崩落法有利；矿岩接触界线明显且易分离，对采用留矿法或深孔崩矿采矿法有利。

（7）结块性及氧化自燃性。具有此特性时，不宜用留矿法、有底柱分段崩落法、阶段崩落法等采矿方法。含硫量大于20%时，有自燃发火趋势，宜用空场法，水力充填法或胶结充填法。

(8) 地表陷落的可能性。若地表能够允许陷落，则有条件使用空场法或崩落法。

若矿体开采后，地表移动带范围内，如有公路、铁路、河流、村镇、居民区、风景区、文化遗址等，或者地表是森林、绿色植被或农田水利设施（水库、堤坝等），在选择采矿方法时应优先考虑能保护地表的采矿方法，如充填法和用充填法处理采空区的空场法。

(9) 矿床水文地质条件及气象条件。涌水量大，地下水浸润矿石和围岩，则使稳固性有所降低，如果使用水力充填法，则必须持慎重态度，否则会使排水费用急增。

除上述影响因素外，采矿方法自身因采场结构、采准方式、回采工艺等不同，可以排列组合成很多种方案，对采矿方法选择也会产生影响。

例如，采场水平尺寸、采场高度、矿层、矿柱比例、回采顺序、脉内采准或脉外采准的布置方式，以及回采工艺中各个工序（凿岩、爆破、出矿、支护、通风等）的具体要求等对采矿方法选择方案均有不同程度的影响。

6.2.2 选择采矿方法的一般步骤和方法

6.2.2.1 *采矿方法初选*

综合分析矿山地质和矿体赋存条件，仔细研究矿山地质报告，按照国家需要及国内当前技术和装备水平，直接提出在主要方面能满足各影响因素的采矿方法。

例6-1 某铜矿床，走向350m，矿床平均厚度50m，倾角60°~70°。矿石品位较高，平均含铜1.73%，品位分布均匀，且围岩有矿化。矿石工业储量13Mt。矿石中等稳固，围岩稳固性较差。地表允许塌落，矿石含硫量平均6%，无自燃发火，而有氧化结块现象。开采深度400m，设计矿井生产规模500kt/a，试选择该矿床的采矿方法。采矿方法初选见表6-3。

表6-3 采矿方法初选

序号	主要地质及开采技术条件		适用的采矿方法	不适用的采矿方法
	名称条件	技术特征		
1	矿石稳固性	中等稳固	充填法、分层崩落法、分段崩落法	
2	围岩稳固性	较差	阶段崩落法	空场法
3	倾角	60°~70°	分段崩落法、阶段空场法、留矿法、充填法、阶段崩落法	全面法 房柱法 长壁法
4	矿体厚度	平均50m		
5	矿体形状 走向长度 开采深度	规则 350m 400m	无限制	
6	矿石品位	含铜平均1.73%，分布均匀		不宜用矿石损失，贫化高的深孔崩落法

续表 6-3

序号	主要地质及开采技术条件		适用的采矿方法	不适用的采矿方法
	名称条件	技术特征		
7	围岩有矿化	围岩含矿	用崩落围岩的采矿方法有利	
8	结块性 自燃性	有 无		留矿法、阶段崩落法
9	地表崩落的可能性	允许崩落	无限制	
10	开采强度	要求开采强度较高（500kt/a）		分层崩落法、干式充填法、支柱充填法

经过初选，初步确定采矿方法如下：

（1）无底柱分段崩落法；

（2）矿房用水砂充填法、矿柱用胶结充填法；

（3）矿房用水砂充填法、矿柱用分段崩落法。

6.2.2.2　*采矿方法技术经济评价*

采矿方法技术经济分析比较的主要内容有以下几方面：

（1）矿块生产能力；

（2）矿石贫化率；

（3）矿石损失率；

（4）千吨矿石采切比；

（5）矿块的劳动生产率；

（6）主要材料消耗；

（7）采矿工艺过程中的繁简和生产管理的难易程度；

（8）作业地点安全、通风条件的优劣等。

对初选的几种采矿方法，进一步紧密结合矿山的实际，列出彼此的优缺点，从技术经济方面进行仔细的评价，以求确定出最优的 1～2 个采矿方法，参见表 6-4。

表 6-4　采矿方法技术经济指标比较

序号	指标名称	单位	比较方案		
			Ⅰ	Ⅱ	Ⅲ
1	采场生产能力： 矿房 矿柱	t/d			
2	采准系数	m/kt			
3	矿石损失率				
4	矿石贫化率				
5	采矿工效				

续表 6-4

序号	指标名称	单位	比较方案		
			Ⅰ	Ⅱ	Ⅲ
6	主要材料消耗： 炸药 雷管 导爆管 合金片 钎子钢 坑木 ⋮	 kg/t 个/t m/t g/t kg/t m^3/t ⋮			

6.2.2.3 *采矿方法技术效果比较*

在采矿方法比较评价中，如果通过技术经济指标的评价后，选择出的几个优秀难分的方案时，则还需要用经济效果指标（成本指标、开采盈利指标、采矿方法效果系数）做进一步的比较，以求最终选择出合理的采矿方法。

因为这些指标受很多因素的影响，这些因素的影响很难全部反映在经济计算中来，为此，在两个方案的技术效果相差小于10%～15%时，可认为两方案在经济上是等值的。

6.3 采准回采设计的内容和步骤

按照所选定的采矿方法进行设计。采矿方法设计的内容随选用的不同方法而异。例如，使用深孔或中深孔落矿，并在覆盖岩石下放出矿石的采矿方法，其采矿方法设计就应包括：采准回采设计、深孔设计、爆破设计及放矿设计；如果不是在覆岩下放出矿石时，则其不包括放矿设计；使用浅孔落矿的采矿方法，一般只需做采准设计。采准回采设计的内容和步骤如下：

(1) 选择落矿方式，确定回采方式及回采工作面的布置形式；
(2) 确定底部结构形式及其参数；
(3) 选择切割拉底方式，确定切割槽的位置、几何尺寸和爆破方向及其顺序；
(4) 确定采场运搬系统；
(5) 确定采场通风系统；
(6) 根据所采用的凿岩设备及运搬设备，确定采准切割巷道的尺寸；
(7) 绘制所需要的地质平面图及剖面图；
(8) 绘制采矿方法标准矿块设计图；
(9) 进行采准回采计算；
(10) 采矿方法主要技术经济指标的计算或选择。

6.3.1 根据设备确定采准切割巷道的尺寸

根据设备，由以下几方面确定采准切割巷道的尺寸：

(1) 运输巷道。运输巷道主要根据电机车及矿车的外形尺寸，单轨、双轨、支护形式、架线高度，安全间隙，人行道宽度等要求来确定。

(2) 人行天井。人行天井按风速和掘进工艺来确定，一般为1.5m×2.0m；掘进时若分为人行、放矿两格时，则为1.5m×2.5m。

（3）电耙巷道。电耙巷道是根据矿岩稳固性，耙斗规格、大块率、单侧或双侧来确定尺寸，一般高为2.0~2.5m，宽为2.2~2.3倍的电耙宽。

（4）凿岩巷道。凿岩巷道断面尺寸主要取决于凿岩设备的规格尺寸及其所需的工作空间，例如：

1）YG-40配FJ2~25型支架打水平孔时，凿岩巷道宽2.2~2.5m，高2.5m；

2）YG-80配雪橇式台架作业时，凿岩巷道所需断面宽2.3m，高2.5m；

3）YG-80配CZZ-700台车时，巷道宽3.0m，高2.8m。

（5）凿岩硐室。当采用YQ-100A凿岩机进行凿岩作业时，硐室高2.8~3.2m，沿打眼方向长为3.5m。

（6）凿岩天井。采用YG-40，01-38型作业时，凿岩天井断面尺寸一般为（2.2m×2.2m）~(2.2m×2.5m）。

（7）切割天井。切割天井一般为1.8m×(2.0~3.2)m。

（8）切割平巷。切割平巷采用YG-80，BBC-120F拉槽时，切割平巷断面一般为2.5m×2.3m。

（9）溜井。溜井直径一般不小于3倍矿石允许合格块度。

（10）人行联络道。人行联络道主要是人员进出采场工作面的主要通道，在考虑通风、行人及人员运送设备及材料等因素的情况下，其断面一般为2.0m×(1.8~2.0)m。

6.3.2 绘制采矿方法标准矿块设计图

6.3.2.1 *采矿方法标准矿块图的具体要求*

绘制采矿方法标准矿块图一般需按照1：200或1：500比例尺进行绘制。具体要求如下：

（1）表示出采场的主要结构尺寸；

（2）表示出矿房、矿柱的尺寸；

（3）表示出采场中主要采准切割巷道的位置、数量及尺寸；

（4）表示出回采工艺的整个过程（尽量反映）。

6.3.2.2 *布置采准巷道的原则*

布置采准巷道的原则如下：

（1）根据回采的要求，合理布置采准巷道；

（2）根据矿体倾角、厚度的变化，尽可能使凿岩、出矿等工作方便；

（3）所有巷道应尽量避开断层，避不开时也应尽可能使巷道与断层直交或斜交；

（4）凿岩巷道的布置数目应以所采用的回采凿岩设备的钻凿工作有效深度（表6-5）为依据；

（5）要考虑矿石的损失、贫化较低；

（6）要遵循探采结合的方针，尽量利用已有探矿井巷，而布置探矿井巷时，也要考虑能为采矿所使用；

（7）要保证作业安全及通风良好，如多打几米巷道可改善作业条件和通风条件时就应多打几米巷道；

（8）溜矿井倾角一般不应小于55°～60°，在个别情况下，如短溜井上部不需存储矿石时，这短溜井的倾角可为45°～50°；

（9）凿岩井巷应避免打在存有塌落危险的采空区上盘；

（10）电耙道的位置要能保证稳固和便于利用，也要考虑便于布置通风联络道和装矿巷道。

表6-5　部分凿岩设备钻凿工作有效深度

钻机型号	最大钻凿深度/m	工作有效深度/m
YG-40，01-38	14～15	10～12
YG-80，BBC-120F	40	20～25
YQ-100，YQ-100A	50～60	20～30
YZ-100，YZ-220	30～50	

6.3.3　采准回采计算

采准回采计算主要包括：

（1）确定采准系数和出矿比例。其目的在于将产量分为回采与采准切割两部分，以便进行回采计算；确定矿房与矿柱出矿量的关系；确定回采出矿量与掘进出矿量，以及废石量等。

（2）在此基础上计算同时生产的矿房、矿柱和掘进工作面数，以及所需的人员设备。

进行采准回采之前，需要具备足够的原始资料，计算所需原始资料主要有：

1）依据所选定采矿方法的图纸，确定矿房、矿柱的构成要素，以及回采步骤等；

2）采准、切割、回采（矿房、矿柱）各项工作的损失与贫化指标；

3）矿房、矿柱的生产能力及机械化水平；

4）各种采切巷道的断面尺寸、掘进速度及主要掘进设备；

5）开拓、探矿的掘进工程量，阶段平面布置等。

采准回采计算过程中，一般都采用标准矿块法。以二步骤回采的空场采矿法为例，阐明标准矿块的采切工程量计算过程。

（1）编制采准切割工程量计算表见表6-6。

表6-6　采准切割工程量计算表

工作阶段及工程名称	矿块中巷道数目	巷道长度/m					巷道断面/m²			体积量/m³			工业矿量/t
		矿石中		岩石中		全部	矿石中	岩石中	全部	矿石中	岩石中	全部	
		一条	总条数	一条	总条数								
一、采准工作													
1. 运输巷道						$\sum L'_{n1}$							
2. 人行天井						$\sum L'_{n2}$							
⋮						⋮						⋮	⋮

续表 6-6

工作阶段及工程名称	矿块中巷道数目	巷道长度/m					巷道断面/m²			体积量/m³			工业矿量/t
		矿石中		岩石中		全部	矿石中	岩石中	全部	矿石中	岩石中	全部	
		一条	总条数	一条	总条数								
小　计						$\sum L'_n$						$\sum V_{准}$	$T_{准}$
二、切割工作													
1. 切割天井						$\sum L''_{n1}$							
2. 切割平巷						$\sum L''_{n2}$							
⋮						⋮						⋮	⋮
小　计						$\sum L''_n$						$\sum V_{切}$	$T_{切}$
三、回采工作													
矿房													$T_{房}$
矿柱													$T_{柱}$
小　计													
矿块总计						$\sum L_n$							T

（2）编制矿块采出矿量计算表见表 6-7。

表 6-7　矿块采出矿量计算表

工作阶段	工业矿量/t	回收率 η /%	贫化率 ρ /%	采出工业矿量/t	采出毛矿石量/t	占矿块采出毛矿量比重/%
一、采准工作	$T_{准}$	η_1	ρ_1	$T'_1 = T_{准} \cdot \eta_1$	$T''_1 = \dfrac{T'_1}{1-\rho_1}$	$K = \dfrac{T''_1}{T_{总}}$
二、切割工作	$T_{切}$	η_2	ρ_2	$T'_2 = T_{准} \cdot \eta_2$	$T''_2 = \dfrac{T'_2}{1-\rho_2}$	$m = \dfrac{T''_2}{T_{总}}$
三、回采工作						
矿房	$T_{房}$	η_3	ρ_3	$T'_3 = T_{准} \cdot \eta_3$	$T''_3 = \dfrac{T'_3}{1-\rho_3}$	$\gamma_n = \dfrac{T''_3}{T_{总}}$
矿柱	$T_{柱}$	η_4	ρ_4	$T'_4 = T_{准} \cdot \eta_4$	$T''_4 = \dfrac{T'_4}{1-\rho_4}$	$\gamma_z = \dfrac{T''_4}{T_{总}}$
小计						
矿块总计	$T = T_{准} + T_{切} + T_{房} + T_{柱}$	$\eta = \dfrac{T'}{T}$	$\rho = \dfrac{T_{总} - T'}{T_{总}}$	$T' = T'_1 + T'_2 + T'_3 + T'_4$	$T_{总} = T''_1 + T''_2 + T''_3 + T''_4$	100%

（3）计算采准工作量。矿块采准包括采准巷道和切割巷道（为进行切割工作所需掘

进的巷道，含拉底巷道、切割天井等)。

衡量采准工程量的大小，常用采准系数表示。采准系数主要有两种表示方法：

1）以掘进采准、切割巷道总长度表示采准系数 $R_{准}$(m/t)

$$R_{准}=\frac{\sum L}{T_{总}}\times 1000 \tag{6-1}$$

式中 $\sum L$——采准、切割巷道总长度，m，$\sum L=\sum L_{准}+\sum L_{切}$；

$T_{总}$——矿块采出矿量（包括采切副产矿石量），kt。

单纯以掘进采准巷道总长度表示工程量大小时，称为千吨采准比 $R'_{准}$(m/t)

$$R'_{准}=\frac{\sum L_{准}}{T_{总}}\times 1000 \tag{6-2}$$

单纯以掘进切割巷道总长度表示工程量大小时，称为千吨切割比 $R'_{切}$(m/t)

$$R'_{切}=\frac{\sum L_{切}}{T_{总}}\times 1000 \tag{6-3}$$

2）以掘进采准、切割巷道总体积表示采准系数 $R_{准1}$(m^3/t)

$$R_{准1}=\frac{\sum V}{T_{总}}\times 1000 \tag{6-4}$$

式中 $\sum V$——矿块中采准切割巷道的体积量，m^3，$\sum V=\sum V_{准}+\sum V_{切}$。

（4）同时生产的工作面数。

1）班产量 $A_{矿}$

$$A_{矿}=\frac{P}{n_1 n_2} \tag{6-5}$$

式中 n_1——年工作日数，d；

n_2——日工作班数；

P——矿井设计年产量，t/a。

2）班产量分配

采准出矿量

$$K'_g=A_{矿}\cdot K \tag{6-6}$$

切割出矿量

$$M'_\rho=A_{矿}\cdot m \tag{6-7}$$

矿房回采出矿量

$$R'_g=A_{矿}\cdot \gamma_n \tag{6-8}$$

矿柱回采出矿量

$$R'_z=A_{矿}\cdot \gamma_z \tag{6-9}$$

式中，K，m，γ_n，γ_z 分别表示采准、切割、矿房回采、矿柱回采所占矿块采出矿量的比重，见表6-7。

（5）同时生产矿块数目

1）矿房回采工作

$$N'_\gamma=R'_g/R_\delta \tag{6-10}$$

2）矿柱回采工作

$$N'_z = R'_z / R'_8 \tag{6-11}$$

式中　R'_z——矿块回采过程中，矿房回采可能达到的班产量；

R'_8——矿块回采过程中，矿柱回收可能达到的班产量。

（6）同时工作的掘进面数

1）同时采准的工作面数

$$N_{准} = \frac{A_{矿} \cdot R'_{准1}}{V \cdot S} \tag{6-12}$$

式中　$R'_{准1}$——采准系数，m^3/kt；

V——工作面平均班进尺，m/班；

S——标准矿块采准切割巷道的平均断面面积，m^2。

2）同时掘进切割工作面数

$$N_{切} = \frac{A \cdot R'_{切1}}{V_1 \cdot S} \tag{6-13}$$

式中　$R'_{切1}$——采准系数，m^3/kt；

V_1——切割工作面平均班进尺，m/班；

S——标准矿块采准切割巷道的平均断面面积，m^2。

（7）计算设备和人员数。设备数量表见表6-8。

表6-8　设备数量表

工序＼设备名称	凿岩设备	出矿设备	备　注
矿房回采			
矿柱回采			
采准			
切割			
开拓			
坑探			
其他			
合　计			

（8）计算或选取主要材料消耗，包括炸药、雷管、导爆管、钎子钢、合金片、坑木等。

7 矿 井 提 升

7.1 矿井提升方式的选择

所谓矿井提升方式是指采用单绳提升机提升还是多绳提升机提升，是采用罐笼提升还是箕斗提升或是两种提升容器均在一个井筒内布置的问题。

多绳提升与单绳提升相比，具有提升安全、设备质量轻、钢丝绳直径小，占地面积少等优点；其缺点是井塔楼基建费用高，建设时间较长，双容器多水平提升不能对罐等。一般认为多绳提升使用范围和特点是：

（1）多绳提升用于井深超过300m最为有利，但也可用于浅井，由于多绳提升难以调整提升高度，故在多水平提升时，宜采用单容器带平衡锤提升，如单水平提升时，仍应采用双容器提升；在浅井（井深小于300m）多水平提升时，宜采用单绳提升。

（2）尽量设法使多绳提升机钢丝绳最大静拉力差不超过许用值（例如可考虑采用摩擦系数大的衬垫材料、加大容器自重、增加围包角等）。

（3）必须保证启动和制动的加减速度平滑。

（4）尽可能使每根钢丝绳的载荷平衡。

（5）由于多绳提升机具有许多优点（提升同样荷重，提升机质量轻；启动力矩小，提升速度可加大，提升能力也大；提升安全稳定；钢丝绳寿命提高；工业场地尺寸小，投资减少等），所以除应使用大的多绳提升机代替卷筒直径3m以上的单绳提升机外，还可采用较小的多绳提升机以代替卷筒直径3m以下的单绳提升机。对于坑内盲井提升应尽可能采用多绳，可以减少硐室开拓量。用罐笼或用箕斗作为矿石提升容器，往往需要经过多方面的比较来确定。一般当日产量超过1000t/d，井深在300m以下时，多采用箕斗提升，并配置罐笼副井；当日产量在700t左右，井深为300m上下时，多采用主、副井罐笼提升。除此之外，还应考虑以下问题：

1）同时提升的矿石品种超过两种以上时，为便于分储和分运，以采用罐笼为宜。

2）为了便于卸载和减少撒矿，对含泥水较多的矿石，不宜采用箕斗提升。箕斗提升，对矿石粉碎程度影响较大，如果矿石不宜粉碎，则宜用罐笼提升。

3）提升方式的选择，还应考虑地表生产系统的布置，如初碎仓紧靠井口，则从箕斗提升在生产衔接上更为有利。

4）用提升井兼作进风井时，箕斗产生的粉尘量大于罐笼，但就井口通风密闭而言，罐笼提升又较箕斗提升难度大。

5）箕斗井的基建开拓量较罐笼井大。

6）矿用提升设备供应品种的可能性。

7）在一般围岩松软，整体性差，节理、裂隙特别发育不适合采用坑内破碎的矿山，可以考虑适合装大块的底卸式箕斗或翻转式箕斗。

8）用箕斗提升多种矿物时，除井下分别用几个矿仓或同一矿仓轮流进行装载外，在井口卸矿仓上，可采用分配小车或分配闸板、分配溜槽卸矿，或在几点卸矿。

9）当一套提升设备，不能完成全部提升任务（包括矿石、废石、人员、设备、材料等），而需另增加一套提升设备用以提升矿石（或矿石和废石）时，则这套提升设备一般推荐用箕斗。

10）至于混合提升井或单一提升井的问题，从国内几个混合井的生产实践看，其工程量小，基建投资少、建设快是其突出优点；但缺点是井下出口少、安全性差，生产与检修互相干扰大。

7.2 竖井单绳提升

7.2.1 提升容器的选择

竖井提升容器有罐笼和箕斗两种。箕斗按其卸载的方式可以分为底卸式、翻转式两种。底卸式箕斗在一定程度上受矿石块度的限制，因此，在单绳提升的金属矿山中大多采用翻转式箕斗；而多绳提升多采用底卸式箕斗，但在满足其防滑要求的前提下，也可采用翻转式箕斗。主井提升容器的大小和规格，主要根据矿井年产量、井筒深度和工作组织等条件确定。

提升容器的参数计算有：小时提升量、提升速度、一次提升循环时间、一次提升量、提升一次循环时间。

7.2.1.1 小时提升量

小时提升量按式（7-1）计算

$$A_s = \frac{CA}{t_s t_r} \tag{7-1}$$

式中 A_s——小时提升量，t/h；

A——年提升矿岩总量，t/h；

C——不均衡系数，箕斗提升时取 1.15，罐笼提升时取 1.2；

t_r——年工作日数，d/a；连续工作制，取 330 天；间断工作制，取 306 天；

t_s——每日工作小时数，h/d。

t_s 值可根据下述情况进行选取：

（1）箕斗提升：提一种矿石时，取 19.5h；提两种矿石时，取 18h；

（2）罐笼提升：作主井提升时，取 18h；兼作主副提升时，取 16.5h；

（3）混合井提升：有保护隔离措施时，按上面数据选取，若无保护隔离措施时则箕斗或罐笼提升的时间均按单一竖井提升时减少 1.5h 考虑。

7.2.1.2 提升速度

根据国内对若干矿井的调查统计资料，按式（7-2）选取最大提升速度 v

$$v = (0.3 \sim 0.5)\sqrt{H'} \tag{7-2}$$

式中 v——提升速度，m/s；

H'——加权平均提升高度，m。

提升系数 0.3 ~ 0.5 的选取应根据矿井提升高度的不同而定。一般情况下，提升高度在200m以内时，其值取下限；600m以上时，取上限；箕斗提升时，取值可比罐笼提升时适当增大。

若矿井提升为单阶段提升，对于罐笼提升而言

$$H' = H_0 \tag{7-3}$$

式中　H_0——竖井最低开采阶段的深度，m。

对于箕斗提升

$$H' = H_0 + h_1 + h_2 \tag{7-4}$$

式中　h_1——卸载高度，m；一般为15～25m；

h_2——装载水平与井底车场水平的高差，m；一般为25～55m。

若有几个阶段同时提升时，则提升高度H'应按各阶段深度及所提矿石量加权平均求得，即

$$H' = \frac{H_1Q_1 + H_2Q_2 + \cdots + H_nQ_n}{Q_1 + Q_2 + \cdots + Q_n} \tag{7-5}$$

式中　H_1，H_2，…，H_n——各阶段的提升高度（对于箕斗提升则为第一装矿点，第二装矿点，…，第n装矿点提升高度），m；

Q_1，Q_2，…，Q_n——各阶段矿石量（对于箕斗提升则为第一装矿点，第二装矿点，…，第n装矿点矿量），t。

根据上述公式计算后，所得提升速度应还需根据《金属和非金属矿山安全规程》（GB 16423—2006）规定，符合下述要求：

（1）竖井用罐笼升降人员时，最大速度应不超过式(7-6)计算值，且最大应不超过12m/s。

$$v_{max} = 0.5\sqrt{H} \tag{7-6}$$

式中　v_{max}——提升速度，m/s；

H——提升高度，m。

（2）竖井升降物料时，提升容器最大速度不得超过式(7-7)计算值。

$$v_{max} = 0.6\sqrt{H} \tag{7-7}$$

根据上述方法求得提升速度后，还需再按照所选择的提升机钢丝绳的绳速进行选取。

7.2.1.3　一次提升循环时间

A　双箕斗提升

双箕斗提升时，按式（7-8）计算

$$T = K_1\sqrt{H'} + u + \theta \tag{7-8}$$

式中　T——一次提升循环时间，s；

u——箕斗在曲轨上减速爬行的附加时间，取10s；罐笼提升时，$u=0$；

θ——装卸时提升容器休止时间，s；罐笼提升装卸时间见表7-1；箕斗提升装卸时间见表7-2；

K_1——系数，按表7-3选取。

罐笼作为辅助提升时，其他间歇时间的考虑是：

（1）升降人员停歇时间：

单层罐笼为（n+10），s；

双层罐笼为（$n+25$），s；

n 为一次乘罐人数，当为单面车场无人行绕道时，停歇时间应增加50%。

表 7-1 罐笼提升装卸时间

罐笼层数及装的车数	人工推车			推车机	
	矿车容积 /m³				
	≤0.75	≤0.75	≤0.75	1.2～1.6	2～2.5
	装卸时间/s				
	单面	双面	双面	双面	双面
单层罐笼每层一个矿车	30	15	15	18	20
双层罐笼每层装一个矿车	65	35	35	35	45
双层罐笼每层装两个矿车		20	20	25	

表 7-2 箕斗提升装卸时间

箕斗容积 /m³	<3.1		3.1～5	≤8
漏斗类型	计量	不计量	计量	不计量
装卸时间/s	8	18	10	14

表 7-3 系数 K_1 值

提升速度（m/s）计算式	$v=0.3\sqrt{H'}$	$v=0.35\sqrt{H'}$	$v=0.4\sqrt{H'}$	$v=0.45\sqrt{H'}$	$v=0.5\sqrt{H'}$
系数 K_1	3.73	3.327	3.03	2.82	2.665

（2）材料车装进或推出罐笼的停歇时间：

单面车场时，取60s；

双面车场时，取40s。

（3）长材料直接装入罐笼或从罐笼卸出的停歇时间，见表7-4。

表 7-4 长材料直接装入罐笼或从罐笼卸出的停歇时间

材料种类	木材		钢轨及管子
	$L>$罐笼高度	$L<$罐笼高度	
停歇时间/min · 次$^{-1}$	15	6～9	20

注：大于罐笼高度的长木材，装入2号或3号罐笼的数量以6～7根计；装入4号或5号罐笼的数量以8～9根计。

（4）装、卸、爆破材料的时间每次按1min计。

B 单容器提升

单容器一次提升循环时间是双容器一次提升循环时间的2倍（单位：s），即

$$T=2(K_1\sqrt{H'}+u+\theta) \tag{7-9}$$

7.2.1.4 一次提升量

A 双容器提升

双容器提升时，按式（7-10）计算

$$V'=\frac{A_s}{3600\gamma C_m}\times T \tag{7-10}$$

将式（7-8）代入式（7-10）

$$V' = \frac{A_s}{3600\gamma C_m}(K_1\sqrt{H'} + u + \theta) \tag{7-11}$$

式中 V'——提升容器的容积，m^3；

C_m——装满系数，取0.85～0.9；

γ——松散矿石密度，t/m^3；

其他符号意义同前。

B 单容器提升

单容器提升时，按式（7-12）计算

$$V' = \frac{A_s T}{3600\gamma C_m} \tag{7-12}$$

将式（7-9）代入式（7-12）得

$$V' = \frac{A_s}{1800\gamma C_m}(K_1\sqrt{H'} + u + \theta) \tag{7-13}$$

式中符号意义同前。

按式（7-13）计算出 V'后，再选定提升容器，然后计算一次有效提升量。

（1）采用罐笼提升时，先按计算得到的 V'选择相应容积的矿车，再按矿车外形尺寸及载重，选择合适的罐笼。选择罐笼要注意矿车的外沿（宽）与罐笼内沿的净间隙不小于50mm。

（2）采用箕斗提升时，按算得的 V'选择相应容积的箕斗。

无论选择何种提升容器，都应优先选用国家定型的提升容器系列型谱并列出提升容器的最大外形尺寸，最大载重，以便布置井筒断面和选择钢丝绳、提升机。

采用罐笼提升时，按选定的矿车容积计算一次有效提升量；用箕斗提升时，则按选定的箕斗容积计算一次有效提升量。计算式如下

$$Q = V\gamma C_m \tag{7-14}$$

式中 Q——一次有效提升量，t；

V——提升容器（矿车或箕斗）的容积，m^3；

其他符号意义同前。

7.2.1.5 提升一次循环时间

提升一次循环时间按式（7-15）计算

$$T' = \frac{3600Q}{A_s} \tag{7-15}$$

式中 T'——提升一次循环时间，s；

T'为按选定的提升容器的一次有效提升量 Q_s 所求得的提升一次循环时间，当 $T' > T$ 时，提升能力是足够的。

7.2.2 平衡锤的选择

平衡锤的质量，按表7-5计算。

表 7-5 平衡锤质量选择

提升类别	平衡锤质量/kg
专提升人员	罐笼质量＋1/2 乘罐人员总质量
提升人员及货载： （1）当以提升人员为主时 （2）当以提升载货为主时	 罐笼质量＋乘罐人员总质量 罐笼质量＋1/2 一次有效提升量＋矿车质量，或箕斗质量＋1/2 有效装载量
专提升货载	罐笼质量＋1/2 一次有效提升量＋矿车质量，或箕斗质量＋1/2 有效装载量

注：每人的体重平均按 70kg 计算。

7.2.3 提升钢丝绳的选择

国产钢丝绳的结构由丝—股—芯—绳组成。芯的作用是储油、防锈和使钢丝绳柔软。

钢丝绳按绳股分类有单股钢丝绳、多股钢丝绳和多层股钢丝绳三种。单股钢丝绳又可分为普通捻钢丝绳和密封型钢丝绳。多层股钢丝绳即不旋转钢丝绳。此外，按钢丝间的接触形式又分为点接触、线接触和面接触，它们都是圆形股钢丝绳。其中点接触钢丝绳称为普通圆形股钢丝绳。按绳股的断面形状分则有圆形股与异形股两种，其中异形股钢丝绳可分为三角股、扁股和椭圆股等。国产钢丝绳是按此方法分类的。

三角股钢丝绳的绳股有效金属面积较大，与绳槽接触面积大，工作条件好，它与相同直径的普通圆形股钢丝绳比较破断力大 20%，比线接触钢丝绳大 10%～15%。另外，由于其外层钢丝直径较大，故耐磨性能好。线接触的钢丝绳由于绳股钢丝平行，在整个长度上互相接触，钢丝间产生的弯曲应力及接触压应力均小，有较长的使用寿命，提升机卷筒直径相应也可小，故多用于多绳提升中。

面接触钢丝绳结构紧密，表面光滑，与绳槽的接触面积大，耐磨及抗挤压性能好；绳股内钢丝接触应力小，因而寿命较长；此外钢丝绳有效断面面积大，钢丝间相互紧贴，耐腐蚀能力强，钢丝绳伸长变形小；缺点是挠性较差。

提升钢丝绳在使用过程中强度下降的主要因素是磨损、锈蚀和疲劳断丝，但由于竖井具体条件不同，起主要作用的因素也不同，因此应按其使用条件参照下列不同情况进行选择：

（1）当竖井淋水大，酸碱度高和作为出风井的井筒，为减少锈蚀，以选用镀锌钢丝绳为宜；

（2）在钢丝绳磨损严重的矿井中，以选用线接触、异形股钢丝绳，或面接触钢丝绳为好；

（3）以疲劳断丝为其损坏的主要原因时，应优先选用异形股钢丝绳或线接触钢丝绳（其中以填充式为好）；

（4）从钢丝绳的结构特点、受力状态和使用条件来分析，竖井提升以选用顺捻钢丝绳为好；

（5）凿井提升用绳，应选用多层股不旋转钢丝绳，如挤压严重，可选用金属绳芯钢丝绳或面接触钢丝绳；

（6）温度很高或有明火的废石场等处的提升绳，可选用带金属绳芯的钢丝绳。

选用钢丝绳的捻向应与其在滚筒上缠绕的螺旋线方向一致，使其在缠绕时不致松劲。

提升钢绳的选择总的原则是钢丝绳所有钢丝绳破断拉力的总和 Q_Z 与钢丝绳所承受的静张力 Q_M 之比应满足安全规程所规定的安全系数 m，即

$$\frac{Q_Z}{Q_M}=m \tag{7-16}$$

规定中指出，对于单绳提升，专为升降人员时，$m\geqslant 9$；升降人员和物料用的，在升降人员时，$m\geqslant 9$；升降物料时，$m\geqslant 7.5$；专为升降货物时，$m\geqslant 6.5$。

7.2.3.1 钢丝绳每米质量计算

钢丝绳每米质量按式（7-17）计算

$$P_s=\frac{Q_d}{1.1\times 10^{-5}\frac{\sigma}{m}-H_0} \tag{7-17}$$

式中 P_s——钢丝绳每米质量，kg/m；

σ——钢丝绳的钢丝抗拉强度，Pa；

Q_d——钢丝绳终端悬挂质量，kg；

H_0——钢丝绳最大悬垂长度，m；

m——钢丝绳安全系数。

箕斗提升时

$$Q_d=Q_f+Q \tag{7-18}$$

$$H_0=H+H_z+H_f \tag{7-19}$$

罐笼提升时

$$Q_d=Q_g+Q_k+Q \tag{7-20}$$

$$H_0=H+H_f \tag{7-21}$$

式中 Q_f——箕斗质量，kg；

Q_g——罐笼质量，kg；

Q_k——矿车质量，kg；

Q——有效装载量，kg；

H——井深（提升高度），m；

H_f——井架高度，m；

H_z——箕斗井下装载高度，m。

根据计算的 P_s 值，选取钢丝绳。

7.2.3.2 钢丝绳安全系数验算

钢丝绳安全系数按式（7-22）验算

$$m'=\frac{Q_p}{(Q_d+P_sH_0)g} \tag{7-22}$$

式中 m'——钢丝绳实际安全系数；

Q_p——钢丝绳中钢丝破断拉力总和，N；

g——重力加速度 9.81m/s^2。

当 $m'\geqslant m$ 时，所选钢丝绳符合要求。

7.2.4 天轮的选择

天轮与钢丝绳直径有着一定的比例关系，天轮与钢丝绳直径关系见表7-6。

表7-6 天轮与钢丝绳直径关系

天轮安装地点或用途	天轮直径为钢丝绳直径的倍数	天轮与钢丝绳钢丝直径的倍数
地面提升装置	≥80	1200
井下提升装置和凿井的提升装置	≥60	900
悬挂吊盘、吊泵、管道	≥20	300
废石场提升装置	≥50	

7.2.5 单绳提升机的选型计算

提升机大小主要取决于卷筒的直径和宽度。

7.2.5.1 卷筒直径

根据卷筒直径 D 与钢丝绳直径 d 二者比值的关系，D/d 比值越大，则钢丝绳的弯曲程度越小，其弯曲应力也越小。根据实验得到：当 $D/d \geqslant 80$ 时，弯曲应力 $\sigma_{弯}$ 无显著下降的变化；而当 $D/d \leqslant 60$ 时，弯曲应力 $\sigma_{弯}$ 急剧上升。据此，井下提升机的卷筒直径 $D \geqslant 60d$，地面提升机的卷筒直径 $D \geqslant 80d$。

7.2.5.2 卷筒宽度

卷筒宽度 B 应能够保证容纳以下三部分绳长：

(1) 能缠长度等于提升高度的钢绳绳长；

(2) 还要能缠钢丝绳的试验长度，取30m；

(3) 为减少绳头对固定处的作用力，要缠绕3圈摩擦圈。

因此，双卷筒单绳提升机每个卷筒的宽度 B 为

缠绕一层时

$$B = \left(\frac{H + L_s}{\pi D_f} + n_m\right)(d_s + \varepsilon) \tag{7-23}$$

缠绕多层时

$$B = \left[\frac{H + L_s + (n_m + 4)\pi D_f}{n' \pi D_p}\right](d_s + \varepsilon) \tag{7-24}$$

单卷筒作双端提升时，卷筒宽度为

$$B = \left(\frac{H + 2L_s}{\pi D_f} + 2n_m + n_f\right)(d_s + \varepsilon) \tag{7-25}$$

式中 B——卷筒宽度，mm；

L_s——试验长度，取20～30m；

D_f——卷筒直径，m；

D_p——多层缠绕时卷筒的平均直径，m；

$$D_p = D_f + (n' - 1)d_s \tag{7-26}$$

n'——卷筒上缠绕的层数；

n_m——留在卷筒上的钢绳摩擦圈数，取 $n_m=3$；

n_f——两提升绳之间的间隔圈数，取 2；

4——每月移动 0.25 圈绳长所需的备用圈数；

d_s——钢绳直径，mm；

ε——钢绳两圈间的间隙，取 2~3mm。

一般情况下，可以先利用近似经验数据对卷筒宽度 B 进行估算。

当双卷筒提升时：

$D \leqslant 3.5\text{m}$，取 $B \approx \frac{1}{2}D$；$D \leqslant 4.0\text{m}$，取 $B \approx \frac{1}{2.3}D$。

当单卷筒提升时：

单筒 $D < 3.0\text{m}$，取 $B \approx \frac{1}{1.3}D$。

7.2.5.3 钢丝绳最大静张力和最大静张力差

（1）钢丝绳最大静张力 F_c 按式（7-27）计算

$$F_c = (Q + Q_r + P_s H_o)g \tag{7-27}$$

式中 F_c——钢丝绳最大静张力，N；

H_o——钢丝绳悬垂长度，m；

Q_r——提升容器质量，kg。

（2）钢丝绳最大静张力差。钢丝绳提升时，最大静张力差与所选用的提升容器的个数与形式有着直接的关系。

1）选用双容器提升时，最大静张力差为

$$F_j = (Q + P_s H)g \tag{7-28}$$

2）选用单容器配平衡锤提升时，最大静张力差为

$$F_j = (Q + Q_r + P_s H - Q_c)g \tag{7-29}$$

式中 F_j——最大静张力差，N；

H——提升高度，m；

Q_c——平衡锤质量，kg。

上述公式所算出的钢丝绳最大静张力 F_c 与钢丝绳最大静张力差 F_j 都不应超过所选出的标准提升机技术规格表中的规定值。如所选提升机不能满足上述要求，虽然卷筒直径和宽度满足要求，也应重新选择具有较大静张力和静张力差的提升机。

竖井单绳提升计算除上述设备选择及计算外，还包括提升速度图和力图的相关计算。竖井单绳提升速度图计算主要确定一次提升循环时间，从而校核提升能力，竖井单绳提升的力图计算主要是确定各提升阶段作用在滚筒上的力，以计算电动机功率，选择电控设备和计算年电能消耗量。鉴于篇幅限制，此部分提升计算参见《金属非金属矿山安全规程》（GB 16423—2006）、《金属非金属矿山在用提升绞车安全检测检验规范》（AQ 2022—2008）和相关采矿设计手册。

7.3 竖井多绳提升

竖井多绳提升的提升工作时间、不均衡系数、年提升矿岩总量、罐笼装卸时间、其他

辅助作业停歇时间、每班升降人员的时间及其他提升次数、提升速度、一次提升量、提升容器的选择等均与单绳提升相同，故单绳提升中“提升容器的选择”步骤及方法：（1）计算小时提升量 A_s；（2）初选提升速度；（3）确定提升时间；（4）计算一次提升量；（5）选择提升容器的大小及规格；（6）提升容器的一次有效提升量；（7）一次循环提升时间 T'以及平衡锤的选择均相同。故下面仅介绍钢丝绳的选择、提升机的选择以及验算等环节。

7.3.1 提升钢丝绳选择

首绳最好选用镀锌三角股钢丝绳。其绳的根数一般为偶数，为了减少容器的扭动，其中一半采用左捻，另一半采用右捻，并且将它们互相交错排列。尾绳多采用不扭转钢丝绳或扁钢丝绳。圆尾绳一般由 2 ~3 根组成，扁尾绳一般由 1 ~2 根组成。

我国的多绳系列有 4、6、8 三种，而成批生产的只有 4、6 两种，用得最多的是 4 根。

7.3.1.1 提升钢丝绳单位长度质量的计算

当所有提升钢丝绳每米质量与所有钢丝绳每米质量相等时，提升钢丝绳根数为 n，则每根提升钢丝绳每米质量为

$$p' = \frac{Q_s + Q_{自}}{N\left(\dfrac{\sigma_b}{\rho_o g m} - H_o\right)} \tag{7-30}$$

$$H_o = H + H_j + H_w \tag{7-31}$$

式中 Q_s——一次有效提升量，kg；

$Q_{自}$——提升容器自重，kg；

N——首绳根数；

ρ_o——钢丝绳的假定密度，平均值 9000kg/m³；

g——重力加速度，g =9.81kg/m³；

σ_b——钢丝绳公称抗拉强度，Pa；

H_o——钢绳悬垂长度，m；

H_j——井架高度，m；

H_w——最低阶段到尾绳环低端的高度，m；

m——安全系数，根据《金属非金属矿山安全规程》（GB 16423—2006），升降人员或升降人员和物料时，安全系数 $m \geqslant 8$；专门升降物料时，安全系数$m \geqslant 7$。

根据式（7-30）P'计算结果，查表选择标准提升钢丝绳。所选择钢丝绳的实际安全系数 m'必须满足式（7-32）的要求

$$m' = \frac{nQ_z}{(Q_s + Q_{自} + npH'_o)g} \geqslant m \tag{7-32}$$

式中 Q_z——钢丝绳破断拉力总和，N；

p——选出钢丝绳的单位长度质量，kg/m；

其他符号意义同前。

7.3.1.2 平衡绳单位长度质量的计算

若平衡绳根数为 n'，则每根平衡钢丝绳的每米质量

$$q = \frac{n}{n'}p \tag{7-33}$$

式中 n'——尾绳根数；

q——平衡绳单位长度质量，kg/m；

其他符号意义同前。

用求得的 q 值查表选择标准钢丝绳，所选平衡绳的抗拉强度应不低于 1370MPa。

7.3.2 多绳提升机的选型计算

7.3.2.1 主导轮直径的选择计算

塔式多绳提升机主导轮直径 D_j 与提升钢丝绳直径 d_s 之比应符合下列要求：

有导向轮时

$$D_j : d_s \geqslant 100 \tag{7-34}$$

无导向轮时

$$D_j : d_s \geqslant 80 \tag{7-35}$$

落地式多绳提升机必须满足 $D_j : d_s \geqslant 100$ 的条件。

7.3.2.2 最大静拉力和最大静拉力差

最大静拉力和最大静拉力差计算方法与单绳提升计算部分基本相同，本节不再重复叙述，详见相关设计手册。

8 矿 井 通 风

矿井通风设计是矿山总体设计的一个重要环节，它与开拓、采矿方法等因素相辅相成，密切相关，因此，在矿山设计中必须综合考虑、全面分析、比较有关技术经济资料，互相配合，建立一个安全可靠、经济合理的矿井通风系统，并选择好相应的通风设备。这项工作，对矿井通风安全状况关系重大，它是通风防尘工作的基础，具有全局性影响；它对保护矿山职工的安全健康、提高劳动生产率至关重要，必须给以足够的重视。矿井通风设计分新建矿井与改建或扩建矿井的通风设计。这些设计都必须贯彻国家制定的技术经济政策，遵照国家颁布的矿山安全规程、技术操作规程的规定。

8.1 通风设计的任务和内容

矿井通风设计分为新建矿井与改造或扩建矿井的通风设计。

新建矿井的通风设计，既要考虑矿井前期生产的需要，又要考虑矿井长远发展与改扩建的可能。对于改建或扩建矿井的通风设计，必须对矿井原有的生产与通风现状做出详细的调研，分析通风存在的问题及对改扩建的要求，考虑矿井生产的特点，充分利用原有的井巷与通风设备，提出更完善、经济、安全可靠的通风设计。

8.1.1 矿井通风一般规定

矿井通风的有效风量率，不应低于60%。对矿井通风系统来说，经进风系统送到各作业点，清洗烟尘，达到通风目的的风流称为有效风流。未经作业地点，而通过采空区、地表塌陷区以及不严密的通风构筑物的缝隙直接渗入回风道或直接排出地表的风流称为漏风。矿井有效风量是全矿各作业地点和硐室的总有效风量与扇风机工作风量之比。无论从安全的角度，还是从经济的角度考虑，都要求减少漏风、提高有效风量，尽可能提高矿井通风系统的有效风量率。

矿井通风的总阻力，应按通风最困难、最容易时期分别计算，并根据计算结果选择主扇。矿山服务年限长、风量大、中后期阻力相差很大时，应通过技术经济比较，确定是否需要分期选择主扇。

在同一井筒，应选择单台风机工作。必要时，可采用双机并联运转，双机并联运转宜选择同规格型号的风机，并联运转应作稳定性校核。

每台主通风机应备用一台相同规格型号的电动机，并应设有能迅速调换电动机的装置。对有很多台主通风机工作的矿山，型号规格相同的备用电动机数量可适当减少。

主通风机应在10min内能使风流反向。离心式风机应采用反风道反风；轴流式风机反风量满足反风要求时，可采用反转反风。

主通风机房应设有风量、风压、电流、电压和轴承温度等监测仪表。

8.1.2　矿井通风设计依据

矿井通风设计依据如下：

（1）矿区气象资料有常年风向，历年气温最高月、气温最低月的平均温度，月平均气压；

（2）矿区恒温带温度，地温梯度，进风井口、回风井口及井底气温；

（3）矿区降雨量、最高洪水位、涌水量、地下水文资料；

（4）井田地质、地形，矿区有无采空区及其存在地点和存在情形等；

（5）矿井设计生产能力及服务年限，矿井各个水平服务年限，各采区的储量和产量分布、生产规模；

（6）矿井开拓方式及采区巷道布置，采掘工作面的比例，生产和备用工作面个数，井下同时工作的最多人数，同时爆破的最多炸药量；

（7）主、副井及风井的井口标高；

（8）矿井巷道断面图册；

（9）矿井技术经济参数及相邻矿区、矿井的经验数据或统计资料等。

8.1.3　矿井通风设计内容

矿井通风设计内容主要有：

（1）拟定矿井通风系统，确定通风方式；

（2）计算全矿所需风量和风量分配；

（3）计算全矿所需总风压；

（4）选择通风设备；

（5）经济部分。

8.2　矿井通风系统与确定方式

建立和完善矿井通风系统是搞好井下通风防尘工作的基础，一定要全面考虑，合理拟定，使确定的通风系统既可适应现实生产的要求，又能照顾长远生产的发展与变化的情形。

选择通风系统时，可根据设计矿山的特点，提出几个技术上可行的方案，进行技术经济比较，以便选择最合理的通风系统方案。

在通风系统设计中，要对下列诸方面进行合理选择：

（1）采用统一通风系统或分区通风系统；

（2）进风井与回风井的布置形式（中央式、对角式、混合式）；

（3）主扇工作方式与安装地点；

（4）中段通风网路结构与采场通风方法。

8.2.1　通风系统

下列情况宜采用分区通风系统：

（1）矿体走向长度大、产量大、漏风大的矿山；

（2）天然形成几个区段的浅埋矿体，专用的通风巷道工程量小的矿山；

（3）矿井各采区有贯通地表的现成井巷可利用作为各分区通风系统的主进、回风井巷；

（4）矿岩有自然发火危险的矿山；

（5）通风线路长或网络复杂的含铀矿山。

分区通风系统的分区范围，应与矿山回采区段相一致，并以各区之间联系最小的部位为分界线，予以严密隔离。

下列情况宜采用统一通风系统：

（1）矿体埋藏较深，开采范围不大的矿山；

（2）矿体走向较长，分布较散，各矿段便于分别掘回风井，构成全矿并联回风系统的矿山；

（3）开采范围集中，通地表出口不多，掘回风井较困难的矿山。

采用多机在不同井筒并联运转的集中通风系统应符合下列要求：

（1）某台主扇运转时，其他主扇应启动自如，各主扇负担区域风流稳定；某台主扇停运时，其通风区污风不得倒流入其他主扇通风区中；

（2）多井通风时，各井间的作业面不得形成风流停滞区；

（3）各主扇通风区阻力宜相等。

下列情况宜采用多级机站压抽式通风系统：

（1）不能利用贯穿风流通风的进路式采矿方法的矿山，或同时作业阶段数少的矿山；

（2）通风阻力大、漏风点多或生产作业范围的平面上分布广的矿山；

（3）现有井巷可作为专用进风井巷，进风线路与运输线路干扰不大的矿山。

采用多级机站通风系统应符合下列要求：

（1）机站要少，用风段宜为一级，进、回风段不应超过两级；

（2）每分支的前后机站风机能力和台数应匹配一致；同一机站的风机，应为同一规格型号；机站风机台数宜为2～3台；

（3）风机特征曲线宜为单调下降，没有明显马鞍形；

（4）对于进路式工作面，应设管道通风；

（5）复杂的多级机站系统，应采用集中遥控。

下列情况宜采用对角式（图8-1）风井布置：

（1）矿体走向较长，采用中央式开拓的矿山；

（2）矿体走向较短，采用侧翼开拓的矿山；

（3）矿体分布范围大、规模大的矿山。

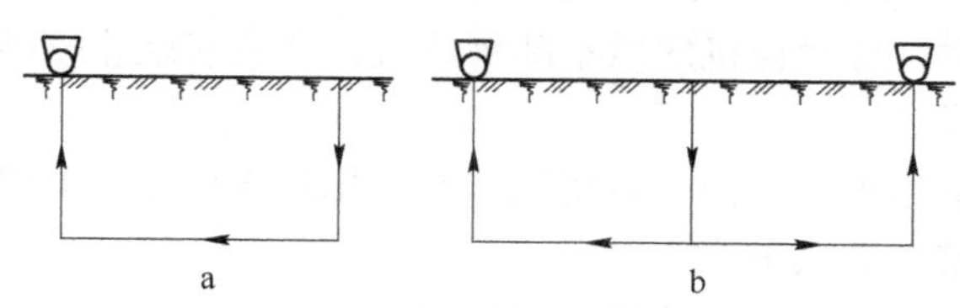

图8-1　对角式通风

a—单翼对角式；b—两翼对角式

下列情况宜采用中央式（图8-2）风井布置：

（1）矿体走向不长或矿体两翼未探清；

（2）矿体埋藏较深，用中央式开拓的一类矿山；

（3）受地形、地质条件限制，在两翼不宜开掘风井时。

除了以上几种通风方式外，还有中央对角混合式通风（图8-3），以及侧翼并列式通风，应根据矿山的具体情况来选择。

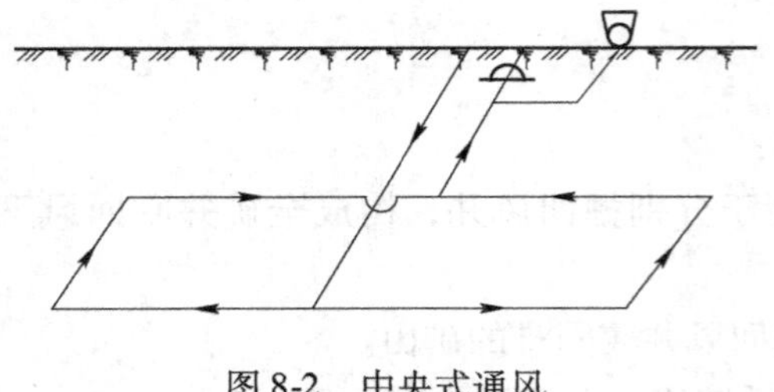

图8-2　中央式通风

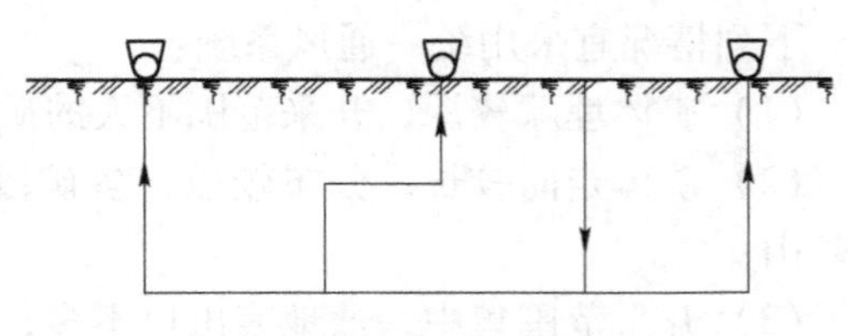

图8-3　中央对角混合式通风

8.2.2　通风方法

下列情况宜采用压入式通风：

（1）矿井通风网与地表沟通多，难以密封维护时；

（2）回采区有大量通地表的井巷或崩落区覆盖岩层较薄、透气性强的矿山；

（3）矿岩裂隙发育的含铀矿山。

下列情况宜采用抽出式通风：

（1）矿井回风网与地表沟通少，易于维护封闭时；

（2）矿体埋藏较深，空区易密封或崩落覆盖层厚，透气性弱的矿山；

（3）矿石和围岩有自燃发火危险的矿山。

下列情况宜采用混合式通风：

（1）通风网与地面沟通多，漏风量大而进、回风网易于密封的矿山；

（2）经崩落区漏风易引起自燃发火的矿山；

（3）通风路线长、阻力大，采用分区通风和多井并联通风技术上不可能或不经济的矿山。

下列情况宜将主扇安装在坑内：

（1）地形限制，地表有滚石、滑坡，可能危及主扇；

（2）采用压入式通风，井口密封困难；

（3）矿井进风网或回风网漏风大，也难密封。

当主扇设在坑内时，应确保机房供给新鲜风流，并应有阻止爆破危害及火灾烟气侵入的设施，且能实现反风。

井下需风量应包括回采工作面、备用工作面、掘进工作面、喷锚支护工作面、装卸矿点及需供风的各种硐室等的风量。

采掘工作面的需风量计算，应从稀释爆破毒气所需风量和满足排尘风速所需风量中，取其大值。

对于含铀、钍或用柴油无轨设备开采的矿山，除按正常需风总量外，尚应作为特殊需风量的校核。

矿山主要进风井巷的海拔高度在1000m以上时，应以海拔高度系数校正有关通风参数。

下列情况宜采用局部通风：

（1）不能利用矿井总风压通风或风量不足的地方；

（2）需要调节风量或克服某些分支阻力的地方；

（3）不能利用贯穿风流通风的进路式工作面。

8.3 全矿所需风量计算

全矿总风量的计算是设计中极其重要的内容，它是实现通风目的的前提，关系到供给矿井必要数量的新鲜空气，创造良好的劳动条件。同时，矿井总风量又是计算矿井通风阻力和选择通风设备的基本参数。

8.3.1 全矿总风量的计算方法

根据金属矿井的生产特点，我国冶金矿山目前普遍采用分项计算公式来计算矿井总风量。即分别计算各类工作面的需风量与需要独立通风的各种硐室需风量之总和，然后乘以风量备用系数，便得出全矿总风量。

$$Q_k = K(\sum Q_c + \sum Q_b + \sum Q_j + \sum Q_d) \tag{8-1}$$

式中 Q_k——全矿总风量（也称矿井总风量），m^3/s；

Q_c——回采工作面所需的风量，m^3/s；

Q_b——备用回采工作面所需风量，m^3/s；

Q_j——掘进工作面所需风量，m^3/s；

Q_d——要求独立风流的硐室所需的风量，m^3/s；

K——矿井风量备用系数。

系数K是考虑矿井的漏风、风量调整不及时、生产不均衡等因素而选取的，如果地表没有崩落区，$K = 1.25 \sim 1.40$；一般矿井，$K = 1.3 \sim 1.45$；地表有崩落区，$K = 1.35 \sim 1.5$。

8.3.2 回采工作面需风量的计算

不同的采矿方法，其采场结构不同；不同的爆破形式，爆破后通风要求不同。所以，回采工作面的需风量要求不尽相同，为确保回采工作面的通风安全，需要根据爆破后排烟和凿岩、出矿时排尘分别计算，然后取其最大值作为该回采工作面的需风量。

在回采过程中，爆破工作根据一次爆破炸药量的多少可分为浅孔爆破和大爆破两种工艺，实际工作中需要根据工作面采矿方法及工艺特点，针对浅孔爆破和大爆破两种情况分别计算采场工作面需风量。

8.3.2.1 浅孔爆破回采工作面所需风量的计算

采场形式不同，采场中风流结构和排烟过程也不同。根据风流结构的不同，将回采工作面划分为巷道型和硐室型两类。

A　巷道型回采工作面的风量计算

巷道型回采工作面指的是采场工作面横断面与采场进风巷道横断面相差不大，并利用贯穿风流通风的采场。属于这类采场的有开采薄矿脉的充填法、空场法、留矿法、长壁法以及有贯穿风流通风的分层崩落法等采场。

如图 8-4 所示，巷道型回采工作面采场的通风过程可利用“紊流变形”作用加以分析。风流进入采场后，由于风流分布的不均匀，使工作面的炮烟出现逐渐伸长的炮烟波，并使回采工作面任一断面上的炮烟平均浓度，随着通风时间的延长而逐渐降低，当采场出口断面上的炮烟平均浓度降低到安全规程规定的允许浓度以下时，就认为整个工作面通风完好。

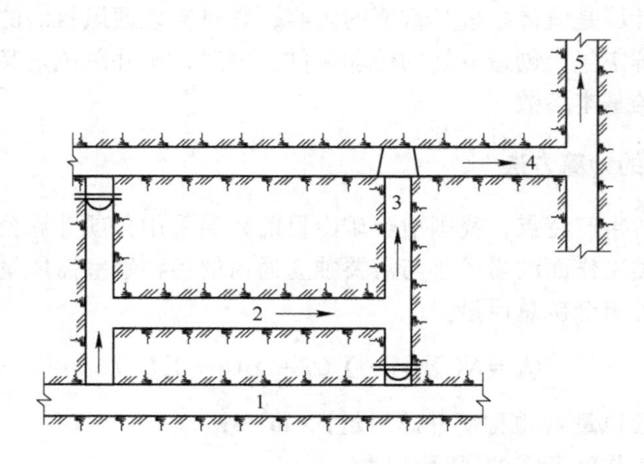

图 8-4　巷道型回采工作面

1—运输平巷；2—采场；3—回风天井；4—回风平巷；5—回风井

根据“紊流变形”理论和实验研究结果，得出空气交换系数 I 和爆破炸药量 A、炮烟污染的巷道体积 V 之间的关系如下：

$$I = N\sqrt{\frac{A}{V}} \tag{8-2}$$

空气交换系数 I

$$I = \frac{Q_{\mathrm{h}}t}{V} \tag{8-3}$$

式中　Q_{h}——回采工作面风量，$\mathrm{m^3/s}$；

t——回采工作面通风时间，一般为 20～40min；

A——一次爆破的炸药量，kg；

N——实验系数，22.5；

V——炮烟污染的巷道体积，$\mathrm{m^3}$，$V = L_0S$；

L_0——采场长度的一半，m；

S——回采工作面横断面面积，$\mathrm{m^2}$。

整理式(8-2)、式(8-3) 可得

$$Q_h = \frac{25.5}{t}\sqrt{AL_0S} \tag{8-4}$$

式 (8-4) 即为巷道型回采工作面的风量计算公式。

B　硐室型回采工作面的风量计算

硐室型回采工作面是指采场进风巷道横断面与回采工作面横断面相差较大，并利用贯穿风流通风的采场。属于这种类型的采场有开采中厚以上矿体的空场法、充填法等的采场，如图 8-5 所示。

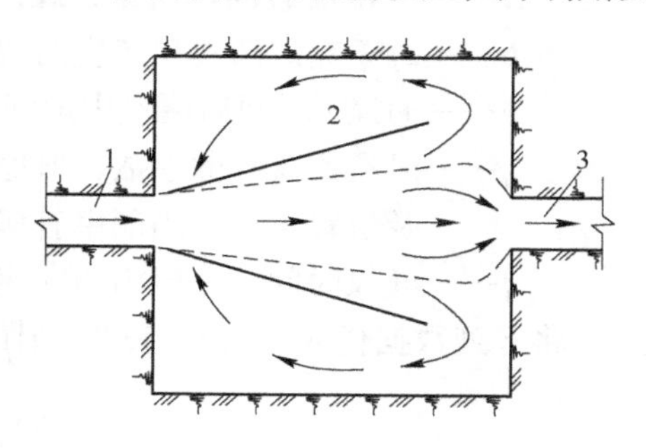

图 8-5　硐室型回采工作面

1—进风巷；2—硐室采场；3—回风巷

这类采场回采工作面的通风过程可用“紊流扩散”作用加以说明。新鲜风流进入硐室型回采工作面，由于紊流射流的扩散作用，它与炮烟介质发生强烈的质量交换，设硐室中的空间容积为 V，硐室型工作面空间内炮烟的平均浓度为 c，进入工作面的风量为 Q_h，硐室出口炮烟的平均浓度为 c'，在 dt 时间内由硐室中排出的炮烟体积为 dV_1，即

$$dV_1 = Q_h dtc' \tag{8-5}$$

设硐室出口断面上炮烟平均浓度与硐室内炮烟平均浓度的比值为紊流扩散系数 K_t，即

$$K_t = c'/c \tag{8-6}$$

将式 (8-6) 代入式 (8-5)，可得

$$dV_1 = Q_h dtK_t c \tag{8-7}$$

在同一时间内，由于从硐室中排出了体积为 dV_1 的炮烟量，硐室中的炮烟量必然减少，减少的炮烟体积设为 dV_2，硐室中炮烟浓度降低 dc，则

$$dV_2 = Vdc \tag{8-8}$$

根据质量守恒定律，被排出的炮烟量应等于硐室中炮烟减少量，即

$$dV_1 = -dV_2 \tag{8-9}$$

则有

$$Q_h dtK_t c = -Vdc \tag{8-10}$$

可得

$$\frac{Q_h dtK_t}{V} = -\frac{dc}{c} \tag{8-11}$$

对式 (8-11) 积分，可得

$$\int_0^t \frac{Q_h K_t}{V} dt = \int_{c_0}^{c} -\frac{dc}{c} \Rightarrow \frac{Q_h K_t}{V} t = \ln\frac{c_0}{c}$$

则得

$$Q_h = \frac{V}{K_t t} - \ln\frac{c_0}{c} \tag{8-12}$$

或

$$Q_{\mathrm{h}} = 2.3\,\frac{V}{K_{\mathrm{t}}t}\lg\frac{c_0}{c} \tag{8-13}$$

式中　c_0——回采硐室爆破后炮烟最初平均浓度

$$c_0 = \frac{Ab}{1000} \times \frac{1}{V} \times 100\% = \frac{Ab}{10V}\%$$

A——一次爆破的炸药量，kg；

b——每千克炸药爆炸产生的炮烟总量，一般取100L/kg；

c——通风 t 时间后硐室中炮烟浓度，按安全规程规定其允许浓度为0.02%；

K_{t}——风流紊流扩散系数，取值参见表8-1，它决定于硐室与其进风口巷道的形状及位置关系。当硐室有多个进、排风口时，其取值0.8～1.0；

t——通风时间，一般为20～40min。

将上列数据代入式（8－13），则得

$$Q_{\mathrm{h}} = 2.3\,\frac{V}{K_{\mathrm{t}}t}\lg\frac{500A}{V} \tag{8-14}$$

式（8-14）即为硐室型回采工作面的风量计算公式。

表8-1　紊流扩散系数 K_{t} 值

$\frac{\alpha l}{\sqrt{S}}$	K_{t}	$\frac{\alpha l}{\sqrt{S}}$	K_{t}	$\frac{\alpha l}{\sqrt{S}}$	K_{t}
0.376	0.300	0.750	0.529	2.420	0.810
0.420	0.335	0.945	0.600	3.750	0.873
0.554	0.395	1.240	0.672	6.600	0.925
0.605	0.460	1.680	0.744	15.10	0.965

注：1. 当完全自由风流满足下式时

$$\frac{\alpha l}{\sqrt{S}} \geqslant 0.38$$

式中　α——自由风流紊流构造系数，等于0.06～0.10，十分粗糙的巷道取大值，光滑的巷道取小值；

l——自由风流作用方向上硐室的长度，m；

S——引导风流进入硐室的巷道断面积，m^2。

2. 当 $\frac{\alpha l}{\sqrt{S}} < 0.38$ 时，则完全自由风流的紊流扩散系数可通过下式计算

$$K_{\mathrm{t}} = 1.35\,\frac{\alpha l}{\sqrt{S}}\left(1 - 1.12\,\frac{\alpha l}{\sqrt{S}}\right)$$

C　按排除粉尘计算风量

按排除粉尘计算风量有两种方法，一种是按工作地点产尘量的大小计算风量；另一种是按排尘风速计算风量。

a　按产尘量计算风量

回采工作面空气中的粉尘，主要来源于产尘设备，其产尘量大小取决于设备的产尘强度和同时工作的设备台数，对于不同的工作面和作业类别，按表8-2确定排尘风量。

表 8-2 排尘风量

工作面通风类型	作业性质	设备数量	风流特征	排尘风量/$m^3 \cdot s^{-1}$
巷道型作业面	轻型凿岩机凿岩	1 台	贯穿风流	0.66~2.64（断面 4.4~2.2m^2）
		2 台	贯穿风流	1.1~1.31（断面 4.4~2.2m^2）
		3 台	贯穿风流	1.6~3.5（断面 4.4~10m^2）
硐室型作业面	轻型凿岩机凿岩	1 台	贯穿风流	3.0
		2 台	贯穿风流	4.0
		3 台	贯穿风流	5.0
巷道型作业面	重型凿岩机中深孔凿岩	1 台	贯穿风流	2.5~3.5
		2 台	贯穿风流	3.0~4.0
		1 台	独头通风	3.0~4.0
		2 台	独头通风	4.0~5.0
	中型凿岩机凿岩	1 台	贯穿风流	1.5
		2 台	贯穿风流	2.0
巷道型作业面	装载机出矿或铲运机出矿	1 台	贯穿风流	2.5~3.5
		1 台	独头通风	3.5~4.0
硐室型作业面	装载机出矿或铲运机出矿	1 台	贯穿风流	4.0~5.0
巷道型作业面	大型电耙出矿	1 台	贯穿风流	2.5
	中型电耙出矿	1 台	贯穿风流	2.0
硐室型作业面	大型电耙出矿	1 台	贯穿风流	4.0
	中型电耙出矿	1 台	贯穿风流	3.0
巷道型作业面	二次破碎		贯穿风流	1.5~2.0

注：1. 本表用于高硅尘矿井，对于矿井中二氧化硅低于或稍大于百分之十的矿井，可适当降低表中数值。
2. 采场横断面小于 12m^2 时按巷道型作业面，大于 20m^2 时按硐室型作业面，介于两者之间时按两种类型作业面风量的平均值。
3. 按采场不同工序分别选取，取其大值为采场排尘风量，当同时进行两种以上作业时，应将各作业的排尘风量相加作为采场排尘风量。
4. 选取表列数值不得小于最低排尘风速所需风量，而硐室型作业面则不需用最低排尘风速校验。
5. 采场横断面大于 40m^2 时宜增设辅扇，对工作点加强通风。
6. 表中巷道型采场轻型凿岩机凿岩的排尘风量系采用中南工业大学科研成果。其他数值因实测工作不足，仅供参考。

b 按排尘风速计算风量

回采工作面按排尘风速计算风量公式如下

$$Q_h = Sv \tag{8-15}$$

式中 S——巷道型采场作业地点的过风断面，m^2；

v——回采工作面要求的排尘风速，m/s。一般巷道型回采工作面取 0.15~0.5m/s（断面小且凿岩机多时取大值，反之取小值，但必须保证一个工作面的风量不低于 1m^3/s），耙矿巷道取 0.5m/s；对于无底柱崩落采矿法的进路通风速度取0.3~0.4m/s，其他巷道可取0.25m/s。

前一种方法，由于各种作业条件下产尘量的大小受多种因素影响，较难准确掌握，至今未得到广泛使用。后一种方法是目前通用的计算方法。

根据采掘计划的作业安排和布置以及所采用的采矿方法分别计算各回采工作面的风量后，累计总和即为回采工作面的总风量$\sum Q_h$。

8.3.2.2　大爆破回采工作面所需风量的计算

大爆破的采场是指采用深孔、中深孔或药室爆破，实现大量落矿的采场。大爆破后，采场多成封闭形（即矿房有矿柱、顶底板，若为崩落采矿法，则顶部有崩落的岩石），仅在下部由漏斗与耙矿巷道相通。大爆破后，在采场内部形成较高的气压，在此压力作用下，使炮烟通过天井、漏斗和耙矿巷道向外涌出，一部分混入进风巷道，另一部分流入回风巷道。另外，如果采场两侧或一侧为已采完的崩落区，则炮烟也可能逸入崩落区中，余下的炮烟则残存于采场的自由空间和矿石堆的空隙中。

大爆破后通风的首要任务就是将充斥于巷道中的炮烟尽快进行稀释并排出矿井。此外，在放矿时，存留于崩落矿石之间的炮烟随矿石的放出而释放出来，所以，除了正常作业所需要的风量外，考虑到排出这部分炮烟，还需适当加大一些风量。

A　大爆破后排烟风量计算

大爆破后，大量炮烟涌出到巷道中，其通风过程与巷道型采场相似。大爆破后通风的风量按式（8-16）计算

$$Q_h = \frac{40.3}{t}\sqrt{\chi AV} \tag{8-16}$$

式中　Q_h——回采工作面风量，m^3/s；

t——回采工作面通风时间，s，一般取7200~14400s；

χ——炮烟涌出系数，参见表8-3；

A——一次爆破的炸药量，kg；

V——炮烟污染的巷道体积，m^3，

表8-3　炮烟涌出系数

采矿方法		采落矿石与崩落区接触面的数目	χ
“封闭扇形”中段崩落法		顶部和一个侧面	0.193
		顶部和2~3个侧面	0.155
阶段强制崩落法		顶部	0.157
		顶部和1个侧面	0.126
		顶部和2~3个侧面	0.116
空场处理	表土或表土下1~2个阶段		0.005
	若干个阶段以下		0.124
房柱法深孔落矿	$V/A<3$		0.175
	$V/A=3\sim10$		0.250
	$V/A>10$		0.300

$$V = V_1 + \chi Ab$$

V_1——排风侧巷道容积，m^3；

b——每千克炸药爆炸产生的炮烟总量，一般取90L/kg。

B 大爆破后放矿时期风量计算

a 按排烟计算

在大爆破后放矿时期排出的炮烟有两个来源：一是从矿石堆析出的炮烟，另一是二次爆破生成的炮烟，而后者往往是主要的。故计算排出这些炮烟时，可按二次爆破炸药量，并稍许加大即可。风量计算可用式（8-17）计算

$$Q_h = \frac{25.5}{t}\sqrt{AL_B S_B} \tag{8-17}$$

式中 Q_h——工作面风量，m^3/s；

t——二次爆破后的通风时间，一般取300s；

A——二次爆破的炸药量，kg；

L_B——耙矿巷道长度的一半，m；

S_B——耙矿巷道横断面面积，m^2。

b 按排尘计算

按排尘计算风量的方法同前，可按式（8－14）计算。

大爆破作业多安排在周末或节假日进行，通常采用适当延长通风时间和临时调节风流，加大爆破区通风量的方法。为了加速大爆破后的通风过程，在爆破前对爆破区的通风路线要作适当调整，尽量缩小炮烟污染范围。

在矿井通风设计中，对矿井总风量的计算可不包括大爆破时所需要的风量，只按正常作业所需要的风量计算即可。

8.3.3 掘进工作面需风量的计算

掘进工作面包括开拓、采准和切割工作面。各工作面的风量可按局部通风的风量方法计算，再考虑局部通风装置的漏风，求其总和$\sum Q_j$。

矿井设计中，掘进工作面的分布及数量只能根据采掘比大致确定，所以其风量可根据巷道断面按表8-4选取，而对于某一具体掘进工程进行通风设计时，须采用局部通风风量计算方法进行计算。

表8-4 掘进工作面风量

序 号	掘进断面/m^2	掘进工作面需风量/$m^3 \cdot s^{-1}$	备 注
1	<5.0	1.0～1.5	选用时，应使巷道平均风速大于0.25m^3/s
2	5.0～9.0	1.5～2.5	
3	>9.0	2.5～3.5	

注：对高海拔矿井可取表中大值。

8.3.4 各硐室风量的计算方法

井下要求独立风流通风的硐室如炸药库、蓄电机车充电硐室、压气机硐室、中央变电

室、绞车房、中央水泵房、破碎硐室、装卸矿硐室等，必须进行风量计算，并计入矿井总风量中。

(1) 井下炸药库需风量。安全规程规定，井下炸药库要求独立通风，按火药库内空气每小时须换气4次计算，即

$$Q = 4V/3600 \tag{8-18}$$

式中 Q——炸药库需风量，m^3/s；

V——包括联络巷道在内的炸药库空间总体积，m^3。

一般进行矿井设计时，按经验数据选取：大型炸药库的风量 1.5～2m^3/s；中小型炸药库的需风量一般取 1～1.5m^3/s。

(2) 蓄电机车充电硐室需风量。充电硐室要求独立通风，其目的是将充电过程产生的氢气量冲淡到允许浓度0.5%以下。

充电硐室氢气产生量按式（8-19）计算

$$q = 0.000627 \times \frac{101.3}{p_1} \times \frac{273 + t}{273} \times (I_1 a_1 + I_2 a_2 + I_3 a_3 + \cdots + I_n a_n) \tag{8-19}$$

式中 q——氢气产生量，m^3/h；

0.000627——1A电流通过一个电池每小时产生的氢气量，m^3；

p_1——充电硐室的气压，kPa；

t——硐室内空气温度，℃；

I_1，I_2，…，I_n——对应各电池的充电电流，A；

a_1，a_2，…，a_n——蓄电池内电池数。

充电硐室需风量按式（8-20）计算

$$Q = \frac{q}{0.005 \times 3600} \tag{8-20}$$

式中 Q——充电硐室需风量，m^3/s。

(3) 压气机硐室需风量。压气硐室内空气压缩机的运转，致使润滑油温度升高，润滑油因高温分解，形成油蒸气及一氧化碳、沼气等有害气体，同时，由于空气压缩机的机械运动，导致硐室环境温度升高，为此需对硐室进行独立通风。压气机硐室的风量按式（8-21）计算

$$Q = 0.04\sum N \tag{8-21}$$

式中 Q——压气硐室需风量，m^3/s；

$\sum N$——硐室内所有电动机的功率总和，kW。

(4) 中央变电室、绞车房、中央水泵房需风量。中央变电室、绞车房、中央水泵房等硐室的风量按式（8-22）计算，但其回风可重新使用不计入矿井总风量中。

$$Q = 0.08\sum N \tag{8-22}$$

式中 Q——中央变电室、绞车房、中央水泵房等硐室需风量，m^3/s；

$\sum N$——硐室内所有电动机的功率总和，kW。

(5) 井下破碎硐室需风量。井下破碎硐室所需风量可按换气量计算。根据硐室的温度、湿度和粉尘含量等因素综合考虑，硐室内每小时换气4～6次，通风效果良好。如果无除尘设施或除尘设备不完善，则每小时换气次数可适当增加。另外，还应考虑所选用的

除尘设备计算风量。

（6）装卸矿硐室需风量。装卸矿硐室的需风量一般取 1.5 ~ 2m³/s。

8.3.5 其他巷道需风量

如果矿井内还有其他需要独立通风的巷道，根据通风的作用及目的计算出所需风量 $\sum Q_q$。

将以上各项风量计算值累加就是矿井硐室总需风量 $\sum Q_d$。

将计算所得的回采 $\sum Q_h$、掘进工作面 $\sum Q_j$、硐室 $\sum Q_d$ 及其他巷道需风量 $\sum Q_q$ 以及为确保矿井生产的均衡稳定而设置准备的备用工作面需风量 $\sum Q_b$ 的值加起来，就得到矿井总需风量。

8.4 通风设备选择

矿井通风设备的选择包括主扇风机和电动机的选择。

8.4.1 主扇风机的选择

工程实践中，通常用扇风机的个体特性曲线来选择风机，为此，应首先确定矿井通风容易和通风困难两个时期主扇运转时的工况点，也就是应首先确定矿井通风系统不同时期要求主扇风机提供的风量和风压。

（1）扇风机的风量 Q_f 按式（8-23）计算

$$Q_f = KQ \tag{8-23}$$

式中 Q_f——风机的计算风量，m³/s；

Q——矿井所需的风量，m³/s；

K——通风装置的漏风系数（包括井口、反风装置、风道等处的漏风），一般取 1.1 ~ 1.15；当风井有提升任务时，取 1.2。

根据所确定矿井的通风方式、通风方法，依据式（8-23）计算出矿井通风系统要求风机所提供的风量。

（2）扇风机的风压 H_f。扇风机产生的风压不仅用于克服矿井总阻力 h_t，同时还要克服反向的矿井自然风压 h_n、扇风机装置的通风阻力 h_δ 以及风流流到大气的出口动压损失 h_v。所以，扇风机风压按式（8-24）计算

$$H_f = h_t + h_n + h_\delta + h_v \tag{8-24}$$

式中 h_t——矿井总阻力，分别进行通风容易和困难两个时期的阻力值计算，Pa；

h_n——与扇风机通风方向相反的自然风压，Pa；

h_δ——扇风机装置阻力，Pa，包括风机风硐、扩散器和消音器的阻力之和，一般取 150 ~ 200Pa；

h_v——出口动压损失，Pa。

根据矿井通风容易时期和困难时期所计算出的两组风量 Q_f 与风压 H_f 数据，在扇风机个体特性曲线上找出相应的工况点，并要求这两个工况点均能落在某个扇风机特性曲线的合理工作范围内，即效率在 60% 以上，风压在曲线驼峰最高风压的 90% 以下。

根据风机工况点的 H_f 和 Q_f 以及在扇风机特性曲线上查出的相应的效率 η_f，计算扇风

机的功率 N_f

$$N_f = \frac{H_f Q_f}{1000\eta_f} \tag{8-25}$$

8.4.2 电动机的选择

根据矿井通风困难时期主扇风机的工况点参数，计算出电动机的功率 N_e

$$N_e = k\frac{H_f Q_f}{1000\eta_f\eta_e} \tag{8-26}$$

式中 N_e——电动机的功率，kW；

k——电动机备用系数，轴流式取 1.1 ~ 1.2，离心式取 1.2 ~ 1.3；

η_e——电动机效率，一般取 0.9 ~ 0.95；

H_f，Q_f，η_f——分别为通风困难时期的工况点的风压、风量和效率。

当电动机与扇风机之间不是直接传动而用皮带传动时，式（8-26）还要除以传动系数 0.95。

根据计算的电动机效率，可在产品目录上选取合适的电动机。

通常在矿井通风设计中，当扇风机功率不大，可选用异步电动机，若功率较大，为了调整电网功率因数，宜选用同步电动机。

8.4.3 矿井通风对主要通风设备的要求

根据矿山安全规程的要求，主要通风设备应符合以下要求：

（1）型号规格不同的主扇应每台备用一台相同型号规格的电动机，并应设有能迅速调换电动机的装置。对有多台型号规格相同主扇工作的矿山，备用电动机数量可增长 1 台。

（2）正常生产情况下，主扇应连续运转。当井下无污染作业时，主扇可适当减少风量运转；当井下完全无人作业时，允许暂时停止机械通风。

（3）主扇风机要有灵活可靠的反风装置、防爆门等附属装置。

（4）扇风机和电动机的机座必须坚固耐用，要设置在不受采动影响的稳定地层上。

8.5 通风实例

8.5.1 侧翼并列式通风

开滦矾土矿利用原来开滦唐山矿的国各庄采区主井和副井作为提升竖井，构成矾土矿的下盘侧翼式竖井开拓系统，主井和副井均采用罐笼提升。于深部下盘布置盲竖井，盲主井和盲副井也为罐笼提升。矿体另一翼缺少适宜开掘风井的位置，主回风井布置在地表工业广场内的主、副井附近，与主、副井在矿体的同一翼，构成了侧翼并列式通风系统，通风系统如图 8-6 所示。采用抽出式通风，主扇机房位于地表，采用反风道反风，主扇功率 310kW。

8.5.2 两翼对角式统一通风

统一通风具有进、排风比较集中，使用的通风设备较少，便于集中管理的优点。易门

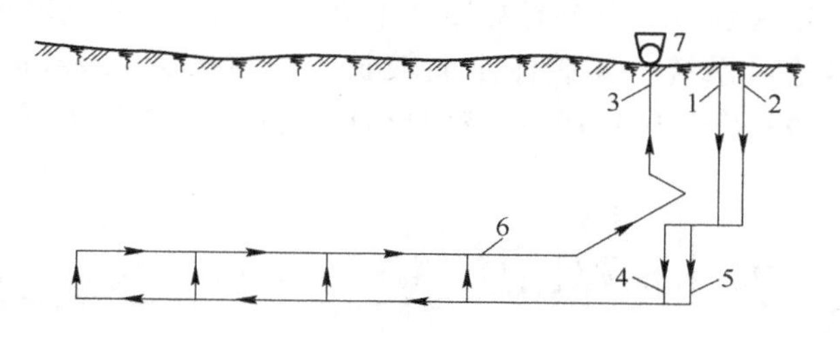

图 8-6 矾土矿侧翼并列式通风系统

1—主井；2—副井；3—回风井；4—盲主井；5—盲副井；6—回风平巷；7—主扇

狮子山铜矿是一个典型的统一通风系统，其开拓系统内只有一个通风系统。在井田中部，有专用的永久进风井和进风巷道，进风井上安设了一台压入式主扇；在井田南部和北部各开凿一条回风井，其上各安设一台抽出式主扇。采用了抽压混合通风方式。在每一个回采分层，每 70 ~ 100m 矿段有一个矿块回风天井，如图 8-7 所示。通风效果良好成为该矿实现强化开采的必要条件之一。

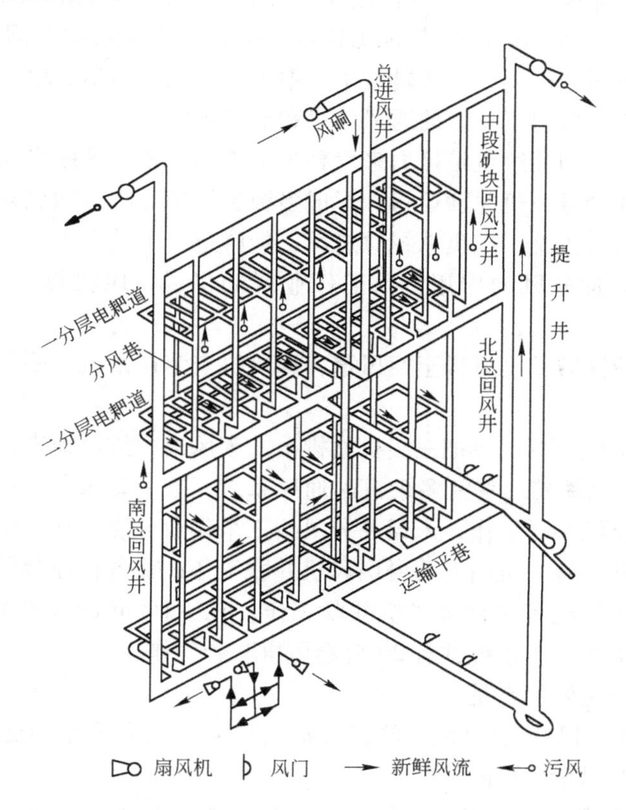

图 8-7 易门狮子山铜矿通风系统

8.5.3 分区通风

分区通风具有风路短、阻力小、漏风少，经营费低，风路简单，风流易于控制，有利于减少污风串联和风量合理分配及容易克服井下火灾等优点。龙烟庞家堡铁矿为一典型的按照采区划分的分区通风系统，其矿体走向较长，约 9000 ~ 12000m，共分五个回采区，各区之间联系甚少，每一个采区构成一个独立通风系统，如图 8-8 所示。

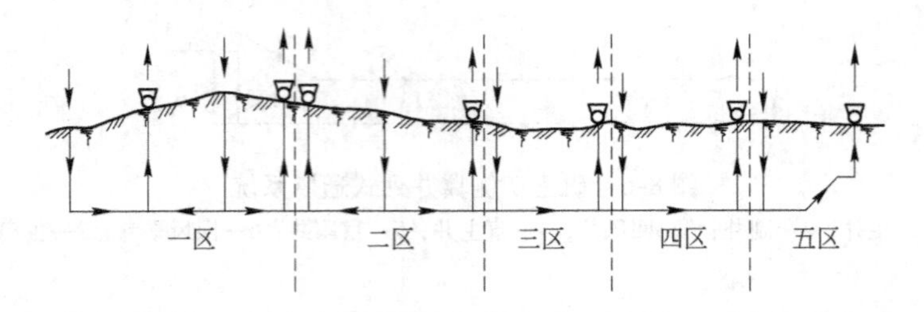

图 8-8　庞家堡铁矿分区通风系统

8.5.4　多级机站通风

多级机站串并联通风方式，是 20 世纪 80 年代以来在我国金属矿山出现的一种通风新技术，正在得到推广应用。继 1985 年梅山铁矿北采区、大冶铁矿龙洞建成多级机站通风系统后，云南锡业公司老厂锡矿、大姚铜矿、中条山有色公司胡家峪矿和泗顶铅锌矿等相继建成这种通风系统，取得了良好的通风效果和节能效益。

多级机站通风是利用几级机站接力来代替主扇工作。各级基站之间是串联关系，机站本身用一台或多台同型号风机并联运行，形成多级机站串并联压抽混合式通风系统。

一级机站是压入式机站，担负系统总进风，新鲜空气由其引入矿井。

二级机站起接力及分风的作用，保证作业区的供风，风机靠近用风段，做压入式供风。

三级机站把作业区域的废风排至回风道，扇风机安装在回风一侧靠近用风部分的井巷中，做抽出式通风。

四级机站担负系统的总回风把三级机站排出的废风集中排至地表，做抽出式通风。

图 8-9 所示为梅山铁矿北采区多级机站通风系统。在 －200m 水平入风井底安装一级机站Ⅰ，由四台扇风机并联工作，入风井分风给三个作业分层；在三个作业分层的进风侧分别安装二级机站Ⅱ，每一机站有两台扇风机并联工作；在各作业分层的出风侧分别安装三级机站Ⅲ，每一机站也有两台扇风机并联工作；在 －140m 回风平巷安装四级机站Ⅳ，由四台扇风机并联工作。该系统共有 20 台扇风机联合工作。

这种通风方式的主要优点是：

（1）机站为多台同型号的风机并联，可根据作业区内需风量的变化来决定开闭扇风机的数量，达到调节风量的目的。

（2）机站间为分段串联，降低了每一机站的压差，全系统压力分布较均匀，可按需调整零压区，大幅度减少漏风，提高有效风量率。

（3）进风、回风一般都设专用井巷，使新鲜风流直接送到需风作业面，保证了工作面的进风量，减少了内部漏风。

（4）节能效果突出。

缺点是机站和风机数量多，管理要求较严；需要专用的通风井巷较多，增加基建费用。

多级机站通风方式适用于生产作业分布广，开采量较大的矿井，特别是对需要采用抽压混合式通风的矿井尤为适用，对某些有分区通风条件的矿山也适用。

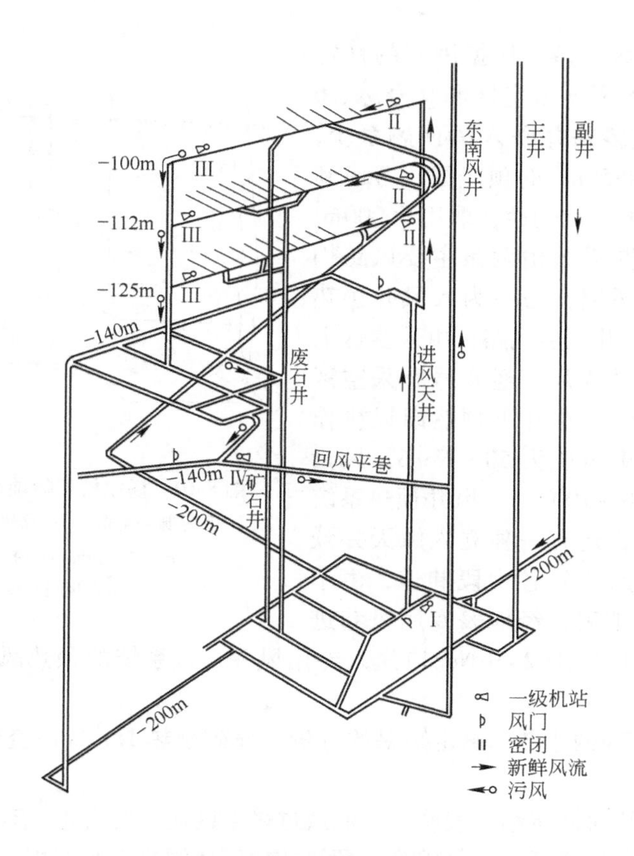

图 8-9 梅山铁矿北采区多级风机站通风系统

8.5.5 地温预热通风

我国北方地区冬季气温较低，当进风井巷中井壁渗水或有滴水时，会产生冰冻现象，给运输、提升机械设备的正常运行带来困难，威胁安全生产。此外，大量冷空气下井，恶化气候条件，影响工人身体健康。为此，《金属非金属矿山安全规程》（GB 16423—2006）规定：进风巷冬季的空气温度，应高于2℃；低于2℃时，应有暖风设施。不应采用明火直接加热进入矿井的空气。

空气预热通常可采取两种方法：锅炉预热和地温预热。地温预热是利用地层的调温作用，加热矿井进风流的技术措施。地温预热可节省大量能源，因此是矿山清洁生产技术之一。

杨家杖子岭前矿地处辽西地区，气候较寒冷。冬季结冰期4个月，冻土层厚1m。该矿采用压入式通风系统，主提升井在夏季处于向外漏风状态，但是在冬季主提升井与中央排风井之间能够形成强大的自然风压，自然通风量可达90～100m^3/s。1976年冬，冷风从主提升井下扎，冰冻8个中段，停产4天。按原设计，1962年曾采用锅炉暖风预热，每昼夜耗煤17～20t，成本高，技术上也不可靠。1977年在东北大学协助下实施了利用采空区和旧巷道预热风流的方案，总预热风量101～108m^3/s，预热后气温达6～8℃，解决了入风预热问题。

该矿浅部采空区较多，根据围岩的稳定性和可靠性，选用8号脉采空区和9号脉、6号脉采空区，形成多路并联入风预热系统，调查了总面积为84850m^2的预热区，考虑到风流在空区内流动的不均匀性，取用66000m^2有效暴露面积。预热系统由两条主要风路构成，一为主井预热风路，另一为入风井预热风路（图8-10）。主井预热风路，由采空区上部通到地表的各天井入风，经8号脉采空区预热后，沿中段巷道，在井下预热扇风机作用下，送入主井。扇风机为50A-No16，风量31～36m^3/s，气温8～10℃。入风井预热系统除8号脉采空区外，还有一独立入风天井预热系统，预热后的风流经各中段巷道，由小斜井和小竖井送到地表，经地表专用风巷进入主扇吸风口，再由主扇（2YB-No24）送入专用风井。该系统的预热风量为70～72m^3/s，气温6～10℃。

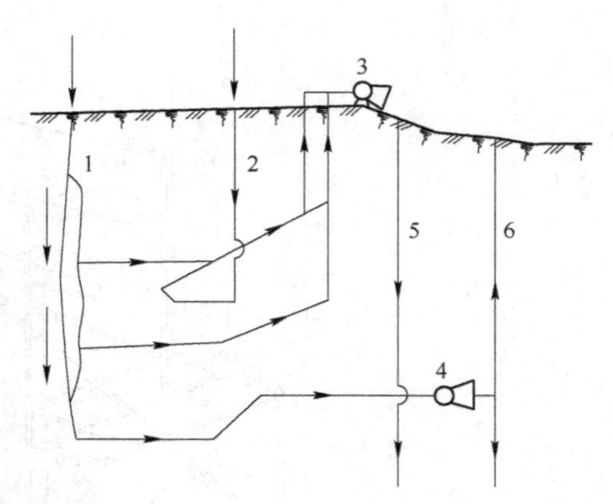

图8-10　杨家杖子岭前矿入风预热系统

1—8号脉采空区；2—预热区独立入风天井；3—压入式主扇；4—主井预热扇风机；5—专用入风机；6—主提升井

根据1977、1978两年冬季测定结果的分析，该矿预热1m^3/s冷空气所需岩体暴露面积$A=437m^2$。

预热区的空气质量测定结果表明，气流通过采空区后未受有毒、有害气体和粉尘的污染，粉尘浓度反而有所降低。这是因为，预热前地面风源靠近废石堆，易受污染，经采空区后，部分粉尘沉降，风质得到改善。

9 矿井防水与排水

9.1 矿井水

矿井水的来源有两个方面：

（1）自然因素。自然因素主要是：降雨和融雪；地表水体（河流、湖泊、水库、池塘等）；地质条件（地下含水层、岩石孔隙、裂缝，断层破碎带与地表水或地下水相通、喀斯特溶洞等）。当地表水与地下水发生联系时，地表水又不断地补给地下水。

（2）人为因素。人为因素主要是：废弃巷道或采空区积水；未封闭或封闭不严的勘探钻孔；采矿施工错误造成与含水层或水源相通；露天矿转入地下开采其上部坑内积水、地下采空区塌陷造成地表陷坑积水与地下水相通。

水在矿区企业中被用来满足各种技术和生活上的需要（矿井水一般不能直接饮用），但也往往给采矿工作带来不利条件。大多数金属矿山井下巷道中都有渗水或涌水现象。这些矿井水使井下大气湿度增加，对工人的健康不利；水能加速硫化矿石的氧化，以致酿成井下火灾；水常使矿石和围岩的稳固性降低，造成维护上的困难；酸性水还会腐蚀各种金属设备、管路、轨道和支架；有时，水和流沙还可能突然地涌入井内给矿山带来灾害。因此，为了保证井下人员的安全和生产的顺利进行，就必须采取各种措施防止水进入矿井（称为防水），或将进入矿井的水排至地表（称为排水）。

单位时间内流入矿井的水量称为矿井涌水量，常以 m^3/h 表示。

全年涨水量与年产矿石量之比称为含水性系数。

矿井的涌水量随着矿井的地质、水文、地形、气候以及开采范围和深度等条件不同而变化，就是同一矿井一年四季的涌水量也有所不同，有最大、最小和正常涌水量之分。正常涌水量是指一年中间最长的涌水量，最大涌水量往往出现在雨季或融雪之后。

9.2 矿井防水

过去，一般把防治矿井涌水的实质仅仅理解为依靠排水设备进行疏干，这是片面的。因为有时地表水与井下往往是连通的，造成往复循环，所以正确的途径是贯彻以防为主、防排结合的方针。

实践证明，为了达到矿井防水的目的，必须从切断水源和杜绝涌水通道两个方面采取措施。矿井防水的内容有矿床疏干、地表防水、地下防水等几个方面。

9.2.1 矿床疏干

矿床疏干就是对充水矿床进行人工泄水，在采矿之前就降低地下水位，以保证采掘工作安全和正常进行。疏干的方法有：

（1）深水泵疏干法（也称地表疏干法）。在需要疏干的地段，在地面钻凿大口径钻孔，安装深井泵或深井潜水泵，向地面排水，降低地下水位。它适用于疏水性良好、含水量丰富的含水层。

（2）巷道疏干法。利用垂直地下水流方向布置的若干疏干巷道，有时还配合从疏干巷道钻凿的疏水钻孔以降低地下水位的疏干方法。这种方法的疏干效果比较好。

9.2.2　地表防水

地表防水十分重要，特别是一些矿山，当地表水通过很多渠道与地下水相连时，地表水与井下水往复循环，尽管井下排水能力很强，也难以排出。雨季，尤其是山洪暴发时的最大涌水量，甚至可能造成水灾。因此，应采取预防措施，防止地表水进入井下。地表防水的措施有：

（1）切实了解矿山水文地质情况，掌握水流的季节性变化；

（2）为防止坡面降雨汇水涌入矿井，可采取截洪沟或拦水坝将洪水导出矿区以外；

（3）河流改道，河流直接从矿床上部地面流过，而且河水能够沿地下通道与采区相连注入井下，可以考虑河流改道；

（4）因地形不允许河流改道或经济不合理时，则应考虑蓄排防洪。蓄排防洪是用堤坝拦截水流形成调洪水库，以排洪平硐或排洪渠道泄洪，将洪水引出矿区。同时用黄泥、黏土、水泥砂浆、沥青等修补河底，以消除漏水；

（5）当巷道通至地表的出口，或塌陷区、露天矿场的位置在地表水流最高水位以下时，应修筑防洪堤挡住水流。

在雨季前后，都应对所有防水工程进行详细检查。在洪水期，要发动群众，组织防汛队伍，准备必要的防汛器材。

9.2.3　地下防水

地下防水的任务是预防突然涌水，限制和阻挡地下水进入矿井。地下防水的措施有：

（1）防渗帷幕。在地表或井下钻凿一系列钻孔，向孔内灌注胶结材料（水泥、配有适量的黏土），使其扩散到岩、土的裂缝或孔洞中，凝结成石，封闭裂缝和孔洞，并在地下形成一道能够阻挡地下水进入矿井的帷幕。实践证明，帷幕防水是我国矿山防水工作中新的途径。它的优点是：可以节省大量的排水费用；在岩石溶洞发育的矿区，可以避免因矿床疏干带来的大面积塌陷，又可使某些因受地下水威胁而无法开采的矿床得到开采。

（2）探水钻孔和放水钻孔。井下含水层，特别是砾石层、流沙层、具有喀斯特溶洞的石灰岩层等都是危险的含水层，当其积水具有很大压力或和固定水源相通时，对采掘工作威胁很大，一旦不慎掘透，就会产生突然大量涌水，造成严重灾难。因此，在上述地下水附近进行采掘工作时，必须打超前探水钻孔，一般在距可疑水源70m以外处即开始打钻，钻孔深度应经常使工作面前方保持5～10m厚的岩壁，钻孔数目至少要有一个中心眼和与其成一定角度的两个帮眼，以便对工作面前方的中心、上下、左右都起探水作用。放水钻探的直径不应大于75mm，以便遇水时好加以控制。

（3）防水墙和防水门。当井下某一区段的涌水量达到短期内不能用水泵将其排出，造成这一区段将被淹没的危险，需要用防水墙或防水门与水源隔绝。防水墙设在需要永久截水的地点；防水门设在既要防水，又要运输、行人的巷道内，如井下水泵房、变电所的出入口以及有涌水危险，但在生产上又有联系的采区之间。防水墙和防水门均应构筑在岩石坚固、没有裂缝处，并用手镐或风镐开凿岩石，以免原岩受爆破作用而产生裂隙。

9.3 矿井排水

矿井排水是战胜水害的重要手段之一，尤其是含水矿床在没有得到彻底疏干的情况下，必须依靠矿井排水，以保证在安全的条件下顺利地进行生产。

9.3.1 排水方式

矿山排水方式有两种：自然式排水和扬升式（也称为压升式）排水。在地形许可的条件下，利用平硐自流排水是最经济、最可靠的，应尽量采用。在地形受限制的矿井，采用扬升式排水，依靠水泵将水排至地面。扬升式排水又分为固定式和移动式两种。井下水泵房都是固定式的，只有在掘进竖井和斜井时，才将水泵吊在专用钢丝绳上，随掘进面前进而移动。

平硐排水的水沟断面多为倒梯形，有效断面积应取决于通过的水量，一般为0.05～0.15m^2，巷道纵向坡度为3‰～5‰，水的正常流速为0.4～0.6m/s。

9.3.2 排水系统

由于金属矿山同时工作的阶段数目较多，所以其排水系统的布置方式也很多。合理地选择排水系统对于提高采掘进度和安全生产都有很重要的意义。

（1）直接排水。每个水平（即每个阶段的主要运输水平）各自设置水泵房直接排水，如图9-1a所示。这种排水系统的优点是各水平有独立的排水系统；缺点是每个水平都需要设置水泵和独立的管路，井筒内管路多，管理、维修复杂。

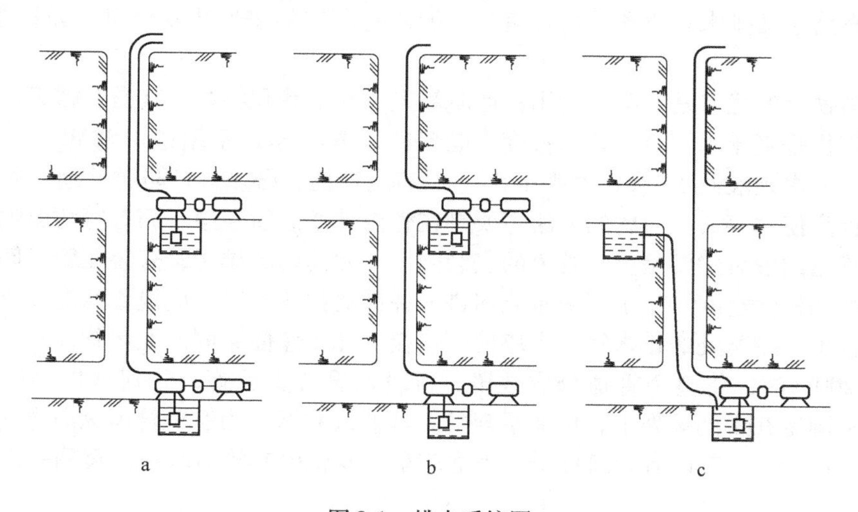

图9-1 排水系统图

a—直接排水；b—接力排水；c—集中排水

（2）接力排水。当下部水平涌水量小，上部水平涌水量大时，可采用图9-1b所示的排水系统。即下部水平安设辅助水泵，将水排至上部水平，再由上部水平主泵房集中排至地表。

(3) 集中排水。当下部水平涌水量大，上部水平涌水量小时，可采用图 9-1c 所示的排水系统。上部水平的水，可用钻孔、管道、放水天井等办法将水放至下部水平，再由下部水平集中排至地表。这种系统的优点是简单，基建费用低（减少了水泵、管子以及开掘硐室和各种联络道的费用），管路敷设简单，管理费用低。缺点是上部水平的水流到下部水平后再排出，增加了电能消耗。在金属矿山这种排水系统用得比较多。但如有突然涌水危险的矿井，主水泵房不应设在最低水平。

9.3.3 排水设备和管路

9.3.3.1 排水设备

地下金属矿山采用的排水设备很多，最常用的有卧式电动离心式水泵。它包括外壳和叶轮（也称动轮），下面装有吸水管，上面排水管。当扬程小时采用这种单级水泵；当扬程大时，采用多级水泵。即在一根轴上串联若干个叶轮，最多可串联 11 ~ 12 个叶轮。除此之外，在吸水管上装有带底阀的过滤罩，在排水管上装有闸阀、止逆阀、旁通管和放水管，同时在水泵上装有灌水漏斗和放气嘴以及在水泵的出入口分别装有压力表和真空计。

水泵的台数和能力，应根据雨季的长短、涌水量的大小和扬程的高低来决定。必须有足够的备用水泵。《采矿设计手册》（矿山机械卷，1989 年版）规定：井下主要排水设备，至少应由同类型的三台泵组成。工作水泵应能在 20h 内排出一昼夜的正常涌水量；除检修泵外，其他水泵同时工作时，应能在 20h 内排出一昼夜的最大涌水量。井筒内应装设两条相同的排水管，其中一条工作，一条备用。

国产水泵的形式很多，地下金属矿山可采用 DA 型、DC 型等。

9.3.3.2 排水管路

排水管路包括排水管道和吸水管道。一般矿井所用的普通排水管有：铸铁管、钢管、无缝管等。

使用铸铁管的优点是经济、耐用；但质量大。在平巷和斜井尤其是在露天矿中更为适用。当它用作垂直排水管时，其总长度不能超过 100m，水压不超过 0.98MPa。

有的矿井水是酸性水（pH 值小于 5），具有腐蚀性，必须进行防腐处理，并使用耐酸水泵，以提高使用寿命。防腐的方法主要是在管内外壁涂喷生漆、沥青等防腐物质。

排水管道的敷设主要是垂直管道的安装问题。井筒内的排水管安装在管子间时，应充分考虑安装和检修空间。排水管由水泵房进入井筒的拐弯处时，应设置弯道管支座以承担管重和水柱重。拐弯处的排水管用支座曲管连接，此支座曲管固定在弯管支座上。当管道长度大于 200m 时，将整个管道分成数段，每段均设置支承管，分别承担每段管道的质量。支承管固定在中间承架上，中间承架的一端插入井壁。为避免管道纵向弯曲，在一定距离内（8 ~ 10m），应设有管道夹子。为适应温度变化引起管道胀缩，每隔一定距离安设伸缩节。

由于矿井水中含有混合的和化合的杂质，经过一定时间后，在排水管壁上形成相当厚的积垢。管道内积垢增加，相对减小了管道内径，致使内壁的摩擦阻力增加，增大了电能的消耗，同时还减少了水泵的扬升量。因此，无论从技术上、经济上或安全的角度看，都必须认真地清洗管道。

9.4 排水设备的选择计算

9.4.1 排水设备选择的一般原则

排水设备选择的一般原则如下：

（1）当井下正常涌水量需要两台或多于两台同类型水泵才能排出时，备用水泵的能力应不少于正常工作水泵能力的50%；检修水泵可视具体情况设置1~2台。

当井下最大涌水量超过正常涌水量一倍以上时，水泵台数至少应有一台备用外，其余水泵应能在20h内排除一昼夜最大涌水量。

（2）对涌水量大、水文地质条件复杂、有突然涌水可能的矿井，应根据情况增设水泵，或在主排水泵房内预留安装水泵的位置。必要时，应辅之以其他防治措施，如预先疏干或局部堵水等，或选择不怕淹的潜水泵排水，综合治理。

9.4.2 按正常涌水量和排水高度初选水泵

（1）按正常涌水量确定排水设备所必需的排水能力

$$Q' = \frac{Q_{sh}}{20} \tag{9-1}$$

式中 Q'——正常涌水期间排水设备所必需的排水能力，m^3/h；

Q_{sh}——矿井正常涌水量，m^3/d。

（2）按排水高度估算排水设备所需要的扬程

$$H' = KH_p \tag{9-2}$$

式中 H'——排水设备所需要的扬程，m；

K——扬程损失系数。对于竖井，$K=1.08\sim1.1$，井筒深时取小值，井筒浅时取大值；对于斜井，$K=1.1\sim1.25$，倾角大时取小值，倾角小时取大值；

H_p——排水高度，可取与配水巷连接处水仓底板至排水管出口中心的高差，m。

（3）初选水泵。水泵的型号规格应根据 Q'、H'和水质情况选择。在选择水泵时，应注意以下两点：

1）在满足扬程 H'的前提下，应尽可能选择高效率、大流量的水泵，以节约能源，减少水泵台数，增加排水工作的可靠性。

2）应注意所选水泵的“允许吸上真空高度 H_s”或“必须汽蚀余量 NPSH”，使其能满足水仓和泵房在配置上的需要。

（4）确定所需水泵台数。所需水泵台数应根据水泵流量和规程所述的原则确定，使其既能满足正常排水的需要，又能满足最大排水的需要。

9.4.3 排水管直径的选择

排水管所需要的直径按下式计算

$$d_p' = \left(\frac{4nQ}{3600\pi v_{jj}}\right)^{\frac{1}{2}} \tag{9-3}$$

式中 d_p'——排水管所需要的直径，m；

n——向排水管中输入的水泵台数；

Q——一台水泵的流量，m^3/h；

v_{jj}——排水管中的经济流速，随管径、管材和地区电价而定，一般可取 1.2 ~ 2.2m/s（管径大时取大值，管径小时取小值；管材昂贵时取大值，管材低廉时取小值；电价高时取小值，电价低时取大值；如因流速降低，管径增大，将导致井筒断面增大时，经方案比较，可适当提高流速，最大不宜超过 3.0m/s）。

根据计算的排水管所需要的直径 d'_p 选择标准管径 d_p。

9.4.4 排水管中水流速度

排水管中水流速度按式（9-4）计算

$$v_p = \frac{4nQ}{3600\pi d_p^2} \tag{9-4}$$

式中 v_p——排水管中水流速度，m/s。

9.4.5 吸水管直径的选择

吸水管直径一般比水泵出口直径大 25 ~ 50mm，即

$$d'_x = d_{ch} + (25 \sim 50) \tag{9-5}$$

式中 d'_x——吸水管直径的计算值，mm；

d_{ch}——水泵出水口直径，mm。

根据计算的吸水管直径 d'_x 选择标准管径 d_x。

9.4.6 吸水管中水流速度

吸水管中水流速度按式（9-6）计算

$$v_x = \frac{4Q}{3600\pi d_x^2} \tag{9-6}$$

式中 v_x——吸水管中的水流速度，m/s。

9.4.7 管道中扬程损失的计算

（1）扬程损失的一般方程

$$h = \sum h_y + \sum h_{ju} \tag{9-7}$$

式中 h——计算管段的总扬程损失，m；

h_y——计算管段的沿程阻力损失，m，$h_y = \lambda \frac{L}{d}\frac{v^2}{2g}$；

h_{ju}——计算管段的局部阻力损失，m，$h_{ju} = \xi \frac{v^2}{2g}$；

v——计算管段的水流速度，m/s；

g——重力加速度，m/s^2；

L——计算管段的内径，m；

λ——计算管道的沿程阻力系数；

ξ——计算管道的局部阻力系数，其值可查有关手册。

管道的沿程阻力系数 λ，对于钢管和铸铁管：

当 $v \geqslant 1.2\mathrm{m/s}$ 时

$$\lambda = \frac{0.021}{d^{0.3}} \tag{9-8}$$

当 $v < 1.2\mathrm{m/s}$ 时

$$\lambda = \frac{0.0179}{d^{0.3}}\left(1 + \frac{0.867}{v}\right)^{0.3} \tag{9-9}$$

对于塑料管

$$\lambda = \frac{0.01344}{(dv)^{0.226}} \tag{9-10}$$

对于橡胶软管，可取

$$\lambda = 0.02 \sim 0.05 \tag{9-11}$$

（2）水泵吸水管和排水管中的扬程损失

$$h_x + h_p = \Sigma\left(\lambda_x \frac{L_x}{d_x} + \Sigma\xi_x\right)\frac{v_x^2}{2g} + \Sigma\left(\lambda_p \frac{L_p}{d_p} + \Sigma\xi_p\right)\frac{v_p^2}{2g} \tag{9-12}$$

式中，下角 x，p 分别表示吸水管、排水管，其余符号意义同前。

9.4.8　水泵所需总扬程的计算

水泵所需总扬程按式（9-13）计算

$$H_z = H_p + K(h_x + h_p) \tag{9-13}$$

式中　H_z——水泵所需总扬程，m；

H_p——排水系统最低吸水位（一般可取水仓底板）至排出口中心的高度，m；

K——考虑排水管内壁淤积而使阻力增加的系数。此系数随各矿水质和净化效果不同，出入颇大，一般较混浊的矿水，可取 $K = 1.7$；对于清水，可取 $K = 1$；

其余符号意义同前。

根据以上计算的 H_z 和 Q' 校验初选水泵是否合适。如果合适，即可使用；如果不合适，则需要重新选择水泵。

水泵型号规格有限，很难满足全部需要，必要时可与制造厂家协商，单独订货。

9.4.9　管壁厚度的计算

管壁厚度的计算有如下两种：

（1）钢管或铸铁管壁厚按式（9-14）计算

$$\delta = 0.5d_n\left(\sqrt{\frac{\sigma_x + 0.4p_d}{\sigma_x - 1.3p_d}} - 1\right) + a_f \tag{9-14}$$

式中　δ——钢管或铸铁管壁厚，mm；

d_n——管子内径，mm；

σ_x——许用应力，铸铁管 25MPa，焊接钢管 80MPa，无缝钢管 100MPa；

p_d——管道最低点的压力，MPa；

a_f——考虑到管道腐蚀及管道制造误差的附加厚度，对铸铁管取 7 ~ 9mm，钢管取 2 ~ 3mm。

（2）塑料管壁厚按式（9-15）计算

$$\delta_s = \frac{p_d d_w}{2\sigma_x + p_d} \tag{9-15}$$

式中 δ_s——塑料管壁厚，mm；

d_w——管子外径，mm；

σ_x——许用应力，不同管材的 σ_x 值如下：

硬聚氯乙烯	10MPa
软聚乙烯	2.5MPa
低密度聚乙烯	2.5MPa
硬聚乙烯	5.0MPa
高密度聚乙烯	5.0MPa
聚丙烯	5.0MPa

其余符号意义同前。

9.5 水泵房布置

9.5.1 主排水泵房

主排水泵房的设计，首先要根据所选水泵决定泵房的形式。

当采用卧式离心泵时，首先要决定水泵位于水仓的上方还是下方。前者靠水泵所产生的负压引水，称为吸入式泵房，或普通泵房；后者具有正压引水条件，称为压入式泵房，或潜没式泵房。从安全和控制方面看，水泵位于水仓上方并具有正压引入条件是较有利的，这可以借助于低扬程（6～15m）的立式泵来实现，我们称为高位正压引水泵房。

当采用潜水泵时，可以设潜水泵井，也可以利用钻孔直接排水。

9.5.2 泵房的一般规定和要求

泵房的一般规定和要求如下：

（1）主排水泵房一般设于敷设排水管的井筒附近，并与主变电所联合布置。

（2）主排水泵房至少要有两个出口，一个通往井底车场，另一个用斜巷通往井筒。

通往井底车场的通道中，应设置既能防水又能防火的密闭门，并铺设轨道。通道断面应能搬运泵房中的最大设备。

通往井筒的斜巷与井筒连接处应高出井底车场轨面7m以上，并应设置平台。该平台必须与井筒中的梯子间相通，以便人员行走。斜巷断面也应在安装水管和电缆后能通行人员。斜巷倾角一般约为30°，其中应设人行阶梯。

（3）泵房地坪一般应比井底车场轨面高0.5m。地坪应向吸水井一侧有3‰的下坡。

（4）一般每台水泵有一单独的吸水井。如两台水泵共用一个吸水井，其滤水器在吸水井中的布置应符合下面的要求：滤水器之间外沿的距离不小于（1.6～2.0）D，滤水器与井壁之间距离不小于（0.75～1.0）D，D为滤水器外径。滤水器与井底之间距离不小于0.8m，滤水器至最低水位之间距离不小于0.5～1.0m。

（5）配水巷与水仓、吸水井之间应设备水闸阀。配水井和吸水井中应设人行爬梯，其上方应设起重梁或起重吊钩，井口应设活动盖板。

(6) 水泵电动机容量大于100kW时，泵房内应设起重梁或手动单梁起重机，并铺设轨道。

(7) 泵房应有良好的通风和照明。正常排水时，泵房的温度不得超过30℃。超过时，应采取降温措施。

(8) 正常排水时，泵房噪声不得大于85dB(A)。

主水泵房一般设在提升材料井附近。要求硐室坚固、干燥、照明和通风良好；便于设备的运转和修理；无火灾也无爆炸气体钻入其中的危险；严密封闭，防止涌水量突然增大时受到水害。由于主水泵用电量比较大，一般常和中央变电所连接在一起，并设防火墙隔开。

由于主水泵房经吸水井与水仓相通，因此在吸水井中必须安设放水阀或闸门，以备在必要时能够与水隔绝。采用大型水泵时，为检修时起重的需要，应设有能承受3~5t的手动滑车的工字梁。

水泵的自动控制在我国矿山中的中小型排水设备中，得到比较广泛的应用，一般多用水仓中的水位高低水面浮漂来自动控制水泵的启动和停车。而大型水泵，必须关闭闸阀启动，而后慢慢打开闸阀；停车前也必须慢慢关闭闸阀，以免水力打击，使水泵的自动控制复杂化。

上面所述是一般水泵房的情况。此外还有一种叫潜没式水泵房的，它的特点是水泵房的位置比水仓低。它与一般水泵房比较，其优点是：由于压力进水，提高了水泵工作的可靠性和效率；由于水泵没有底阀，阻力小，耗电量小；不需要水泵的灌水设备，水泵的自动化控制简单；由于没有气蚀现象，水泵的寿命提高。其缺点是：水泵房硐室开凿量增加，需要多开搬运设备的斜通道、辅助卷扬设备硐室和控制水仓水量分配闸阀的通道；如矿井涌水量大并有突然涌水的情况下，有淹没水泵的危险，所以潜没式水泵房前必须设密闭防水门；水泵房通风条件差。

9.5.3 泵房布置

为减小硐室宽度，水泵一般顺轴向单排布置。如水泵台数较多（6台以上），泵房围岩条件较好时，为缩短泵房长度，便于管理，也可双排布置。

9.5.3.1 水泵单排布置

(1) 泵房长度 L_{bf}(m)

$$L_{bf} = n_T L_{jz} + (n_T + 1) L_{jk} + L_{gy} \tag{9-16}$$

式中 n_T——水泵台数，台；

L_{jz}——水泵机组（水泵和电动机）的总长度，m；

L_{jk}——水泵机组间的净空距离，m，该距离应保证相邻机组工作时，能顺利抽出另一机组的电动机转子（可按电动机转子长度加0.5m余量计算），一般为1.5~2.5m；

L_{gy}——隔声值班室长度，m，不需要时可取消。

(2) 泵房宽度 B_{bf}(m)

$$B_{bf} = b_{jc} + b_{gc} + b_{jq} \tag{9-17}$$

式中 b_{jc}——水泵基础宽度，m；

b_{gc}——水泵基础边缘到有轨道一侧墙壁的距离，应使通过最大设备时每侧尚有不小于200mm的间隙，一般为1.5～2.0m；

b_{jq}——水泵基础边缘到吸水井一侧墙壁的距离，一般为0.8～1.0m。

(3) 泵房高度。泵房高度应满足安装和检修时起吊设备的要求。当设起重机时，车轮轨面高度可按式（9-18）计算

$$H = h_1 + h_2 + h_3 + h_4 + h_5 \tag{9-18}$$

式中 H——起重机轨面至地坪的高度，m；

h_1——起重机轨面至吊钩中心的极限距离，m；

h_2——起重绳的垂直长度，水泵为$0.8x$，电动机为$1.2x$，x为起重部件宽度，m；

h_3——最大一台水泵或电动机的高度（对中开式单级水泵应为1.5倍泵高），m；

h_4——最大一台水泵或电动机吊高基础面的高度，一般不小于0.3m；

h_5——最大一台水泵或电动机基础面至泵房地坪的高度，m。

利用式（9-18）计算的起重机轨面高度应尽可能兼顾泵房内管子的吊装。

泵房的总高度需根据起重机安装要求确定。

当设起重梁时，泵房总高度一般为3～4.5m。起重梁安装高度可参照式（9-18）计算。

9.5.3.2　水泵双排布置

水泵双排布置泵房尺寸的计算方法与单排布置时完全一样，只不过宽度增加而已（约为单排布置的1.6倍）。二者相比，双排布置的优点：

(1) 硐室长度缩短一半，占用面积较少，有利于井底车场的总平面布置；

(2) 由于硐室长度缩短一半，便于巡视管理；同时动力、控制、信号电缆及铺轨长度均显著减少；

(3) 硐室宽敞，便于检修，设备运行时通风条件较好；

(4) 泵房内管路环形布置，对水泵组合成并联运行比较灵活，排水系统调度方便。

缺点：硐室跨度大，底部有数条相距较近的配水仓穿过，工程比较复杂，施工难度大。

因此，在采用双排布置方式时，应针对硐室周围的岩层性质和水文地质条件，选择合适的支护形式和施工方法。

目前，荆各庄、三河、显德汪等煤矿井下主排水泵房采用双排布置，已运行多年，效果良好。

9.6　水仓

为了集中、沉淀和排出矿井水，在水泵房旁应设置水仓。水仓是矿井涌水的贮仓，起着存水和沉淀作用。为便于轮流清理，水仓应由两部分独立的巷道构成，并分别与水泵的抽水井相通。水仓应经常清理，至少应在每年雨季之前清理一次。

9.6.1　一般规定和要求

水仓的一般规定和要求：

(1) 井下主要水仓的布置方式一般与井底车场设计同时确定。水仓入口一般应设在

车场或大巷的最低点。

(2) 水仓应由两个或两组独立的巷道系统组成。涌水量较大的矿井，每条水仓的容积能容纳 2 ~4h 井下正常涌水量。一般矿井主要水仓总容积，应能容纳 6 ~8h 的正常涌水量。

当岩层条件好及施工方便时，水仓可以设计成一条大巷中间隔以钢筋混凝土墙，使之分成两个独立水仓的形式。

(3) 水仓断面大小，应根据容量、围岩、布置条件和清仓设备的需要确定，并应使水仓顶板标高不高于水仓入口水沟底板。水仓高度一般不应小于 2m，容量大的水仓，应适当加大断面，以缩短水仓长度。

(4) 泥沙大的矿井，其水仓应采用机械清理，设计中应予充分考虑。诸如清理设备硐室，水仓坡度、宽度、弯道半径等。必要时应设沉淀池，沉淀池应设两个（组），以便交替使用。

(5) 设沉淀池的水仓，根据沉淀、清理和备用的需要，一般分多组进行布置，每组水仓分沉淀仓和清水仓两部分。

(6) 当为侵蚀性水时，应考虑分区处理或水质处理。

9.6.2 水仓布置形式

9.6.2.1 单侧布置

水仓均布置在水泵房一侧，两条独立的水仓相互平行，一般相距 10 ~20m。这种形式在清仓时，对运输作业影响小，一般用于尽头车场，或矿井水从泵房一侧流入水仓时采用。单侧水仓如图 9-2 所示。

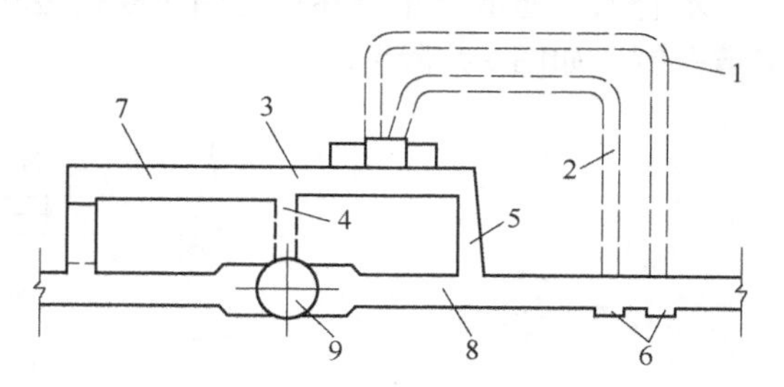

图 9-2 单侧水仓

1—外水仓；2—内水仓；3—水泵房；4—管子道；5—通道；6—小绞车硐室；7—变电所；8—车场；9—井筒

9.6.2.2 双侧布置

双侧布置是水仓设在水泵房的两侧。这种布置形式在一条水仓清仓时，车场易有积水，卫生条件差。为防止清仓时水淹车场，可采取开平水沟或开进水小巷处理。一般用于水从两侧流入水仓和水仓可能扩建时采用。双侧水仓如图 9-3 所示。

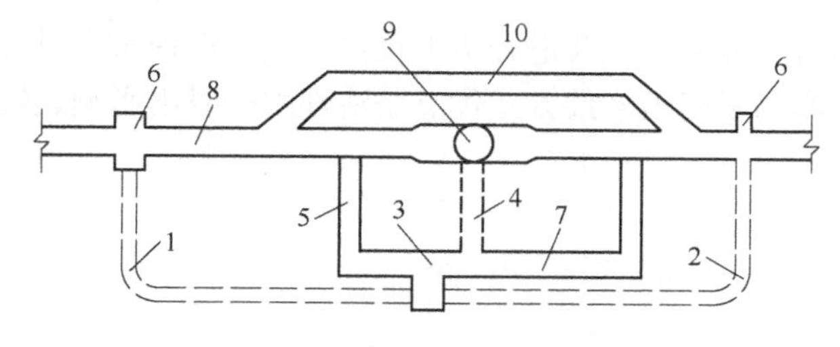

图 9-3 双侧水仓

1—左水仓；2—右水仓；3—水泵房；4—管子道；5—通道；6—小绞车硐室；7—变电所；8—车场；9—井筒；10—联络道

9.6.3　水仓与车场巷道连接方式

9.6.3.1　直接相连

水仓入口通道直接与车场巷道相连，清仓用的小绞车硐室设在通道对面车场巷道一侧(图9-4a)，或设在入口通道内(图9-4b)。

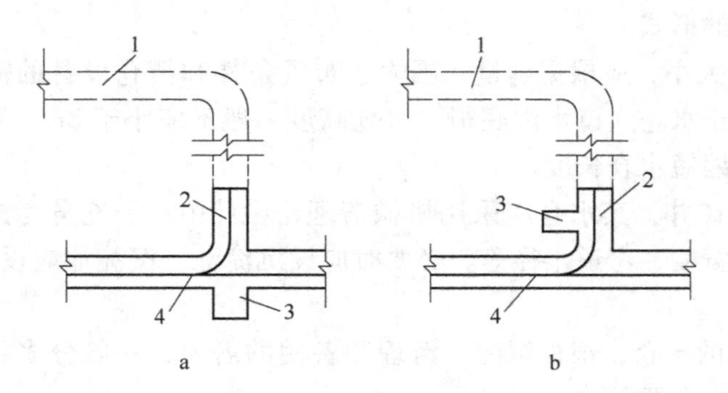

图9-4　水仓与车场巷道直接相连方式

1—水仓；2—水仓入口通道；3—小绞车硐室；4—车场巷道

9.6.3.2　通过联络道相连

水仓入口通道与车场巷道之间用联络道相连，清仓用的小绞车硐室设在通道对面的联络道一侧，如图9-5所示。

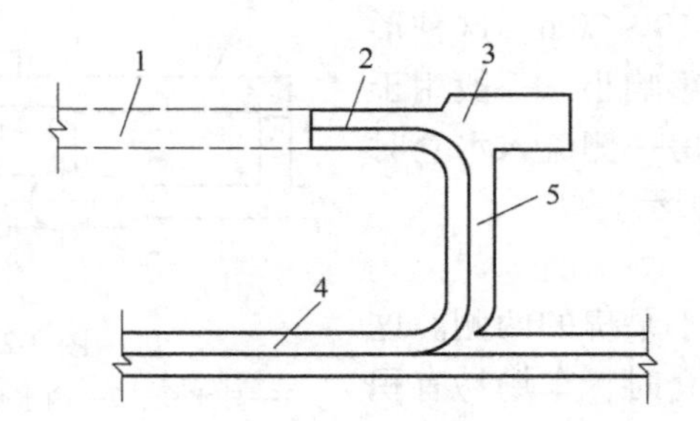

图9-5　水仓与车场联络道相连方式

1—水仓；2—水仓入口通道；3—小绞车硐室；
4—车场巷道；5—联络巷道

水仓与车场巷道直接连接方式巷道开凿工程量小，但清理水仓时影响车场运输，提升矿车易掉道；水仓与车场联络道连接方式优点是清理水仓时不影响运输。

10 矿山总平面布置

10.1 概述

矿山企业为了采出矿石，必须在地面布置一系列的工业结构物，矿山生产和生活的这些地面构筑物和建筑物一般包括如下几类：

（1）生产用的构筑物，是指在其中进行全矿的主要生产工艺流程的厂房，如选矿厂、冶炼厂、提升机房、地面矿仓等。

（2）生产辅助用建筑，是指为主要生产车间服务的车间，如锻钎房、工具车间等。

（3）动力用建筑，如空气压缩机房、锅炉房、矿山自备热电站、变电站等。

（4）运输用建筑物及构筑物，如机车库、汽车库、地磅、桥、矿区内部运输铁路、公路和索道等设施。

（5）储藏用建筑，是保存各种材料、原料、燃料、炸药等仓库，一般分室内、室外、地下和半地下几种，尾砂池及废石场也应属这一类建筑。

（6）卫生技术设备用构筑物，如地表水泵房、水塔、净水及冷却水构筑物等。

（7）矿山生活、行政、教育用建筑物，如办公楼、学校、中心实验室、电影院、俱乐部、医务室、食堂、浴室、卫生间等。

上述各类建筑物要根据矿山生产规模、矿石加工运输的要求、结合地形和地质条件、合理地布置在平面图上，在建筑重点上有轻重缓急，但在规划上应统一考虑布置地点的合理性，通过大小运输线路的连接，建成后形成一个有机的整体，称为矿山总平面布置。

矿山总平面布置，既要服从统一规划，又必须满足建设项目本身的要求。要做到管理方便、经济合理、节约投资、少占土地，达到建筑上处理协调统一，规划上布置紧凑完整，交通运输上经济合理。

矿山总平面布置由总平面图来体现，总平面图一般包括矿区规划图和工业场地地面布置图。若矿区的范围较大，包括几个坑口时，应有单独的矿区规划图。

矿区规划图，通常是规划在1：5000～1：10000的地形图上，根据矿床赋存条件、水文条件、地形条件、对外部交通运输条件，把矿山企业各个组成部分、骨干部分及中心地点做出全面规划，这个规划要经过正确的厂址选择及多方面的方案比较后确定。规划图中首先标明矿体界线，采矿移动带，主、副井位置，采矿工业场地，废石场，尾矿坝，矿区内部运输及与外部运输的联系，以及其他厂房及生活区。

工业场地平面布置图，一般布置在1：1000～1：2000的地形图上（等高线间距为1～0.5m的地形图），是比较细致的规划。而且根据矿区规划图所确定的布置原则，一般在分区范围内，应标明选矿或冶炼厂、机修车间、锻钎房、卷扬机房、压气机房、通风机房、矿仓、废石场、材料仓库、行政福利设施等。外形尺寸及相互距离，除此以外应布置出地下结构物（上下水道、暖气管道、电缆）等位置地点，架空结构物（架空电线和架空索道等)。井筒的位置，并把地下主要开拓巷道的位置及开采范围，投影在地面地形图上。因此工业场地平面布置是平面设计和竖向设计的综合。具体厂房设计由土建工程人员执行。

当矿区范围比较小，企业的各个组成部分比较集中，可以把矿区规划图和工业场地平面布置图合二为一，即合在一个图上布置。

矿山总平面布置，是矿山企业设计中的一个重要组成部分。矿山厂房建筑物的布置是为工业生产服务的，要满足生产工艺流程和设备布置的需要，它一旦形成，在生产过程中是不易改变的。布置得当，将能满足生产需要，并为职工创造良好的工作条件、生活条件，有利于人的身体健康、精神愉快和提高劳动生产率。如果布置不当，如过于分散，联络不紧凑，将使生产工艺流程不合理，其带来的后果是增加工人管理，增加地面运输工作量，增加造价影响基建投资。因此矿山总平面布置设计的重要任务，就是要精心规划，使地面布置经济合理、安全适用、施工方便、工程量小、建设速度快，以降低生产成本。

10.2　总平面布置原则

矿山地面建筑物的布置，首先应按照生产过程的最大方便，职工生活的方便以及安全、建设经济来考虑。总平面骨干建筑物和构筑物主要是主、副井或主平硐的位置，破碎车间、选矿厂、废石场的位置及内部运输系统等，其他厂房可根据骨干建筑物或构筑物的位置来配置，配置时应注意既不要分散，又避免过度集中。建筑过度分散，会造成基本建设投资的增加，如管线长度的增加，材料及其他运送距离的增加，公路铁路的增长，从而使投资加大；建筑高度集中，有时从防火观点来看是不利的，特别是润滑材料、燃料库、汽油库、储木场、炸药库应和其他厂房需有一定的安全距离。对于有噪声干扰的厂房，也不宜过于接近。

总平面布置原则主要有以下几方面：

(1) 近期建设和远期发展结合。平面布局，首先要处理好近期工程与远期发展的关系，有的建设项目只有一次建成的任务，就是这样的建设项目也要给将来产量提高、质量改进创造有利条件。对于已明确将有第二期甚至第三期工程发展要求的建设项目，应本着近期工程布置集中，工艺合理又能与远期结合。对不易分建的工程应一次建成。远期发展应在单侧或外围留厂地，这样近期建设可以减少占用土地面积。

(2) 必须有足够的场地面积，足以布置必要的建筑物，但选场地必须考虑支援农业、节约用地的方针。

我国耕地面积不宽裕，加之人口多，因此矿山企业建设应尽可能地做到不占农田、利用荒地、低产田、山坡等建厂。

(3) 厂房布置尽可能满足生产特点要求，一般要以流程为主远离生产生活区、住宅区、生活福利区、办公楼及校区实验室等，应远离噪声场所，对散落物及有害气体的车间，应布置在矿区主导风向的下风流。

(4) 有色矿山，大部分在山区或丘陵地带，必须注意利用地形，以减少土石工程量，尽量使挖填方平衡以节约投资及劳动力，有利于排水。例如选厂场地，当重选时，应选择坡度15°~20°的山坡地带布置厂房，以便矿浆自流，减少挖方；如浮选时，选择坡度5°~15°的山坡地带布置厂房也可以。

（5）所有工业场地，不应布置在地表移动范围以内（临时性建筑除外），不应布置在工程地质和水文地质不好的区域中，避免位置在山坡崩塌、有滑坡危险及山洪危险区内，同时也应在远距大爆破影响区之外。

（6）矿区内外交通要适应。矿山从提升井或平硐口到选厂的内部运输量很大，应利用地形，缩短矿石运输距离，避免多次转运。对运出或运入吞吐量较大的仓库、堆场，应靠近铁路或公路，或设专用铁路线或公路线，以减少运输距离，铁路的最大纵坡不应超过3%，站线的坡度不超过0.5%，公路的纵坡不超过8%。

10.3 矿山总平面布置

矿山总平面布置由以下几部分组成。

10.3.1 采矿工业场地

采矿工业场地一般包括井架、地表卸矿破碎设施、卷扬机房、压风机房、扇风机房、锻钎机房和机修厂、变电所、仓库、动力和供水、排水系统、废石堆场等，这些建筑物和构筑物是直接为地下开采服务的，其布置通常和开拓问题共同考虑。例如，当主、副井采用相距较远的对角式布置时，可分散布置成两个工业场地。

（1）井架。取决于井筒的位置、结构和材料，根据矿井规模、服务年限和提升能力等确定。

在我国，金属井架使用广泛，当矿井报废时，钢架可回收。近年来，钢筋混凝土井架也使用较多，一般用于服务年限20~30年以上的矿井。掘井时的临时井架和生产年限小于10~12年的小型矿井，可以采用木或钢结构的井架。

（2）地表卸矿破碎设施。箕斗提升时，应设卸矿仓，有时装置粗破碎设施，紧邻井筒，在井筒架旁边。从布置系统上来看，可以分成垂直布置、水平布置及混合布置三种。

1）垂直布置系统使用很广，一般在箕斗提升条件下使用，这种布置的优点是：地面矿石工艺流程的运输（破碎、筛分和手选以及往装车仓的运输）完全靠自重完成，且井口建筑物占用的面积小。但需要较高的井架，常高达50~60m，因而造价高，技术复杂。

2）水平布置系统，矿石使用动力运输（皮带运输机），其优缺点与垂直相反，井架结构不复杂也不高，但占地面积大，并需动力运送矿石。

3）混合式布置系统，优缺点属于上述两者之间。

当采用平硐开拓，有斜坡可利用时，应尽量利用斜坡自动运送矿石，当斜坡不够用时，可用一部分皮带运送。

（3）卷扬机房。当井筒的位置决定后，该机房的位置实际上已经固定了，因为在选择井筒位置时，就必须考虑它位置的场地。卷扬机房与竖井中心水平距离一般为20~40m。当采用多绳卷扬机提升时，机房设在井架顶端。

（4）压风机房。选择压风机房的位置考虑下列原则，尽量靠近用户地点，以便缩短主风管线，以免降低风压。通常是靠近主井和副井要有一定的工业场地，便于检修和维护，特别是吸气管端的金属蜂集式过滤器和储气缸，应装在机房外阴凉、干燥、尘埃少的干净地方，空气较好的场所。由于压气机开动时的震动与噪声较大，应离开井口办公室和卷扬机房30m以上的距离，并离开破碎车间和废石场150m以上。

(5) 扇风机房。通常是靠近副井或主井，并利用风道和井筒相连。风道布置应力求短捷，少弯曲以减少风阻，入风口要保持空气洁净。压入式扇风机的吸风口距坑木场不得小于 80m。抽出式扇风机房距机车库、锻工车间等厂房不少于 20m，另外扇风机房还应远离行政福利大楼及绞车房，以免扇风机噪声干扰。

(6) 锻钎机房和机修厂。锻钎机房与机修厂一般常连在一起，为了运送钎子方便，应在副井旁边靠近压风机房设锻钎机房。厂房大小，可根据企业规模和生产过程决定，如锻钎厂使用活钎头时，厂房中应设置修磨钎头、钎尾和钎杆锻制、镶焊热处理等设备。大型矿山一般都有机修厂，可以进行中修和大修作业，也可以加工生产配件。中小型矿山一般只设一个综合修理车间，解决中修和小修任务，车间内应有机床、钻床、锻、铆、钎、电焊等设备。机修车间应距井口较近，最好与井口在同一水平，以免重物上坡。中央机修厂可以设在选厂附近。靠近机修厂内或附近应有储存成品和材料的仓库。

(7) 变电所。一般应设置在用电负荷的中心，并易于引入外部电源的地方。主要用户用电量一般比例是：井内约占 20% ~40%，卷扬机房约占 20% ~40%，压气机房约占 20% ~30%。

(8) 仓库。仓库的建筑，在矿山总平面布置中占有较重要的地位。根据所有存放的物品性质，可以分为油库、可燃性物品库、非燃性物品库和炸药库。

仓库的位置应保证满足防火和安全方面的要求（距井口 50m 以外），此外，为使装卸和运输方便，材料库、油料库和坑木堆积场应位于运输线路两侧。材料库和坑木堆积场，在副井附近堆木场中设有木材加工厂。在使用钢筋混凝土支柱时，应设置支柱制造厂。这些厂房有专用线与井口相连。

(9) 动力和供水、排水系统。供水和排水系统应尽可能地缩短管线。线路布置彼此发生冲突时，应低压让高压，临时让永久。供水水泵应接近水源。所选择的水源应能保证工业和生活用水有足够的水量，但不应与农业争水，以免影响农业生产。对所选择的饮用水应特别注意水质。

(10) 废石堆场。废石堆场可以集中也可以分散布置，但应合理地布置，并有适当的容量。一般应设置在提升废石的井口附近。对于将来可以利用的废石应分开布置。场内要有足够的空间，最好能存放全部生产年限内所有的废石，以减少运输线路和线路建设工程。当场地小，不够堆集时，可以考虑两个废石场。要求井口到废石场运输方便，重车尽可能下行，应位于主导风向的下侧，尤其应注意位于生活区，入风井口或其他厂房的下风侧。尽量利用地形，使废石场设于山谷、洼地之中，以不占农田为原则。

总平面布置中各组成部分，从经营管理方便的角度考虑，宜集中布置，特别是当矿山企业生产能力较大、服务年限长、矿床埋藏集中、开拓巷道采用中央布置时，并且在开拓巷道附近有面积较大的平坦地方，可以采取集中的联合布置，如图 10-1 所示，可将采矿工业场地内的 35% ~90% 的构筑物合并成三个大型联合建筑物，即主井联合建筑物、副井联合建筑物和行政福利大楼。

当资源分散或矿体埋藏面积很大，不得不分几个坑口采矿时，一般为全矿服务的主要工业场地，行政管理、福利、机修、仓库、动力设施等设在中央区，而在每个坑口设置简单的管理、修理设施和部分住宅。坑口在地形复杂的高山上时，一般将直接为坑口服务的设施建在坑口附近，其他则建于山下。采矿工业场地总平面布置实例如图 10-2 所示。

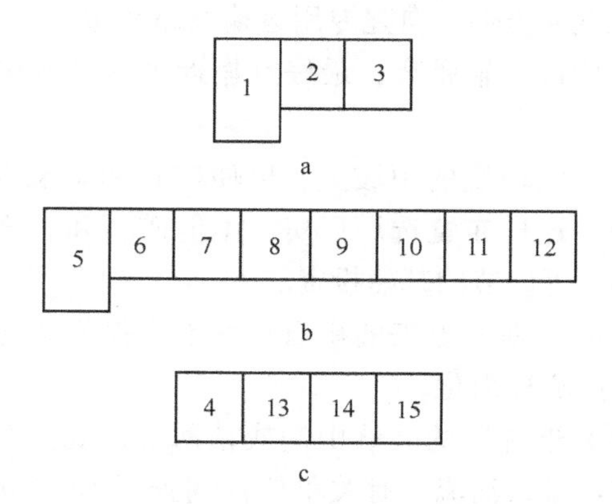

图 10-1 采矿工业场地各部分组成示意图

a—主井联合建筑物；b—副井联合建筑物；c—行政福利大楼

1—主井箕斗提升机房；2—配电室；3—主井井口房；4—锅炉房；5—副井罐笼提升机房；6—辅助间；7—空气加热室；8—副井井口房；9—压气机房；10—车间；11—机修厂；12—材料仓库；13—浴室；14—辅助间；15—生产管理间

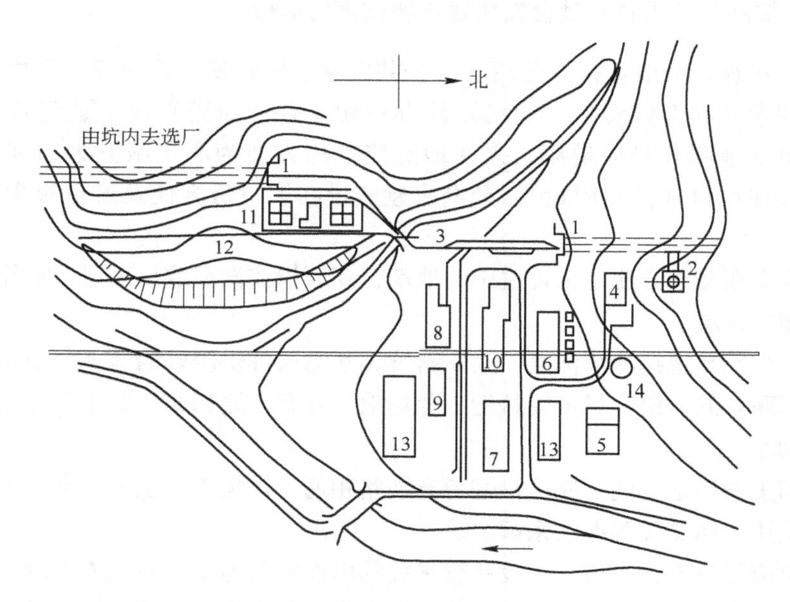

图 10-2 平硐与竖井开采的大型矿山平面布置

1—平硐；2—竖井；3—铁路；4—卷扬机房；5—变电所；6—压气机房；7—机修厂；8—电机车及矿车库；9—锻钎房；10—办公室及生活室；11—木材加工房及堆场；12—废石场；13—仓库及堆场；14—供水池

10.3.2 选厂厂址选择

选厂位置的选择，在总平面布置中占有重要的地位。选择是否合理，将直接影响总平面布置、生产流程和农业生产等。

选厂位置一般应按下述条件来选择：

（1）与外部运输系统联系方便，自建专用运输线路较短。

（2）为了缩短矿石的内部运输距离，最好是靠近主井（或主平硐）口，并低于井口标高。

（3）最好是建立在有一定坡度的山坡上，以便矿石和矿浆自流运送。重力选厂，坡度最好为15°～20°的山坡。这样布置选厂厂房，不但矿石和矿浆能自流运送，而且建筑工程和土石方工程量减小，可以节约基建投资。

（4）矿石用箕斗提升时，提升上来的矿石最好能直接卸入选厂矿仓。这样，可以免除矿石的地面运输，使生产流程简化。

（5）尾矿坝最好选择靠近选厂的天然山沟或枯河等，既要有足够的容量，又不侵占农田，同时力求避免尾矿水排入河流。有关单位曾调查了16个选厂的尾砂坝，占用农田6000亩，由于尾水淹没被迫放弃耕地4000亩，受尾水影响危害农田8万亩，其中2万亩减产10%～40%，这是值得注意的严重问题，尾水更不能直接灌入河流，引起鱼类中毒和民用水流污染。

（6）尾矿坝应尽可能低于选厂标高，以便尾矿自流和避免设置砂泵等。

10.3.3　生活福利、工人村和社会文化建筑物位置的选择

生活福利建筑，一般包括办公用房、公共食堂、医疗所、汽车库、男女浴室、照光室洗衣房、理发室和保健食堂。应按勤俭办一切企业的原则兴建上述建筑，但切不能影响工人的生活福利和身体健康，兴建地点应选择方便为职工服务为原则，如保健食堂和浴室可设在坑口（井口附近）。公共食堂应设在上下班方便及避免灰尘和有害气体影响为原则。

汽车库应设在交通方便，位置适中的地点，其面积按汽车数目决定，室外有平场，室内有修理室和检查坑。

工人村，应该是选择环境优美、空气新鲜、水电条件供应好的地点，中小型矿山为了上下班和外部联系的方便，尽可能接近工业场地，并有公路相通，对于步行上班超过半小时的应设通勤车。

生活区和工业场地之间，应尽量避免有铁路相通，以免工人上下班穿过铁路。当不可避免时，可采用立体交叉等办法来解决。

建房地点应尽量不占农田，可设在较平缓的山坡和荒地上。在北方寒冷地区，因采暖关系应采取集中布置宿舍；在南方地区，当无大片平整土地时，可考虑分散布置，分别靠近采选工业场地。

文化建筑包括俱乐部、阅览室、放映室或礼堂、露天球场等。选择地点在分散的工人村的中心地点，照顾大多数的职工，电视室可分散布置。

其他建房如邮电、银行、百货、公司、书店、饮食店等，可划为总体规划面积。其服务人员是和企业没有直接关系的。但考虑住房面积时，应把这一部分人员计算在内。

10.4　矿山地面内外运输方式的选择

确定矿山地面运输方式和系统，是矿山总平面设计的重要任务之一。

10.4.1 矿山内部运输

矿山内部运输包括：

（1）矿山从井口或平硐口采出矿石运往破碎厂、储矿场或选矿厂；将废石从井口运往废石场；将尾矿从选厂运往尾矿坝等。

（2）矿山内部辅助生产运输，如从工业场地往破碎厂，选烧厂运送材料、设备，以及工业场地各车间与仓库运输材料；从炸药库运出或运入爆破器材，职工通勤运送等。

内部运输的方式有窄轨铁路、皮带运输、架空索道、钢绳运输、汽车运输等。根据下列因素选择矿山内部运输方式和系统：

（1）矿山企业生产能力。矿山企业生产能力决定着矿石、废石、材料、设备等的运输量，运输量的大小，对于选择运输方式有很大的影响。运输量大采用机车运输；运输量小，可用汽车运输。

（2）运输距离和地形条件。运输距离和地形条件决定运输路线长短，地形平缓，可用机车运输；路线短的，可用钢绳运输；线路坡度大的，用钢绳运输或汽车运输；地形变化大的，可用架空索桥运输。

（3）矿石工艺流程。矿石采出后，不经过加工，直接运给冶炼厂，则内部运输较简单，转运次数少。若矿石分品级运出，那么地面运输系统转运次数较多，可能要几种运输设备。

（4）主、副井开拓巷道布置方式。如果开拓巷道是采取中央式布置，运输路线就比较集中，运输距离短；如果采用对角式布置的开拓井筒，由于地面布置分散，运输距离长，线路也比较复杂，管理不方便。这对运输方式和运输系统的选择有一定的影响。

内部运输方式和系统，必须与矿石地面加工工艺过程和地面总体布置相适应。所以，地面运输的设计必须和各工业场地的选择、地面各项设施的布置、开拓巷道的位置等问题综合起来考虑，统一解决。

10.4.2 矿山外部运输

矿山企业的外部运输，是把产品由矿山地面储矿场和选矿包装车间开始运到国家的主要交通码头上，这段路程称做矿山外部运输。外部运输专用线设置，应考虑产品用户的位置和货运方向，以及和国家码头、车站连接地点，尽可能缩短专用线的基建费和地面运输费。

外部运输方式，则根据矿山企业的规模、生产年限和单向年运输量等确定，此外还应考虑货物周转量、货物特性、运输距离、地区自然条件、建设条件、协作条件、地区运输网情况等。一般来说平原和丘陵地区的矿山企业，单向年运输量大于 6 万吨；山岭地区的矿山企业，单向年运输量大于 12 万吨；企业生产年限均在 15 年以上时，外部运输采用铁路是合理的。企业生产年限不到 15 年，或单向年运输量小于 6 万吨的平原和丘陵地区的企业，以及小于 12 万吨的山岭地区的企业，应以公路运输为主。

当年运量虽小，但该地区有发展前途，并可能有其他企业存在，修筑铁路方便，且铁路公里造价经济上合理，可用铁路运输。

我国有色金属矿山多分布在较偏僻的山区，点少面广，交通不便，离国家铁路较远，中型企业占多数，生产年限多在20年以内，运输量一般只有几万吨，因此大多数采用公路运输。

最后指出，在运行内部运输和外部运输设计时，要尽量简化运输系统，减少转运次数，并实行机械装卸。同时，应保证生产安全、方便和可靠。要尽量减少地面工人数，减少基建投资和生产费用。

11 矿床开拓方案经济评价

11.1 概述

矿床开拓方案选择是矿山企业重大的技术课题之一。它和矿山总平面布置、通风、提升、运输等系统有密切关系。方案一旦实施后，是否经济合理，会影响矿山企业的基建投资和日后的经营费用。方案选择除技术比较外，常决策于方案的经济比较。

开拓方案选择应考虑的客观因素，以及技术上如何考虑已在《金属矿床地下开采》（解世俊主编）和《采矿学》第二版（王青、任凤玉主编）中已述。本章着重从经济评比内容方面讨论最后选择开拓方案问题。

各方案的经济比较、正确选择参数与计算的技术经济指标是极其重要的，决策者对原始资料掌握不全，指标选择有偏向，会导致选用的方案不合理。

一个正确的开拓方案应由下列条件来衡量：

（1）确保生产安全、提升、运输、通风、排水、地面工业广场布置合理；

（2）基建投资最省，生产经营费最少、基建时间短、投产快；

（3）不留或少留保安矿柱，不占或少占农田；

（4）井巷施工条件、设备、材料等的供应方便。

11.2 开拓方案比较步骤

11.2.1 开拓方案初选

充分研究矿山地形、地质和开采技术条件等原始资料，分析影响开拓方案的各种因素。

列举技术上可行、经济上无明显缺陷的参与比较的方案，选定各方案开拓巷道的形式、位置、数量、规格、阶段高度、井底车场、提升、运输、通风、排水等系统，采矿方法和矿井地面布置，计算各方案工程量。

根据地形、地质平面图、地质勘探线剖面图等原始资料，绘制各方案开拓系统纵横剖面图、阶段开拓巷道平面图、地表总平面布置图和开采移动带。留保安矿柱的方案，应有保安矿柱设计图。图纸比例可根据矿区范围和设计要求而定，一般为1：500、1：1000、1：2000。

11.2.2 开拓方案综合技术经济比较

初步方案比较后，若有2～3方案，各有优劣，进一步判别，应进行技术经济比较。

综和技术经济比较，主要是各方案的基建投资和经营费的比较。

基建投资一般包括：井筒掘进费、井底车场和平巷掘进费、地面工业广场平整费、机械设备购置和安装费，其他费用如土地征购、房屋拆迁、青苗赔偿等。若留有保安矿柱方案应计算其经济损失。

经营费一般包括：地下、地面运输费，提升、通风、年修理费等。

经济比较时，对开拓方案费用相同的项目和费用差别不大或费用很少的项目，可不参与比较。

11.2.2.1　基建投资

（1）井筒掘进费

$$S_{井} = K_{井} \times \frac{H}{\sin\alpha} \tag{11-1}$$

或

$$S_{井} = K_1 \times F \times L = K_1 \times V \tag{11-2}$$

式中　$K_{井}$——单位进度掘进费，元/m；

H——掘进的垂直深度，m；

α——井筒倾斜角度，竖井 $\alpha = 90°$；

K_1——单位体积掘进费，元/m^3；

F——井筒毛断面，m^2；

L——井筒长度，m；

V——井筒掘进工程量，m^3。

井筒掘进费一般选用成井的费用指标，但因井筒断面大小、形状和所通过的岩石性质不同，选用的单位掘进费用指标有时相差很大，应仔细分析并注意所取的指标是否包括维护费和安装费。

（2）开拓巷道掘进费。根据矿山投产时的生产能力和投产时应完成的开拓、采准切割工程量，确定基建时的巷道掘进费。

$$S_{平} = K_{平} \times \sum L \tag{11-3}$$

式中　$S_{平}$——石门或平巷掘进费用，元；

$K_{平}$——每1m石门或平巷掘进费用，元；

$\sum L$——石门或平巷总量，m。

选用 $K_{平}$ 指标时，脉外巷道、脉内有附产矿石的巷道，单双轨是否支护的巷道不同，单位掘进费用差别很大，两方案有显著不同时应分别选取 $K_{平}$。

（3）井底车场和硐室掘进费

$$S_{硐} = CW \tag{11-4}$$

式中　C——井底车场和硐室单位体积费用，元/m^3；

W——井底车场硐室总体积，m^3。

（4）地面建筑物和构筑物的基建费

$$S_{建} = C_A A \tag{11-5}$$

式中　$S_{建}$——地面建筑物或构筑物基建投资费用，元；

C_A——建筑单价，元/m^2 或元/m^3；

A——建筑物或构筑物总面积或工程量，m^2 或 m^3。

建筑物或构筑物的面积或工程量可根据类似矿山选取或从矿山技术经济参考资料中选取。若两方案相同可不参与比较。

（5）地面工业场地平整费

$$S_{平} = C_{平} V_{挖}(或 V_{填}) \tag{11-6}$$

式中　$C_{平}$——单位土石方平整费用，元/m³；

$V_{挖}$（或 $V_{填}$）——挖方或填方工程量，m³。

在山地由于井筒位置、选厂位置的不同，不同工业广场的土石方工程量是不同的。

（6）机械设备费和安装费。矿山主要的机械设备、提升设备有提升机、罐笼、箕斗、钢丝绳、天轮等；排水设备有水泵、排水管；运输设备有电机车、矿车、轨道、架线等；通风设备主要为风机；压气设备有压风机、管道；此外，还有机修设备、锻钎设备、电气设备等。根据出厂的价格并考虑运杂费，再加上安装费。

设备安装费是按设备费用百分比计算，一般为设备费的4%～4.5%。

（7）矿山道路建筑费的投资是根据每公里的造价乘上道路的长度。由于山地及平原道路等级的差别，造价指标相差悬殊，选取指标时要注意分析，或概略计算土方工程量，乘上单价。

（8）其他费用，如征地、拆迁、青苗赔偿，按实际情况或有关规定计算。

11.2.2.2　经营费

年经营费的计算方法有两种，按成本项目计算或按不同项目扩大指标进行估算。前者复杂，后者简单。

现按扩大指标进行计算。

（1）运输费。运输距离不变的运输费，如地面运输费、井口运往选厂或直接去冶炼厂、地下石门到井底车场等，都为不变的运输费。

$$C_{运} = K_{运} \times L \times \frac{Qn}{1-\rho} \tag{11-7}$$

式中　$C_{运}$——运距不变的年运输费，元/a；

$K_{运}$——单位运价，元/(t·km)；

L——运输距离，km；

Q——年消失的工业储量，t；

n——矿石回收率，%；

ρ——贫化率，%。

运输距离随回采而变化的运输费

$$C'_{运} = \frac{1}{2} K'_{运} \times L' \times \frac{Qn}{1-\rho} \tag{11-8}$$

式中　$C'_{运}$——运距变化的年运输费，元/a；

$K'_{运}$——单位运价，元/(t·km)；

L'——运输变化的运输线长度，m。

根据运输功计算，当货载集中点位于矿体储量的等分线上时，运输费最小。当货载集中点位于矿体的侧翼，这一翼的矿量大于矿体全部贮量的1/2时，地下运输费最小。但运输费用和其他费用比较，所占的比例最小，不足以影响井筒的位置。

（2）提升费。提升费随提升高度不同而起变化，年提升量 A 相同，后期开采年提升费大于前期开采提升费。

$$C_{提} = K_{提} \sum_{i=1}^{n} A_i H_i \tag{11-9}$$

式中　$C_{提}$——年提升费，元/a；

$K_{提}$——提升单价，元/(t · km)；

A_i——第 i 水平年提升量，t/a；

H_i——第 i 水平提升距离，km；

n——阶段数。

（3）排水费。排水费可用两种方法计算：

1）当已知含水系数用式（11-10）计算

$$C_{排} = MA\rho \tag{11-10}$$

式中　$C_{排}$——矿山排水费，元/t；

M——含水系数，t（水）/t(矿石)；

A——年产量，t/a；

ρ——不同排水高度的单位排水费，t/元。

2）若涌水量（m^3/h）已知用式（11-11）计算

$$C_{排} = 365 \times 24 \times \rho' \sum_{i=1}^{n} H_i Q_i \tag{11-11}$$

式中　H_i——第 i 水平排水距离，km；

Q_i——第 i 水平的涌水量，m^3/h；

ρ'——排水单位，元/(t · km)；

n——同时生产的阶段数；

365——1 年排水天数，按 365 天计；

24——1 天 24 小时。

用集中排水方案和同时生产的阶段数无关，井筒位置不同，井深可能不一样排水费便有差别。开掘专用排水平硐的方案和矿坑水直接由井筒排到地表的方案，排水费差异很大，特别是大水矿山更是如此。

（4）通风费。通风费用计算方法有两种：

1）按吨矿石所需通风费计算

$$C_{通} = bA \tag{11-12}$$

式中　$C_{通}$——年通风费用，元/a；

b——开采单位矿石量所需通风费用，元/t；

A——年产量，t/a。

2）按耗电量计算

$$C_{通} = \frac{hQ}{102\eta} f_1 f_2 e \tag{11-13}$$

式中　f_1——年工作日数，d；

f_2——扇风机每日工作小时数，h；

e——每度电的费用，元/(kW · h)；

$\frac{hQ}{102\eta}$——扇风机理论功率，其中，h 为负压，Q 为风量，η 为效率。

（5）维修费

井下巷道的维修费，根据巷道岩石本身的稳固条件的差异而不同，当单位井巷的维修费已知时，可用下面两式计算：

1）井筒、石门等长度不变的巷道

$$C_{维} = LB \tag{11-14}$$

式中 $C_{维}$——每年所需的维修费（长度不变的巷道），元/a；

L——井巷长度，m；

B——每年每米井巷维修费，元/(m · a)。

2）随回采而逐渐废弃的巷道

$$C'_{维} = \frac{1}{2}L'B \tag{11-15}$$

式中 $C'_{维}$——随回采而废弃的巷道每年所需的维修费，元/a；

L'——巷道长度，m。

当单位井巷维修费不知时，可按投资的百分数取年维修费。一般，混凝土支架的巷道年维修费约为基建工程费的1.5% ~2.5%，木支架的巷道年维修费为基建工程费的3% ~4.5%，矿山地面建筑物和构筑物的年维修费约为该项基建投资的3% ~4%。

设备年维修费约为7% ~10%（可查有关设计手册）。

11.2.2.3 保留保安矿柱的经济损失

主要开拓巷道及重要建筑物应尽量设置在矿体回采后岩层移动带之外，但下列原因地表重要设施会设置在岩层移动带之内：

(1) 老矿山后期勘探发现新矿体处在建筑物、构筑物之下，特别是过去边勘探边开采时，这种情况常发生；

(2) 选矿和化验技术突破，原来处在主要开拓巷道及重要建筑物地下的岩石，成为重要的有用矿物，有开采价值；

(3) 矿体处在某个重点保护文物，或风景区下，主要交通干线、河流之下。除采用充填法回采外，某些地点留下保安矿柱不采；

(4) 井田范围很大，由于地形、地质、运输或其他原因，井筒不得不穿过矿体，所有处在岩石移动带之内的地表，重要设施，为了免遭破坏，采用充填或保安矿柱。

保留保安矿柱造成的经济损失有以下几方面：

(1) 所留保安矿柱长期受次生应力的作用，破碎程度增加，稳固条件不如原矿体，若不回采则全部损失，若以后回采，一般要损失40% ~50%以上的矿量；

(2) 因留了保安矿柱，使储量减少，摊销在每吨采出矿石中的基建投资增加；

(3) 回采保安矿柱效率低，要用高成本的采矿法，增加了这部分的回采费。特别是有色金属、高品位矿石，应值得注意。

通常条件下，如果某开拓方案保安矿柱的矿量占矿井全部矿量的20% ~30%以上时，认为该方案在技术上是不合理的。

保安矿柱所造成经济损失用下列方法计算：

(1) 不回采保安矿柱的经济损失

$$S_0 = Q_{柱}\left(\frac{qn}{1-\rho} + \frac{k}{Q_1}\right) \tag{11-16}$$

式中　$Q_{柱}$——保安矿柱矿量，t；

q——每吨矿石工业价值，元；

n——正常回采的回采率，%；

ρ——正常回采的贫化率，%；

k——基建投资额，元；

Q_1——可采的全部工业储量，t。

（2）最终回采保安矿柱，采出的经济损失数值 S_ρ，用应力差额表示

$$S_\rho = Q_{柱}\left(\frac{n}{1-\rho}\times d_1 - \frac{n'}{1-\rho'}\times d_2\right) \tag{11-17}$$

式中　d_1，d_2——正常回采出的矿石和回采保安矿柱采出的矿石盈利，元/t；

n'，ρ'——回采保安矿柱的回收率和贫化率，%。

而盈利　$$d = P - C$$

式中　P——价格，元/t；

C——成本，元/t。

11.2.2.4　*附产矿石的回收*

开拓巷道掘在矿体内时，可顺便采出一部分矿石，采出的矿石获得的盈利，可抵偿一部分基建开支的投资。

附产矿石的回收费：

$$S_{附} = P \times Q_{附} \tag{11-18}$$

式中　P——矿石的价格，元/t；

$Q_{附}$——附产矿石量，t。

11.2.2.5　*基本建设的时间*

资金是具有时间价值的，而时间是开拓强度的集中体现。

比较两方案开拓强度的大小是一项重要的指标。严格的科学组织，充分认真的准备，使建设速度加快，缩短建设周期，资金周转时间快，就会创造更多更新的价值。因此，在方案的经济评价中，应该评比开拓方案投资项目在不同时间内产生的经济效益，并解决在不同时间发生的资金的可比性。

基建和投资时间快的方案其优点除上述外，还有以下几点：

（1）早获利润，早得产品，解决国民经济的急需；

（2）早投产和达产，能加速相关企业的发展，为国民经济带来新的经济效益；

（3）基建时间短，节约了基建时期辅助工程、辅助费和间接费用。

开拓时强度的大小，通过编制基建进度计划来确定，方案比较时可从简估计。

11.3　经济效果经济分析

在进行开拓方案比较时，首先比较各方案的基建投资和年经营费。比较时，常出现下列情况：

（1）方案一的基建投资减去附产矿石后，与经营费的总和都小于其他几个方案。在生产规模相同的条件下，方案一经济上最为优越。

（2）如果基建投资与年经营，并计入附产矿石后的各方案都相差无几，则认为两方

案在经济上是等值的。

设 g_1 和 g_2 为两方案均摊在1t矿石中的基建投资及经营费。

若 $\lambda = \frac{g_1 - g_2}{g_1} \times 100\% \leqslant 10\% \sim 15\%$ 两方案等值。

在这种条件下，应进一步分析对开拓方案选择有较大影响的其他指标进行决策。如基建时间、资源利用、占用农田面积、环保条件等。

（3）若两方案的基建总投资 $K_1 > K_2$，两方案年经营费 $C_2 > C_1$，其方案比较方法：

1）可采用成本指标法来比较，即比较年成本的大小，取年成本小的方案。

2）采用超额投资回收期的计算公式

$$T_s = \frac{K_1 - K_2}{C_2 - C_1}(\text{年}) < N_{nf} \tag{11-19}$$

若已知 N_{nf}时，当 $T_{s1} < N_{nf}$，方案一可取；

若 $T_{s2} < N_{nf}$时，方案二可取。

3）现值法比较。基建投资发生在初期，并在建设期间是有计划逐年投资的，若是贷款，则应按期偿还利息。年经营是生产期间逐年发生的，因此用时间价值的方程，把各方案所有发生资金支出，折算成现值，因为折现值属同一时间价值，具有可比性，可依次分析评价项目的优劣。

12 矿床开采进度计划编制

12.1 概述

矿山企业有计划、按比例的发展生产是其经济建设特点之一，矿山企业的建设发展与其他企业相比有其特殊性。一是采矿工业对象受自然地理条件所限制，受埋藏条件所限制，因此建设矿山的生产基地不能任意选择，生产能力和质量（品位）的确定受客观条件所控制；二是采矿工作的位置随开采而不断变化，生产条件不断地受地温、地压、水文地质的影响，不像其他工业，场所一经建立，生产条件就相当固定；三是采矿工作的成本，主要是人员工资和原材料消耗，而其他工业的生产成本，大部分属于原材料购入费，其次是人员工资。因此，有计划按比例的发展生产，在基建和生产时期，以期做到各级矿量全部平衡，协调采掘关系，合理安排机械设备、动力、劳动力，以及运输、提升、通风、排水、供风、供水等各个生产环节，降低成本，降低原材料消耗，保证矿山正常持续生产。

矿山企业从开始基本建设起，到矿井生产结束，概括地可分为下列四个阶段：

（1）基本建设阶段，指从矿山基建开始，到投入生产止的一段时期。

所谓投产是指当完成一定数量的基本建设工程，可以达到一定数量的生产能力，以及保有了一定数量的三级储量时，矿山由基本建设单位，移交给生产管理单位，矿山便算为投入生产。

（2）发展阶段，指从投入生产起，使生产能力逐渐发展到设计规模时止的一段时期。

（3）正常生产阶段，是以设计的年生产能力进行的生产时期。在设计中力争正常生产时期所占的比重尽量加大，最小也不应小于矿井整个存在时间的三分之二。

（4）结束阶段，是以生产能力递减，到废除矿井止。

矿床开采进度计划包括基建进度计划和采掘进度计划两部分。

矿山在基建时期的工程，概括地可分为建筑工程、井巷工程及安装工程。在安排计划时是按建筑工程及井巷工程分别编制，而安装工程分别划归于建筑或井巷工程计划中。本章重点介绍基建开采进度计划的编制。

基建开采进度计划是指基建时期的开拓、采准、切割及回采工程在时间上及空间上的安排计划。在进度计划中，不仅要安排基建时期的工程，而且要编制发展生产阶段的工程，应编制到达到设计生产能力后一个时期，三年左右为止。

12.2 基建工程量的确定与投产指标

12.2.1 基建工程量的确定

基建工程量是指矿山企业在投产以前，由矿山基本建设投资费用中开支完成的井巷工程量，目的是使矿山投产后，能正常持续生产，因为矿山井下基建工程并不是全部建成后才投产，例如矿床用竖井开拓，竖井井筒深度是按矿床埋藏深度设计的，但是投产前的掘进深度也可能不按设计井筒全长掘进，而是根据不同时期生产需要和发展而分期开拓。

在投产以前基建部门还必须准备一部分采区为投产创造条件，故需要掘进一定数量的采准切割巷道，这一部分工程量也列入矿山基建工程。

矿山基建井巷工程费，在矿山建设总投资中，占有一定的比例，一般为30%～50%。在某些情况下该费用还要大。

因此，设计中基建井巷工程量确定过多，使投产前暂时不需要的井巷工程也进行施工，结果必然增加矿山企业初次基本建设投资，积压建设资金，加长矿山建设时间，达不到多快好省的要求。基建工程量确定过少，虽然基本建设投资可以减少，但实践证明，矿山投产以后，为了保持持续生产，矿山需要投入较大的力量进行新水平的基建开拓工作，使生产被动，长期达不到设计生产能力，对矿山建设和生产是很不利的。由此可见，正确地确定必要的矿山基建工程量有着重大的意义。

地下矿山基建井巷工程量确定的方法，冶金矿山设计院采用以下三种：

（1）按设计的产量规模应保有的三级矿量所需的工程确定。即根据设计生产能力应保有的三级矿量所需的井巷工程均列为矿山建设的基本建设工程。如设计能力为100万吨，按规定应有开拓矿量300万吨，采准矿量100万吨；备采矿量50万吨为准备以上数值的矿量而掘进的巷道工程，均列为基建井巷工程，并依此进行编制概算。

（2）按投产时的产量标准确定。以投产时的产量为标准应保有的三级矿量所需的井巷工程，确定为基建井巷工程，如设计能力为100万吨的矿山，根据投产标准，生产能力达到35万吨才能列为正式投产，该矿的基建井巷工程量，是按投产时的产量（35万吨）应保有的三级矿量来计算的，并依此编制概算。至于投产以后至达到设计规模所需掘进的井巷工程，则在生产过程中完成，由生产费开支。

我国矿山设计中，有色金属矿山设计一般应用第一种方法，而黑色金属矿山多用第二种方法，因为有色金属矿山地质条件比较复杂，采准工程量一般较大，而且还有探矿工程(30～50m/t)，因此有色金属矿山比黑色金属矿山的基建采掘比要大。

应当指出，虽然矿山初次基建投资较大，基建采掘比较大一些，但其优点是：有足够的三级矿量，矿山投产以后生产较主动，能够比较快的达到设计生产能力，矿山投产初期的矿石成本也比较低，我国有色金属建成投产至达产的时间，一般比黑色金属矿山要短。

例如，某铁矿设计的基建工程量过少，按设计规定的基建井巷工程未完成即投入生产，结果投产后第一年采出21.6kt矿石，年采掘比为17.2m/kt，第二年采出41.5kt矿石，采掘比为12.38m/kt，均大于设计规定的正常生产采掘比6.8m/kt能力1倍以上，但仍然采掘失调，使矿石生产量的增长受到很大影响。这说明，正确地确定必要的矿山基建工程量有着重要的意义。

（3）按补贴办法确定。投产前所需的全部井巷工程量列入基建投资，投产后至达产期间（日生产初期）的矿石成本高于国家规定的矿石调拨价格的部分给以补贴，列入基建投产。

补贴值（额）的计算方法如下：

$$\varepsilon_{补} = \sum (C_i - C_0) T_i \tag{12-1}$$

式中 $\varepsilon_{补}$——从投产到达产期补贴值（额），元；

C_0——商品矿石调拨价格，元/t；

C_i——投产期间逐年的实际矿石成本（$C_i \geqslant C_0$），元/t；

T_i——从投产到达产期间逐年的采矿量，t。

第三种方法在实际评比工作中尚未单一采用，通常配合第二种方法使用。

美国 Draro 公司 20 世纪曾经对美国 100 多个日产 12000t 以上的大型地下金属矿、非金属矿和铀矿等进行调查分析指出，准备矿量的多少通常是公司的一个财政政策问题。将市场需要的预测问题和一般矿山稳定性的评价问题，对生产来说，准备矿量是根据上述因素可定为 2 ~3 个月的备采矿量或者一至一年半以上的备采矿量。设计一个日产 5000t 的新矿山，基建时间的掘进计划可按日产 8000t 来安排，一旦选厂投产以后，则削减为日产 5000t 的掘进量，采场生产速度随掘进速度的降低而加快。将人员和设备从掘进转到采场方面。

从上述可以看出，美国矿山基建工程量的确定是按大于设计规模决定的。

12.2.2　投产标准

矿山企业的地下基建井巷工程，并不要求一次全都建成才投入生产，而是随着生产的发展逐步掘进。例如井筒的延深、新水平的开拓（包括石门、井底车场、硐室等），一般是在投产以后若干年才进行施工。若矿山的全部基建井巷工程都在投产前施工，必将增大投产时间，积压建设资金，也是不必要的。但是必要的关键性工程不全完成而投产，则将造成基建与生产的相互影响，使矿山长期达不到设计生产能力，同样也是不利的。例如某铁矿，是一个大型地下矿山，曾经采取“简易投产”的方法，用未全部竣工的主要运输水平巷道和基建时的风、水、电、气、运输系统转入生产，结果造成采矿布局要服从基建的需要，基建和采矿互相干扰，既不能有秩序地持续进行生产，又影响了基建施工。为此，矿山建设至投入生产，必需规定一个投产标准，明确规定投入生产前应完成的基本建设工程量，为矿山从投产至达到设计生产能力创造必要的条件。

根据我国矿山建设经验，初步确定的投产标准，应满足以下要求：

（1）矿山正常生产所需的开拓，内外部运输、供电、供水，一两个系列的选矿厂（破碎厂），压缩空气、通风、排水和机修等设备，均应建成完整的系统。某些设备，可根据矿山达产时间长短，分期安装或增加。例如，生产中的压气消耗量随产量逐渐增长而增加的，因此压气设备可以根据生产需要分期安装，但压气管路安装则应一次完成。

（2）一般情况下，各类矿山投产时的生产能力和投产对应完成的采准、切割工程量见表 12-1。

表 12-1　投入生产的标准

矿山类别	地下矿投产时的生产能力应为设计规模的	地下矿投产时的采准切割工程为设计规模的
大型矿	1/3 ~ 1/4	1/3 ~ 1/2
中型矿	1/2 ~ 1/3	1/2 ~ 全部
小型矿	1/2	全部

(3) 井筒的开拓深度，在投产时，大中型矿山的主要竖井、斜井的一次掘进深度应达到不小于10~15年的储量，即中型矿山在10年以上，大型矿山在15年以上，这样规定不至于使矿山投产不久即进行井筒的延深而影响生产。

(4) 矿山正式投产前，建设部门应进行验收，编制投产报告，由主管部门批准方可投产。

12.3 三级矿量及回采顺序

12.3.1 三级储量

12.3.1.1 三级矿量划分依据

按对矿山开采的准备程度划分，可以把矿量分为开拓矿量、采准矿量和备采矿量三级，其分别是完成了开拓工程、采准工程和切割工程所获得的矿量。

A 开拓矿量

为完成完整的开拓系统（运输、通风、防排水、充填等系统）所需要的工程，在此范围内达到B级勘探程度的矿量（Ⅲ、Ⅳ勘探类型的矿体可降低）称做开拓矿量，它是工业储量的一部分。

为了保护地表河流、建筑物、运输线路以及地下主要工程（竖井、斜井、溜井等）所划定的保安矿柱矿量，不能算做开拓矿量。只有当废除上述保护物或允许进行回采矿柱时，才可算做开拓矿量。

当遇有多矿体的矿床，其矿体虽位于基本巷道水平以上，但未为基本巷道所能开拓的矿体的矿量，也不能算做开拓矿量。

开拓巷道工程一般包括：

(1) 主井、副井、主溜井、附属工程、通风井、充填井、排水井等。

(2) 井底车场、石门、主要运输平巷、专用通风平巷、排水平巷和充填平巷等。

(3) 井下中央变电所、水泵房、翻笼硐室、矿仓、水仓、破碎机硐室、箕斗计量硐室、地下炸药库、电机车库、等候室、医务室、信号室等。

对于阶段运输平巷，目前金属矿山多半倾向于将它划为开拓工程，因为阶段运输平巷掘进工作量大、时间长，并为两个阶段服务。

B 采准矿量

采准矿量是开拓矿量的一部分。在开拓矿量的基础上，全部完成了采矿方法规定的矿块内采准巷道后所获得的矿量。相当于矿块内完成A_2级矿量的勘探程度（Ⅳ勘探类型可降低）。

顶柱、底柱和房间矿柱内的矿量，只有完成顶矿柱回采方法所规定的全部采准巷道工程以后，才能列为采准矿量。

采准巷道工程一般包括：采矿方法要求的沿脉及穿脉运输道、矿块人行通风天井、设备提升天井、凿岩天井和硐室、采区充填井、溜矿井、耙矿巷道、二次破碎巷道、矿溜子、人行道等。

C 备采矿量

在采准矿量的基础上全部完成了采矿方法所规定的切割和拉底巷道工程量，矿块内的各种管线和出矿设施（格筛和漏斗闸门等）均已安装完毕，达到 A_1 级储量的勘探工程，能立即进行同采的矿块（或矿房边界以内）矿量称为备采矿量，它是采准矿量的一部分。

矿块切割工程包括：切割上山或天井、切割槽、拉底巷道和拉底、天井通往采矿场的联络道、放矿漏斗、辟漏等。

然而，根据不同的采矿方法，矿块切割工程有不同的内容。例如，阶段矿房法的分段凿岩巷道，分层崩落法分层沿脉巷道及分层切割巷道，也属于切割巷道。

矿柱矿量除了完成回采所必需的工程与设施外，并在开采顺序上已达到立即进行回采时，才列为备采矿量。

12.3.1.2　*三级矿量的保有年限和计算方法*

为了保证矿山持续均衡生产，地下开采矿山的三级矿量保有年限的规定见表 12-2。

表 12-2　金属矿山三级矿量的保有年限

矿量等级	保有年限	矿量等级	保有年限
开拓矿量	3 年以上	备采矿量	半年左右
采准矿量	1 年左右		

小型矿山三级矿量的保有年限，按上列标准适当降低，以有利于生产资金的周转。必需指出的是，大、中型矿山保有的三级矿量也不应过多，否则会造成资金积压和巷道维护费用增加。

三级矿量保有年限按下式计算：

$$开拓矿量保有年限 = \frac{计算期末开拓矿量 \times (1 - 总损失率)}{矿山年生产能力 \times (1 - 总贫化率)}$$

$$采准矿量保有年限 = \frac{计算期末采准矿量 \times (1 - 总损失率)}{矿山年生产能力 \times (1 - 总贫化率)}$$

$$备采矿量保有年限 = \frac{计算期末备采矿量 \times (1 - 总损失率)}{矿山年生产能力 \times (1 - 总贫化率)}$$

上列各式中计算的生产矿山三级矿量保有年限，其总损失率和总贫化率应采用矿山实际的总损失率和总贫化率指标。至于矿山年生产能力，可按采矿的实际生产能力计算。

新建矿山移交生产时，三级矿量的标准应为投产标准所规定的矿量，其总损失率和贫化率，应采用设计所选定的指标。

12.3.2　合理的采矿顺序

在编制基建和开采进度计划时，应坚持矿床合理的开采顺序，违反这种规律就会使国家资源遭受破坏和给生产安全带来威胁。

矿床的合理开采顺序为阶段的开采顺序、阶段中矿块的回采顺序、矿块的开采顺序。

12.3.2.1　*阶段的开采顺序*

阶段的开采顺序一般采用由上而下逐个阶段开采或上阶段超前下阶段开采。应用下行开采的主要原因，是有利于地压管理，能保证开采工作安全，地下资源不受破坏，能使用现有任何一种采矿方法，此外，当用井筒开拓矿床，用下行式开采则具有投入生产快，初期投资少，并能在逐步开拓和采准过程中进一步探清矿体。

另外有的矿山，由于地质勘探部门探清的高级储量是在矿床中部阶段，在投产以后为了尽快地提高矿石产量而先开采矿床中部阶段。然后再逐步开采上部阶段，这是违背合理采矿顺序的，会造成作业阶段增多，采空区地压管理复杂，但国家对某种金属特别需要，而矿床的特征是富矿在下，贫矿在上，这时采取可靠措施，能保证将来开采上部贫矿时不会发生困难的条件下，经上级审批，可以先采下部富矿，后采上部贫矿。

12.3.2.2　阶段中矿块的回采顺序

按回采工作对于主井或主平硐的位置关系，矿块的回采顺序可分为后退式、前进式、联合式三种。

后退回采是由矿体边界向主井或平硐方向依次回采各个矿块，如图12-1所示。

从图12-1中可以看出，该矿的主、副井分别布置在矿体中央，采用崩落法开采，为了有利于脉内运输平巷的维护和通风管理，回采工作是从矿体走向的两端开始，分别向矿体中央方向采用后退式回采。

1　2　3　3　2　1
矿体圈定线

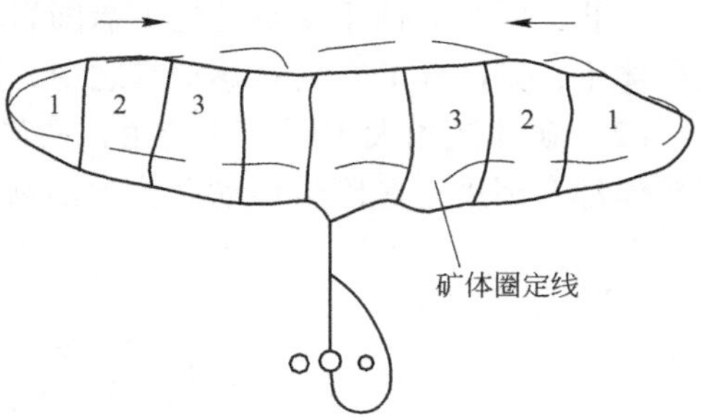

图12-1　后退回采
1、2、3—采矿顺序

前进式回采与后退式相反，是先回采靠近主井或主平硐的采区，随着阶段运输平巷的掘进，从主井或主平硐向矿体边界方向依次回采各个矿块。

联合式回采是上述两种回采方式结合起来使用，即开始用前进式回采各采区，当阶段主要运输巷道掘进至矿体边界以后，同时采用后退式回采。

后退式回采的优点是：沿脉运输巷道因处于未来采空区之下，维护条件较好，而已采完采区下的运输巷道，不再作为运输使用，可以适当简化维护甚至不需要维护，并且有较多的采准矿量。但是，由于阶段平巷必须掘进到矿床边界才能进行采矿，因此每个阶段的准备时间较长。

前进式回采一般用于中央式通风的矿井，因为能使阶段提早投入生产，但其缺点是：

（1）极易造成三级矿量不足。

（2）对于埋藏条件复杂的矿床，不能像后退式开采那样利用阶段采准巷道提前进行生产探矿。

（3）阶段运输巷道的维护时间长，维护费用要比后退式高，因为必须将阶段运输巷道维护到整个阶段采完为止。同时维护条件较为困难。

（4）当用中央式通风时，通风系统管理复杂，漏风较大。

由于前进式回采具有上述缺点，而金属矿山一般采用对角式通风，所以金属矿山，特别是矿体形态变化复杂的Ⅲ、Ⅳ勘探类型的有色金属矿山，一般多用后退式回采。

阶段中各采区的开采顺序受矿体埋藏条件、开拓系统、采矿方法及生产管理等因素影响较大，所以开采顺序应根据各种条件全面分析确定。

12.3.2.3　矿体的开采顺序

一个矿床有多个彼此相距很近的矿体，其中一个矿体的开采，将影响其邻近矿体的开采时，合理确定各矿体的开采顺序对生产的安全和资源回收有很重要的意义。

阶段中矿体的开采顺序，一般取决于矿体的分布，开采技术条件的难易，所使用的采矿方法，以及矿石数量与质量等许多因素，其中最主要的是各矿体的分布状态。

当矿体相互距离较远，先开采某一矿体，其采空区上下盘的围岩移动并不影响到相邻矿体开采时，则各矿体的开采顺序应该遵循贫富兼采，厚薄兼采，大小矿体兼采，难易兼采的原则。当各矿体相距接近，已采矿体的采空区岩石移动将影响到相邻矿体开采时，则应正确确定各矿体的先后顺序。

由于矿体倾角及采矿技术条件的不同，可有下列几种情况：

（1）矿体倾角小于或等于围岩移动角时，则应采用从上盘向下盘推进的开采顺序。如图 12-2 所示，Ⅰ、Ⅱ两个矿体，其倾角 α 小于或等于下盘围岩移动角 γ，因此应先采上盘矿Ⅱ，因为矿体Ⅰ采空区的下盘围岩移动并不影响下盘矿体Ⅰ的开采。相反，如果先采矿体Ⅰ，则矿体Ⅱ在岩石移动带之中，影响矿体Ⅰ的开采。

（2）矿体倾角大于围岩移动角，两矿体又相距很近时，无论先采上盘矿体或先采下盘矿体都会因采空区围岩移动而彼此影响，如图 12-3 所示。

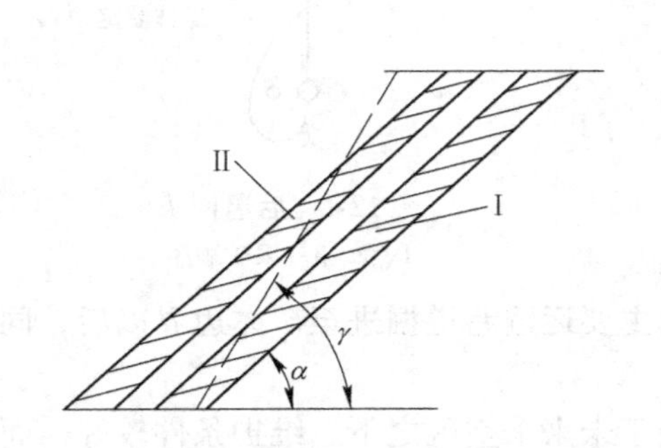

图 12-2　矿体倾角小于或等于围岩移动角

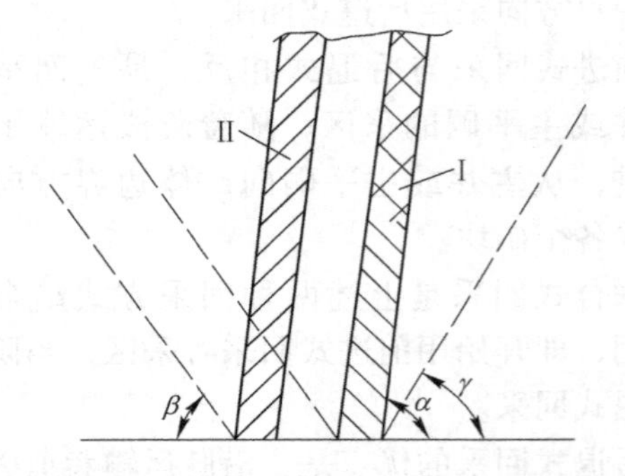

图 12-3　矿体倾角大于围岩移动角

合理的开采顺序是下盘矿体下降应超前上盘平行矿体，其超前距离可按上盘移动角 β 确定，如图 12-4 所示。

上盘平行矿体回采到 Z 水平，上盘围岩崩落后生产压力影响到夹层和主矿体，使破坏区达到 Z + h 水平，下盘主矿体的开采在 Z + h 水平以上的采区，回采困难。而在 Z + h 水平的主矿体，回采条件正常，因此若要主矿体易于开采，就要使主矿体开采的垂直下降深度超前上盘矿体，其下降深度 h 由式（12-2）确定

$$h = \frac{m\tan\alpha \times \tan\beta}{\tan\alpha + \tan\beta} \qquad (12\text{-}2)$$

式中　m——下盘矿体和夹层水平厚度，m；

β——上盘矿体随深度而变化的岩层移动角，(°)；

α——矿体倾角，(°)。

当 α 和 β 接近 45°时，$h = m/2$，当 m 值不大时，则 h 不够一个分段，此时两矿体应同水平下降。

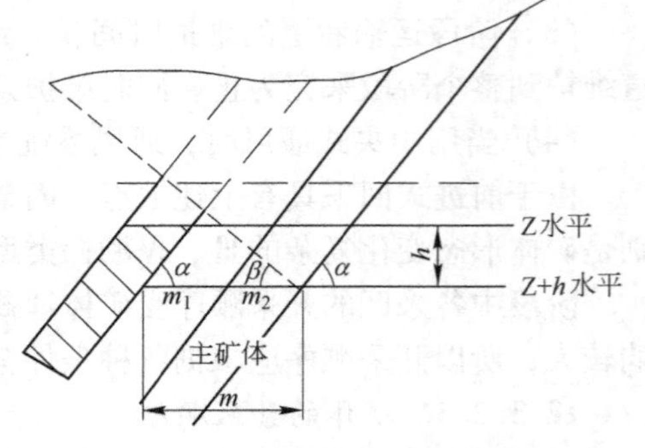

图 12-4　下盘矿体下降速度超前上盘平行矿体开采速度示意图

（3）当相邻两矿体为缓倾斜或水平矿层时，如图12-5所示。采用崩落法，上下两层矿体可同时回采，但上层矿体的开采，应超前于下层矿体，超前距离在下层矿体岩层移动带之外。S为超前距离，当夹石层较薄（1～2m之内）。可先回采上层矿（Ⅰ），待顶板岩石崩落之后，达到半年至1年时间，再回采下层矿体（Ⅱ）。

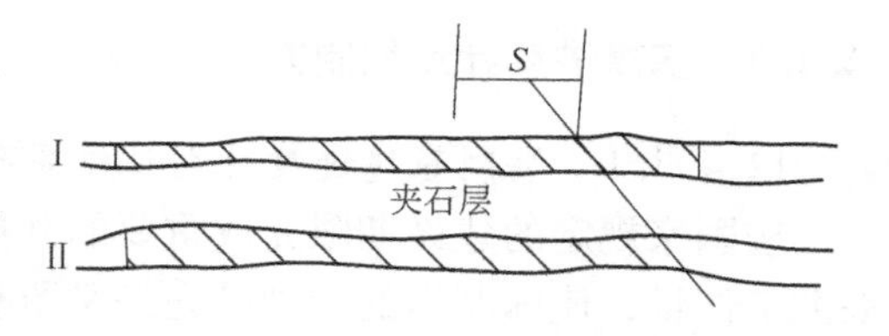

图12-5 水平矿体上层矿超前距离

12.4 基建进度计划的编制

12.4.1 编制基建进度计划的目的

编制基建进度计划的目的是确定矿山基建时期各项工程量，确定主要设备的需要量以作为计算投资的依据；确定各项工程顺序的开始和结束时间，确定达到生产能力的期限，各时期所需的人员和材料。

凡是投产前所建设的一切项目，包括各类巷道在内，与投产后所掘进的开拓巷道一样，是由基建费用拨款，而费用的回收是靠折旧。即使是采准及切割巷道，若是在投产前开掘的，那么就不像在生产期间那样，用流动资金支付，费用摊到成本年中，而是算在基建巷道费用里。所谓基建巷道是指在基本建设期间所掘进的全部巷道及投产后的开拓巷道而言。所以基建工程量的多少，直接影响投资总额。

在进度计划中，确定工程项目的开始及结束日期是有很大实际意义的。众所周知，设计院编制的施工设计，是分期分批的，以便分批筹款。设备加工订货等，也都是按进度计划所安排的时间进行办理。

在进度计划中，确定出各个时期同时施工的巷道数目，并指出工作的地点，这就可以统一出同时需要的人员数及设备数量，为安排劳动力、设备、材料等创造条件。因此，正确而又切实可行的基建开采进度计划是可以保证施工工作多快好省有条不紊地进行。

12.4.2 编制进度计划所需要的原始资料

编制基建进度计划需要有足够的原始资料，归纳如下：

（1）设计任务书中的有关规定，如矿山企业年生产能力，规定的建设期限（投产期限及达到设计生产能力的期限）；

（2）开拓系统图，阶段开采顺序，通风、运输、提升和排水等系统图；

（3）主要井筒地质剖面图，开拓巷道及主要采准巷道长度及断面图；

（4）设计所确定的开拓工程量，矿块采准及切割工程量，采用劳动组织，施工方法机械化水平，掘进定额及掘进速度；

（5）矿块的工业储量，采用的采矿方法，以及矿块的生产能力；

（6）阶段平面图；

（7）井下设备安装工作时间；

（8）涌水量大的矿山应有矿山疏干排水方案，采用充填的矿山应有充填系统等资料。

12.4.3　基建进度计划编制方法

12.4.3.1　编制基建进度计划注意事项

按国家规定的建设期限完成重要的开拓工程量和完成达到设计的年生产能力所需要的采准工作量，使编制出的计划既先进又留有充分的余地，因此应注意下列各点：

（1）编制时要注意贯彻合理的开采顺序，一般是由上而下，由顶到底，在平面图上应由近而远(当岩石稳定巷道不支护时采用)或由远而近(顶板压力大，支护困难时采用)。

（2）开拓巷道掘进时顺序的编排，先将主体项目排在前，为了加快掘进速度，可多工作面或对开工作面，但应留有余地，与顺序无关的工作量应留作备用工作面，可以平行作业。

（3）过细了解施工单位技术装备水平，工人技术熟练程度，确定出平均先进的施工定额。

（4）要使年度、季度施工的井巷工程量适当平衡，以免造成突然的工人数目减少或增多。避免劳动组织跳跃变化，保证在基建时工人数目有计划地增加，避免窝工或停工待料。

12.4.3.2　基建进度计划编制方法

基建进度计划编制方法无教条可循。但必须在选定的开拓方案和采矿方法的条件下，根据投产前计划期限，寻求各工程之间最好的工作顺序，更有效地完成工程量。

根据基建进度计划可了解下列情况：

（1）基建开工及结束完成该项基建时间及总时间；

（2）各时期工作项目及所需工作队；

（3）按各时期工作项目，进一步计划设备及需用量。

下面为一急倾斜矿床基建进度计划编制示例，该矿床埋藏条件如下：

磁铁矿，品位55%，走向长700m，矿体平均水平厚度20m，倾角5°～80°，矿石体重4t/m^3，f为6～8，顶板石灰岩f为6～7，底板闪长岩f为8～10；矿石与围岩均稳固；埋藏深度矿体上部标高为0m，下部为－240m，主井地表标高＋100m，阶段高60m，风井地表高＋150m，副井地表最高40m。

设计任务书规定生产能力500kt/a，采用深孔留矿采矿法，开拓工程拟分两期建成。第一期工程开拓两个阶段，而主井，一次开拓到最终深度。

根据地形及矿体埋藏条件，经过技术和经济比较后，决定采用侧翼下盘竖井开拓，主井在一翼，副井在另一翼。

规定投产日期，自施工日期起3年内最后一个季度完成，争取第三年10月1日投产，按此规定可自行编制基建进度计划表。

基建进度计划表见表12-3，按所列资料自己编制完成。

基建计划的编制步骤大致如下所述：

（1）施工顺序的确定。根据所设计的开拓系统，采用的阶段高为60m，以及所需建设的时间等因素。拟出合理的施工顺序方案，对所选定的方案，按开拓及主要采准所需时间，初步校验其建设时间能否满足要求。当设计任务书对投产时间无特殊要求时，应以满足最合理的施工顺序进行编制进度计划，当施工方案满足不了规定的时间要求时，须重新

表 12-3 基建进度计划表（示例）

井巷工程名称	断面/m^2	长度/m	体积/m^3	支护类型	掘进定额/m·月$^{-1}$	掘进时间/月	第一年				第二年				第三年			
							1	2	3	4	1	2	3	4	1	2	3	4
一、开拓工程																		
主、副井施工准备						1.5												
主井（+100～-120m）	1336	220		混凝土	50	4.4												
副井（+40～-242m）	11.5	282		混凝土	55	5.2												
主、副井安装						2.0												
出风井	4	150		混凝土	60	2.5												
0m 水平主井石门	4	130		锚杆喷混凝土	80	1.7												
脉外通风道	4	700		锚杆喷混凝土	80	8.8												
副井石门	4	130		锚杆喷混凝土	80	1.7												
-60m 主井石门	6.8	145		锚杆喷混凝土	75	2.0												
主井井底硐室	15.3	35		锚杆喷混凝土	75	0.3												
脉外运输道	6.8	700		锚杆喷混凝土	50	9.0												
副井石门	6.5	145		锚杆喷混凝土	75	2.0												
-120m 主井石门	6.8	160		锚杆喷混凝土	75	2.5												
主井车场及硐室	15.3	35		锚杆喷混凝土	75	1.0												
脉外运输道	6.8	700		钢筋混凝土	50	0.7												
副井石门	6.8	150			75	9.0												
-60～-120m 溜矿井	4	60			75	2.5												
水泵房及变电室	15	35			30	1.0												
水仓	5	100			30	0.7												
二、采准切割工程		500			80	1.2												
-60mNo_1 采准切割		100	400 100 > No_1		20	1												
No_2 采准切割		500	400 100 > No_2		10	2												
No_3 采准切割		100	400 100 > No_3		10	1												

拟订方案，并提高建设速度。其措施可为：采用对向工作面掘进巷道以及采用补充开拓坑道等办法，增加同时工作的巷道数或工作面数。所采用的施工顺序方案对所编制的进度计划是否满足要求和是否尽善尽美是有较大的影响，故可拟出几个方案进行选择。

（2）计算工程量及同时工作矿块数。根据采矿部分设计的有关资料，以及所选定的施工顺序方案，计算各工程在基本建设时间所完成的工作量，对暂不能定下的工程，可予以估算，在编制过程中，再进行校正。对开拓工程量中，主要是井筒，在基建时期应掘进的深度要做充分的考虑，以求不使初期工程量过大，而拖长基建时间。亦须使投产后，经较长时间不会进行井筒延深工作（本例阶段计算年限约 6 ~ 7 年，矿井计算服务年限约 26 年）。这就须要拟出不同深度，估算各方案的基建时间，寻求合理的基建工程量。

为使在编制进度计划时心中有数，可先计算出投产时期及达到设计生产能力时期，为保证生产能力及储量所须同时工作的矿块总数（包括备用在内）。在生产能力增长阶段内，同时工作的采准和切割矿块数，除应满足与回采矿块的协调关系外，尚须满足下一时期（年度、季度）生产能力增长的需要。

（3）确定施工速度及完成各项工程所需时间。根据井巷工程的特征（断面尺寸、支护形式），所采用的劳动组织、机械化水平掘进方法及技术力量，确定各工程的施工速度，一般按类似条件的矿山资料选取。按已选定速度、工程量及同时工作面数，即可求出完成各项工程所需时间。采准、切割及回采时间可取自采矿方法设计部分。

（4）排列工程项目，编排进度计划。根据所选取的施工顺序方案及施工时间。进行详细的安排工程的施工工作顺序，编制进度计划。这就可以将工程项目的空间位置关系、工程性质、施工时所需时间及工作安排等问题，进行综合考虑和合理安排。

所编制的进度计划，满足了基建期限和达到设计生产能力期限的要求，人员及设备无过大的跳跃式波动，而且同时工作矿块总数不超过矿床在技术上可能布置的矿块数及施工顺序的合理性，即可认为编制成功，否则须改变方案或采取某些措施，从新编制达到基本要求的进度计划。

从本例编制的基建计划表看出，从基建准备开始，经过 34 个月，完成主要基建项目，投产后约 6 个月，就可达到正常生产能力。

13 技术经济

13.1 矿山项目投资

矿山项目投资是指矿山形成设计生产能力所需要的全部费用，由基本建设投资与流动资金组成。

13.1.1 基本建设投资

矿山项目的基本建设投资（也称固定投资）由下列费用构成：

（1）建筑工程费用。建筑工程费用是指各种厂房、仓库、住宅、宿舍等建筑物和铁路、公路、码头等构筑物的建设工程，各种管道、电力和电信线路的建设工程，设备基础工程，水利工程，投产前的剥离和矿井工程及场地准备，厂区整理及植树绿化等费用。

（2）设备购置费用。设备购置费用是指一切需要安装和不需要安装的设备的购置费用。

（3）安装工程费用。安装工程费用是指机电设备的装配、装置工程及与设备相近的工作台、梯子等装设工程，附属于被安装设备的管线敷设工程等费用。

（4）工器具及生产用具的购置费用。工器具及生产用具的购置费用是指装配车间、试验室等的算作固定资产的工具、器具、仪器及生产用具的购置费用。

（5）其他费用。其他费用是指上述费用之外的各种费用，如土地费用、建筑单位管理费用、设计费、勘察费、监理费、联合试运转费用等。

13.1.2 流动资金

流动资金是指企业进行正常生产和经营所必需的资金，由储备资金、生产资金、成品资金、结算资金等构成。

（1）储备资金。储备资金是指辅助材料、燃料、备品备件、包装物及低值消耗品等所需的资金；

（2）生产资金。生产资金是指在产品、自制半成品所占用的资金及待摊费；

（3）成品资金。成品资金是指产成品占用的资金；

（4）非定额流动资金。包括发出商品、货币资金和结算资金。

前三项之和称为定额流动资金。对于新建或扩建矿山，设计中只计算定额流动资金，非定额流动资金由于资金量不稳定且占用量少（10%左右），一般不估算。

13.1.3 矿山项目投资估算

13.1.3.1 基本建设投资估算

基本建设投资估算适用于深度浅的计划工作初期阶段，如规划、可行性研究、方案设计等。估算目的是为决策层确定矿山项目的可行性提供决策支持。估算的精度较低，国内一般为 ±20%。

投资估算方法很多，常用的有单位产品投资指标估算法和生产规模指数法。

A　单位产品投资指标估算法

该法依据单位产品基建投资进行总基建投资计算，计算公式如下

$$\text{总基建投资} = \text{单位矿石产量投资指标} \times \text{矿石年产量} + \text{矿山外部工程投资} \tag{13-1}$$

单位矿石产量投资指标可以从同类矿山在类似条件下的投资统计数据得到，一般随矿山生产规模变化，但在一定的生产规模范围内可视为常数。国内矿山的单位矿石投资指标一般按矿山类型（露天铁矿、地下铁矿、有色矿山、化工矿山、建材矿山等）和生产规模（大型、中型、小型）列出，可从有关资料查得。

B　生产规模指数法

矿山项目的基建投资与生产规模的关系可用一指数函数表示，即

$$\text{矿山基建投资} = K \times X \times \text{生产规模} \tag{13-2}$$

式中　K——常数；

X——生产规模指数。

根据这一函数，就可从类似矿山的已知投资和规模求得设计矿山的投资：

$$\text{设计矿山基建投资} = \text{类似矿山基建投资} \times X \times \frac{\text{设计矿山规模}}{\text{类似矿山规模}} \tag{13-3}$$

式中，生产规模一般用年产量或日产量表示。

使用式(13-2)和式(13-3)的关键在于确定生产规模指数 X。确定 X 的一般方法是将收集的同类矿山的生产规模与基建投资数据在对数坐标下作图，如图 13-1 所示，若数据基本符合直线关系，则直线的斜率（坡度）即为生产规模指数。

如果基建投资与生产规模数据在对数坐标下不是直线，说明不同的生产规模具有不同的生产规模指数（图 13-2）。这时，可根据曲线的走向用几段直线近似代替曲线，每段直线的坡度即为该段直线所在生产规模范围内的生产规模指数，然后根据设计矿山的生产规模所落入的区段选取适当的 X 值。例如，若设计矿山的生产规模在 Q_1 和 Q_2 之间，生产规模指数为 X_2。

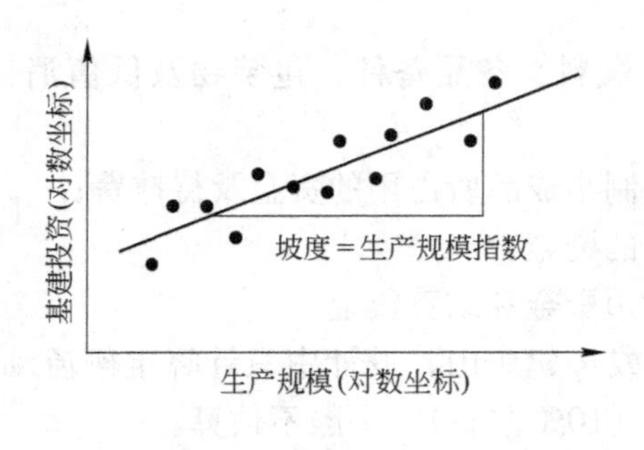

图 13-1　生产规模指数示意图

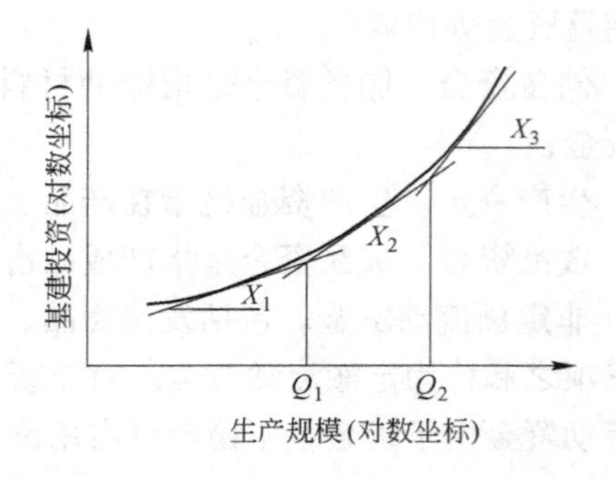

图 13-2　生产规模指数分段近似示意图

13.1.3.2　流动资金计算

流动资金可按扩大指标计算，也可按流动资金费用项目计算。

A 按扩大指标计算

(1) 按固定资产资金率计算

$$流动资金额=固定资产总额\times固定资产资金率 \tag{13-4}$$

固定资产资金率即为流动资金占固定资产的比例，矿山企业一般为10%～20%。

(2) 按销售收入资金率计算

$$流动资金额=年销售收入总额\times销售收入资金率 \tag{13-5}$$

销售收入资金率一般为30%～50%。

(3) 按年经营费用资金率计算

$$流动资金额=年经营费用\times经营费用资金率 \tag{13-6}$$

经营费用资金率一般为45%～60%。

B 按流动资金费用项目计算

(1) 储备资金

$$储备资金占用额(月)=单位产品消耗\times消耗价格\times月产量\times储备时间 \tag{13-7}$$

矿山单位产品消耗指生产单位矿石所需的炸药、雷管、坑木、机修、备品备件、劳保用品等。储备时间一般为6～9个月。

(2) 生产资金

$$生产资金占用额(月)=单位产品生产费用\times月产量\times生产周期 \tag{13-8}$$

单位产品生产费用一般为单位产品经营费用的40%左右，生产周期一般取2～3个月。

(3) 成品资金

$$成品资金占用额(天)=单位产品价格\times日产量\times产品储备时间 \tag{13-9}$$

产品储备时间一般为7～15天。

储备资金、生产资金和成品资金的总和即为流动资金。

13.2 矿山生产成本

矿山生产成本是在矿产品生产和销售过程中以货币形式表现的全部支出。矿山生产成本是反映矿山企业全部工作质量的综合性指标。劳动生产率的高低、开采方案的优劣、材料消耗的多少、设备利用的好坏以及企业的管理水平等，最终均反映在生产成本中。

13.2.1 生产成本分类

矿山生产成本的构成较复杂，为了便于成本管理和分析，应对生产成本进行分类。

13.2.1.1 按成本项目分类

此种分类是根据费用在生产过程中的用途和发生地点来划分的，而不管费用的原始状态如何。例如，在工资项目中将生产工人工资与车间及企业管理人员工资分列。依据这种分类方法，矿山生产成本由下列项目构成：

(1) 辅助材料费。辅助材料费是指直接用于生产的所有辅助材料费用，包括炸药、雷管、导爆管、钎子钢、硬质合金、钢丝绳、木材、轮胎、牙轮钻头、破碎机衬板等。

(2) 燃料及动力费。燃料及动力费是指直接用于生产的各种燃料和动力消耗，包括电能、柴油、汽油等。

(3) 生产工人工资。生产工人工资是指支付给生产工人的基本工资和附加工资，后者指各种津贴和保健费用。

（4）生产工人工资附加费。生产工人工资附加费是指劳动保险、医药卫生、福利等费用。

（5）车间经费。车间经费是指在车间范围内发生的、服务于生产过程和与车间管理有关的各项费用，其中包括：

1）维持简单再生产所需的资金（简称维简费）。它是矿山企业持续生产必须进行的路堑掘进（开拓）、生产探矿、设备更新等费用的来源。采用维简费后，生产矿山不再提取折旧费，但设计中的技术方案比较仍采用折旧计算成本。

2）维修费。维修费是指对固定资产（建筑工程和设备等）的日常维修和保养所需的费用，包括维修工人工资和维修所需材料等费用。

3）车间管理费。车间管理费是指车间在组织和管理生产过程中发生的各种管理费用，包括车间管理人员工资、工资附加费、车间办公费、水电费和化验费等。

（6）企业管理费。企业管理费是指在企业范围内发生的、属于全企业性的管理费和业务费，包括企业管理人员工资、工资附加费、办公费、差旅费、仓库管理费、试验研究费、公用事业费（水、电等）以及与行政设施和企业管理有关的设备折旧与维修费等。

（7）销售费。销售费是指矿产品在销售过程中发生的一切费用，包括运输费、销售人员培训费、广告费、销售装卸设备的维修和保养费等。

（8）税金和利息。税金和利息是指国家和地方征收的各种税款和贷款利息。

在设计方案比较及其他计算中，常常用到年经营费的概念，年经营费等于生产成本减去折旧费。

13.2.1.2　按成本与生产的关系分类

按成本与生产的关系可将生产成本划分为直接成本和间接成本。

直接成本是指直接用于生产过程的各项费用。某一时期（如一年）的直接成本总额随产量的变化而变化，且随产量的增加大体上成正比增加，故直接成本又称为可变成本。虽然直接成本的总额随产量变化，但在一定的产量范围内单位产品的直接成本基本上是常数。因此直接成本常常以“元/t”为单位。

间接成本是不与生产过程直接发生关系，服务于生产过程的各项费用。某一时期内间接成本的总额基本上是常数，故间接成本又称为固定成本。虽然其总额在一定产量范围内基本上不随产量变化，但分摊到单位产品的间接成本随产量的增加而减小。因此间接成本常常以“元/a”为单位。

在13.2.1.1“按成本项目分类”的8项中，前四项构成了直接成本，后四项构成了间接成本。

13.2.2　直接成本项目计算

直接成本项目计算方法是按成本项目逐项进行计算。

（1）辅助材料费。依据设计工艺部分提供的各种材料消耗和材料单价计算，计算中应考虑运输费用和其他杂费（一般为价格的10%～15%）。

（2）燃料及动力费。依据设计工艺部分提供的各种燃料和动力消耗及其单价计算。

（3）生产工人工资。基本工资按工资标准和各工艺流程所需工人数计算。辅助工资一般按基本工资的百分比（20% ~30%）计算。合同制工人的工资按合同规定的工资额和工人数计算。

（4）生产工人工资附加费。一般按生产工人工资的百分比（约11%）计算。

（5）车间经费。车间经费包括：

1）折旧费

$$\text{固定资产折旧费(元/t)} = \text{固定资产原始价值} \times \text{折旧率/年产量} \tag{13-10}$$

折旧率可从有关规定中查得，也可由下式计算

$$\text{折旧率} = \frac{\text{固定资产原始价值} - \text{残值}}{\text{固定资产原始价值} \times \text{使用年限}} \tag{13-11}$$

固定资产的大修理费用也属于折旧范畴。大修理费的折旧计算同上，只是原始价值变为大修理费，残值为零。

2）维修费。按日常维修和保养所需的各种材料及人工费用计算。

3）车间管理费。按管理及服务人员的工资、办公费用等计算。

（6）企业管理费。按企业管理中发生的各项费用计算。

（7）销售费。按产品销售过程中发生的各项费用计算。

（8）税金及利息。税金的计算随国家及地方的税收政策的变化而变化，某一年的所得税一般为

$$\text{年所得税} = (\text{销售收入} + \text{其他收入} - \text{年经营费} - \text{折旧费}) \times \text{所得税率} \tag{13-12}$$

式中，其他收入主要是固定资产残值和流动资金回收。

利息依据本金和利率计算，是两者的乘积。

13.2.3　固定成本与可变成本计算

按成本项目得出各项生产成本后，分别将属于固定成本与可变成本的费用相加，即可得到固定成本与可变成本。这两种成本也可依据总成本与年产量的统计数据求得。

将总成本分为固定成本与可变成本后，总成本与年产量的关系可用一线性方程表示，即

$$C = F + V \cdot Q \tag{13-13}$$

式中　C——总成本，元/a；

F——固定成本，元/a；

V——可变成本，元/t；

Q——年产量，t/a。

若已知两年的总成本分别为 C_1 和 C_2，产量分别为 Q_1 和 Q_2，则

$$V = \frac{C_2 - C_1}{Q_2 - Q_1} \tag{13-14}$$

$$F = C_2 - VQ_2 \tag{13-15}$$

当拥有多年的产量与成本数据时，更精确的算法是利用最小二乘法

$$V = \frac{n\sum_{j=1}^{n} Q_j C_j - \left(\sum_{j=1}^{n} Q_j\right)\left(\sum_{j=1}^{n} C_j\right)}{n\sum_{j=1}^{n} Q_j^2 - \left(\sum_{j=1}^{n} Q_j\right)^2} \tag{13-16}$$

$$F = \frac{1}{n}\left(\sum_{j=1}^{n} C_j - V\sum_{j=1}^{n} Q_j\right) \tag{13-17}$$

13.3　投资项目财务评价

13.3.1　评价目的

当一个公司（企业）面临多个可供选择的投资项目时，就需要对每个项目的优劣从经济角度进行评价，为决策者提供定量的投资决策支持。经济评价结果应提供：

（1）项目是否能带来可接受的最低收益；

（2）可选项目的优劣排序；

（3）投资风险分析。

从纯经济角度出发，任何评价标准应遵循的原则为：盈利较高的项目优于盈利较低的项目；获利早的项目优于获利晚的项目。必须强调的是，评价标准本身不能作投资决策，只能通过定量的经济分析为决策者提供决策支持，最终决策必须由决策者综合考虑和衡量所有定量的和定性的信息后作出。

13.3.2　评价方法

投资项目经济评价方法可分为两大类，即静态分析法和动态分析法。

13.3.2.1　静态分析法

A　投资返本期法

投资返本期法（也称投资回收期法）曾经是投资项目评价中的主要评价标准，如今该法一般作为辅助性方法与其他方法（主要是动态分析法）一起使用。所谓投资返本期是指项目投产后的净现金收入的累加额能够收回项目投资额所需的年数。表 13-1 列出了 5 个投资额相等但净现金收入和项目寿命不同的虚拟项目。

表 13-1　投资返本期举例　（万元）

项　目	A	B	C	D	E
投资	10000	10000	10000	10000	10000
净现金收入					
1	2000	7000	1000	6000	6000
2	2000	2000	2000	2000	2000
3	2000	1000	7000	2000	2000
4	2000	2000	2000	0	3000
5	2000			0	4000
6	2000			0	1000
7	2000			0	1000
8				0	500
投资返本期（年）	5	3	3	3	3

投资返本期的计算十分简单，将净现金收入（净现金流）逐年相加，累加额等于投资额的年数即为投资返本期。表 13-1 中项目 A 需要 5 年，其余项目均需 3 年将投资回收（即返本）。

应用该方法进行投资项目评价时，如果计算所得投资返本期小于可接受的某一最大值，则该项目是可取的；否则项目是不可取的。多个项目比较时，投资返本期短的项目优于投资返本期长的项目。

投资返本期法有几个明显的不足之处：

（1）该方法对返本期以后的现金流不予考虑，不能真实反映项目的实际盈利能力。例如，表 13-1 中项目 D 和 E 具有相同的投资返本期，但项目 D 根本不能盈利（只能回收投资），项目 E 却在返本后继续带来净收入，项目 E 显然优于项目 D。

（2）该方法不考虑现金流发生的时间，只考虑回收投资所需的时间长度。例如项目 B 和 C 具有相同的投资返本期和相等的盈利额，但项目 B 早期净收入大于项目 C，根据前述经济评价标准应遵循的准则，项目 B 优于项目 C。

（3）应用该方法确定某一项目是否可取时，需要首先确定一个可接受的最长投资返本期，而最长投资返本期的确定具有很强的主观性。

B 投资差额返本期法

对投资项目做经济比较时，经常遇到的问题是不同项目的投资与经营费用各有优劣：投资大的项目往往由于装备水平高、工艺先进等原因，其经营费用低；投资小的项目由于相反的原因，其经营费用高。这时，常应用投资差额返本期法确定项目的优劣。

投资差额返本期的实质是：两个项目比较时，计算用节约下来的经营费回收多花费的投资，如果能在额定的年数（即可接受的最长时间）内回收，则投资大、经营费低的项目优于投资小、经营费高的项目；反之，投资小、经营费高的项目优于投资大、经营费低的项目。

投资差额返本期的计算如下

$$T = \frac{I_1 - I_2}{C_2 - C_1} \tag{13-18}$$

式中，I_1 和 C_1 分别为投资大、经营费低的项目（项目 1）的投资与年经营费用；I_2 和 C_2 分别为投资小、经营费高的项目（项目 2）的投资与年经营费用。若 T 小于或等于可接受的最长返本期 T_0，则项目 1 优于项目 2；反之项目 2 优于项目 1。$1/T$ 称为投资效果系数。

当比较多于两个项目时，最佳项目是满足式（13-19）者

$$I_i + T_0 C_i = 最小 \tag{13-19}$$

13.3.2.2 动态分析法

动态分析法是考虑资金的时间价值的投资项目评价方法，应用最广的有净现值法和内部收益率法。

A 净现金流

净现金流是现金流入与现金流出的代数差。由于税收及会计法则的不同，不同国家（甚至同一国的不同行业）的净现金流的计算有差别。项目寿命期某一年的净现金流的一般计算如下：

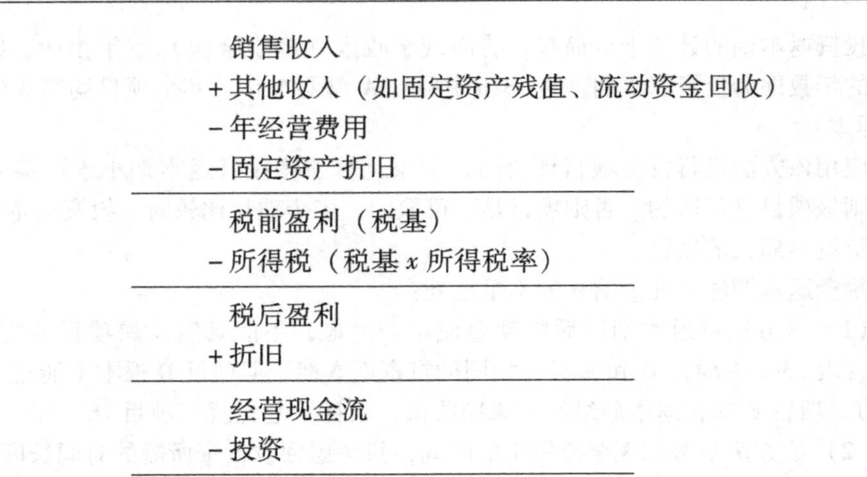

销售收入
+ 其他收入（如固定资产残值、流动资金回收）
– 年经营费用
– 固定资产折旧

税前盈利（税基）
– 所得税（税基 x 所得税率）

税后盈利
+ 折旧

经营现金流
– 投资

净现金流

B　折现率

计算未来某时间（或几个时期）发生的现金流的现值称为折现。折现中使用的利率也称为折现率。但在用净现值法进行项目评价时，折现率一般不等于利率。一方面，在资本市场发达的市场经济条件下，项目投资所需的大部分资金是通过某些渠道在资本市场上获得（如贷款、债券、股票等），使用不属于自己的资本是要有代价的（如贷款就得还本付息），这一代价称为资本成本（cost of capital）。对项目的期望回报率（即收益）的最低线是资本成本，如果一个项目不能带来高于资本成本的回报率，则从纯经济角度讲，该项目不能增加投资者的财富，故是不可取的。因此，投资评价中使用的折现率一般都高于利率。另一方面，当企业（公司）决定投资于一个项目时，用于投资的资金（无论是自己拥有的还是从资本市场获得的）就不能用于别的项目的投资，这就等于失去了从替代项目获得回报的机会，所以替代项目的可能收益率称为机会成本。只有当被评价项目的回报率高于机会成本时，被评价项目才是可取的，否则就应把资金投到替代项目。因此，项目评价中用的折现率应不低于机会成本。折现率应该是可接受的最低回报率，在数值上应等于资本成本，或机会成本加上业务成本及风险附加值。

折现率的选取对于正确评价投资项目十分重要。折现率过高，会低估项目的价值，使好的项目失去吸引力；折现率过低会高估项目的价值，可能导致接受回报率低于可接受的最低值的项目。了解折现率的构成对于选用适当的折现率很有帮助。折现率由四个主要要素构成：

（1）基本机会成本。如前所述，机会成本是替代项目的可能回报率，它被看做折现率的基本要素，其他要素被作为附加值累加到机会成本之上，故而称为基本机会成本。

（2）业务成本。业务成本包括经纪费用、投资银行费用、创办和发行费用等。

（3）风险附加值。折现率应视项目的投资风险的大小而适当上调。

（4）通货膨胀调节值。如果项目评价中的每一现金流都按其发生时的价格（即当时价格）计算，说明现金流中包含通货膨胀，那么，折现率也应包含通货膨胀率。一般来说，当在资本市场上筹集资金时，由资本市场确定的资本成本已包含了资金提供者对未来通货膨胀的考虑。因此，如果项目评价中的现金流是按不变价格计算的（即不包含通货膨胀），而折现率是取之于资本市场的资本成本，那么就应将折现率下调，下调幅度一般等于通货膨胀率。

依据资本成本或各构成要素确定的折现率是可接受的最低收益率，也称为基准收益率。

C 净现值法

投资项目的净现值（net present value，NPV）是按选定的折现率（即基准收益率）将项目寿命期（包括基建期）发生的所有净现金流折现到项目时间零点的代数和。即

$$NPV = \sum_{j=0}^{n} \frac{NCF_j}{(1+d)^j} \tag{13-20}$$

式中 NCF_j——第 j 年末发生的净现金流量；

d——折现率（即基准收益率）；

n——项目寿命。

净现值法就是依据投资项目的净现值评价项目是否可取，或对多个项目进行优劣排序的方法。当 NPV >0 时，被评价项目的收益率高于基准收益率，说明投资于该项目可以增加投资者的财富，故项目是可取的。若 NPV <0，项目是不可取的。NPV 大的项目优于 NPV 小的项目。

例 13-1 某项目的初始投资和各年的现金流量图如图 13-3 所示，试计算基准收益率为 12% 和 15% 时的净现值，并评价项目是否可取。

解： 净现金流量图如图 13-4 所示。

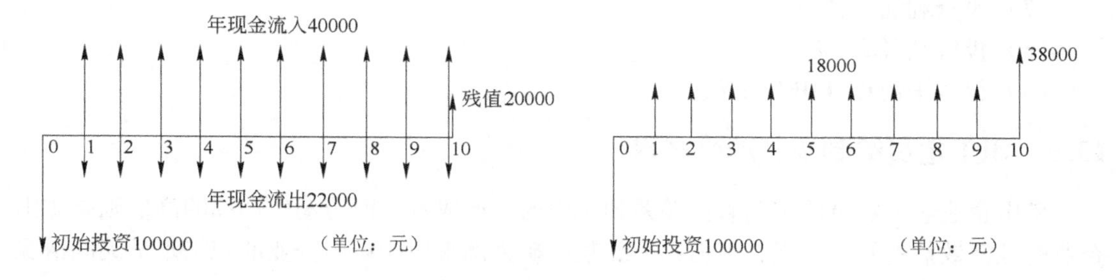

图 13-3 项目现金流量图

图 13-4 净现金流量图

当 $d = 12\%$ 时

$$NPV = -100000 + 18000 \times \frac{(1+0.12)^9 - 1}{0.12 \times (1+0.12)^9} + \frac{38000}{(1+0.12)^{10}} = 8143$$

当 $d = 15\%$ 时

$$NPV = -100000 + 18000 \times \frac{(1+0.15)^9 - 1}{0.15 \times (1+0.15)^9} + \frac{38000}{(1+0.15)^{10}} = -4718$$

因此，当折现率为 12% 时，项目是可取的，当折现率为 15% 时，项目是不可取的。

D 内部收益率法

投资项目的内部收益率（internal rate of return，IRR）是指净现值为零的收益率，即满足式（13-21）的 d 值。

$$NPV = \sum_{j=0}^{n} \frac{NCF_j}{(1+d)^j} = 0 \tag{13-21}$$

如果计算所得的内部收益率大于基准收益率，则项目是可取的；如果 IRR 小于基准

收益率，则项目是不可取的。对多个项目进行优劣评价时，IRR 大的项目优于 IRR 小的项目。IRR 的计算一般需要试算若干次。内部收益率法又称为贴现法。

例 13-2 计算例 13-1 的内部收益率。

解：从例 13-1 的计算可知，当折现率为 12% 时，NPV > 0；当折现率为 15% 时，NPV < 0，所以 IRR 在 12% 和 15% 之间，取 $d = 14\%$，NPV = −715。因此 IRR 在 12% 和 14% 之间，通过几次试算，得 IRR = 13.83%。因此，当基准收益率为 12% 时，内部收益率大于基准收益率，项目是可取的。当基准收益率为 15% 时，项目是不可取的。应用内部收益率法对项目的可取性评价结论与净现值法相同。

13.4 评价指标

评价指标有如下几点：

（1）年销售收入：万元；

（2）年利润总额：万元；

（3）财务内部收益率（全投资税后）:%；

（4）净现值（全投资税后）：万元；

（5）投资回收期（静态，含基建期）：年；

（6）投资收益率:%；

（7）投资利润率:%；

（8）投资利税率:%；

（9）盈亏平衡点（BEP）:%。

13.5 职工定员编制及劳动生产率

矿山企业职工定员的编制直接关系到矿山的生产成本，而劳动生产率的高低则是矿山企业的经济效益的间接体现，下面以河北某铁矿为例来说明矿山企业的职工定员编制情况及劳动生产率的计算。

13.5.1 职工定员编制

河北某铁矿为大型地下生产矿山，该矿生产规模为 3.2Mt/a，按精简机构，提高劳动生产率的精神编制职工定员，井下生产按三班八小时制，根据各生产岗位所需人员按三班编制人员数量，管理与服务人员按工人总数的 12% 考虑。经计算矿山地下开采能力 3.2Mt/a 时需职工定员为 638 人，其中工人为 570 人，管理与服务人员为 68 人。职工定员编制详见表 13-2。

表 13-2 职工定员表

序号	单位及工种	人员编制				备注
		一班	二班	三班	在籍人数	
一、	地质				21	
1	技术工人	13	2	2	21	
	取样工	4	2	2	10	

续表 13-2

序号	单位及工种	人员编制				备注
		一班	二班	三班	在籍人数	
	测工	4			5	
	钻工	4			5	
	资料员	1			1	
二、	采矿岗位人员				459	
1	采准	44	44	44	161	
	掘进台车司机	10	10	10	36	
	爆破工	6	6	6	23	
	装药车司机	4	4	4	15	
	支护工	10	10	10	36	
	铲运车司机	10	10	10	36	
	天溜井凿岩工	4	4	4	15	
2	回采	20	20	20	73	
	采矿台车司机	8	8	8	29	
	装药车司机	4	4	4	15	
	铲运机司机	8	8	8	29	
3	坑内运输	13	9	9	38	
	电机车司机	4	4	4	15	
	溜井放矿工	3	3	3	11	
	矿车清理工	4			5	
	井下调度工	2	2	2	7	
4	辅助工作	47	19	19	104	
	巷道维护工	8			10	
	水沟清理工	6			7	
	无轨辅助运输司机	8	8	8	29	
	起爆材料加工工	5	5	5	18	
	炸药分发工	2	2	2	7	
	井底车场推车工	4	4	4	16	
	粉矿清理工	4			5	
	轨道维修工	6			7	
	天井爬罐工	4			5	
5	通风	12	8	8	34	
	风机管理工	4	4	4	15	
	局扇工	4	4	4	15	
	测尘工	2			2	
	化验工	2			2	

续表 13-2

序号	单位及工种	人员编制				备注
		一班	二班	三班	在籍人数	
6	新水平开拓	14	14	12	49	
	掘进工	4	4	4	16	
	爆破工	2	2	2	7	
	天井爬罐工	2	2		5	
	出渣工	2	2	2	7	
	井底车场推车工	2	2	2	7	
	电机车司机	2	2	2	7	
三、	粗破碎岗位人员				44	
1	地下破碎车间	6	6	6	22	
	粗破碎机工	1	1	1	4	
	板式给矿工	1	1	1	4	
	起重机工	1	1	1	4	
	值班电工	1	1	1	4	
	值班钳工	1	1	1	3	
	胶带机工	1	1	1	3	
2	地面车间	6	6	6	22	
	干选车间	1	1	1	4	
	装车工	2	2	2	6	
	值班电工	1	1	1	4	
	值班钳工	1	1	1	4	
	胶带机工	1	1	1	4	
四、	信号、电缆维修	3	2	2	9	
五、	机械、机修				5	
	保管员	2	1	1	5	
六、	电气自动化				26	
1	地面电气人员				18	
	35kV 总降	7			9	
	内外线电工	7			9	
2	井下电气人员				8	
	维修电工	7			8	
七、	水道				2	
	管道工	2			2	
八、	通风				5	
	采暖工、通风工、除尘工	5			5	
	小计				570	

续表 13-2

序号	单位及工种	人员编制				备注
		一班	二班	三班	在籍人数	
九、	管理、服务人员	68	0	0	68	
	合计	425	255	251	638	
	全矿人员合计				638	

13.5.2 劳动生产率计算

地下矿按矿石量 3.2Mt/a 分别计算全员和工人劳动生产率：

$$总定员 = \frac{设计规模}{矿山全员劳动生产率}$$

式中，设计规模单位为 Mt/a，矿山全员劳动生产率单位为 Mt/(人·a)。

其中，分母按类似矿山选取，全员包括生产工人和管理服务人员通过上式换算可得：

全员劳动生产率 5015.67t/(人·a)。

工人劳动生产率 5614.04t/(人·a)。

注：作为成本中工资及附加的计算依据，年工资总额 = 总定员 × 年人均工资。

13.6 生产成本计算

矿石生产成本按项目法编制，依据工程所包含的工艺流程及相应的辅助生产设施中所发生的材料消耗、动力、工资及附加、制造费用等分别计算。

生产消耗的辅助材料、动力等按设计用量计算，价格按当地现行价计取。

人员工资及附加，工资按 28776 元/(人·a)，附加按 14% 考虑。

制造费用包括矿山维简费、修理费及其他制造费用。矿山维简费按 18 元/t 矿石提取，修理费按固定资产投资的 5% 提取，其他制造费按矿山年均指标及类似矿山提取。

经计算，地下开采 3.2Mt/a 时矿石成本为 54.24 元/t，不含资源税，详见表 13-3。

精矿成本参照临近矿山选矿厂 2004 年实际生产成本及业主提供的有关数据，根据本项目的情况做适当的调整。调整后的精矿生产成本为 238.03 元/t，详见表 13-4。

表 13-3 坑内矿单位矿石成本计算

序号	成本项目	单位用量	单价/元	单位成本/元·t^{-1}	备注
一、	辅助材料			9.1633	
1	炸药	0.54337kg	4.11	2.2333	
2	雷管	0.16208 个	0.35	0.0567	
3	导爆管	0.11991m	4.80	0.5782	
4	导爆索	0.10809m	3.20	0.3459	
5	钎头（中孔）	0.00258 个	60.00	0.1549	
6	钎头（浅孔）	0.00344 个	45.00	0.1549	
7	钎杆（中孔）	0.00344kg	100.00	0.3443	

续表 13-3

序号	成 本 项 目	单位用量	单价/元	单位成本/元·t^{-1}	备 注
8	钎杆（浅孔）	0.00344kg	75.00	0.2582	
9	钎尾（中孔）	0.00230 个	60.00	0.1377	
10	钎尾（浅孔）	0.00230 个	50.00	0.1148	
11	连接套管（中孔）	0.00230 个	30.00	0.0689	
12	柴油	0.14689kg	5.00	0.7345	
13	机油	0.04353kg	4.50	0.1959	
14	其他油	0.02063kg	5.00	0.1031	
15	坑木	0.00004m^3	5000.00	0.1800	
16	轮胎	0.00010 条	1300.00	0.1343	
17	提升钢绳			0.2889	
18	箕斗、罐笼			0.1089	
19	衬板	0.03500kg	8.55	0.2993	
20	钢材	0.02000kg	4.35	0.0870	
21	皮带	0.00200m^2	30.74	0.0615	
22	黄油	0.00500kg	4.50	0.0225	
23	其他材料			2.5000	
二、	动力电	15.60000kW·h	0.41	6.3960	
三、	人工工资			6.5411	
四、	制造费			32.1009	
1	维简费			18.0000	
2	维修费			8.1417	
3	其他制造费			6.0000	
	矿石生产成本			54.24	

表 13-4　铁精矿成本计算

序号	成 本 项 目	单位用量	单价/元	单位成本/元·t^{-1}	备 注
一、	原料费			138.61	
1	原矿费	2.500 元	54.24	135.61	
2	运输费	2.500 元/t	1.20	3.00	
二、	辅助材料			24.84	
1	钢球	1.388 元	4.35	6.04	
2	铁球	2.412 元	3.39	8.18	
3	材料			2.74	
4	备件			7.89	

续表 13-4

序号	成本项目	单位用量	单价/元	单位成本/元·t^{-1}	备注
三、	动力			37.41	
1	电	80.756kW·h	0.41	33.11	
2	水	2.688 元	1.60	4.30	
四、	人工工资			6.72	
五、	制造费			30.45	
1	折旧费			5.91	
2	维修费			0.81	
3	其他制造费			23.73	
	精矿成本			238.03	含选矿加工费 99.43 元

13.7 财务评价

13.7.1 评价依据

评价依据如下：

（1）本项目为露天转坑内开采工程，设计开采范围为 -30m 以下矿体。财务评价为坑内开采，2005 年完成的采矿设计报告，矿石和精矿价格均为 2005 年的价格。

（2）业主提供的基础资料。

（3）现行的财务税收、政策法规。

（4）《建设项目经济评价方法与参数》（第二版）。

（5）按业主委托要求，以原矿和精矿分别测算工程项目的经济效益。

13.7.2 基础数据

13.7.2.1 生产规模

坑内采矿设计规模：矿石为 3.2Mt/a，岩石为 250kt/a。

选厂年产精矿：1.28Mt/a。

河北某铁矿为地下坑内开采，规模 3.2Mt/a，岩石 250kt/a，开采标高在 -30 ~ -330m 水平。矿山逐年产量安排见表 13-5。

表 13-5 矿山逐年产量安排 (Mt/a)

年份	2005 ~ 2009	2009	2010	2011	2012	2013	2014	2015	2016	2017	…	2024	2025	备注
挂帮矿体	0.1318	1.5	0.382											
坑内产量	0.088	0	2.818	3.2	3.2	3.2	3.2	3.2	3.2	3.2	…	3.2	2.5489	
合计	0.2198	1.5	3.2	3.2	3.2	3.2	3.2	3.2	3.2	3.2	…	3.2	2.5489	

13.7.2.2　项目进度安排

深部坑内矿基建期3.5年，第四年投产，产量为1.5Mt/a，第五年达产3.2Mt/a。

13.7.2.3　固定资产投资

项目固定资产投资，坑内矿66206.55万元。

13.7.2.4　流动资金估计

流动资金按分项估算法估计，正常年时流动资金为按原矿计1335万元，其中铺底流动资金400万元，流动资金借款935万元；按精矿计3479万元，其中铺底流动资金1044万元，流动资金借款2435万元。流动资金估算见表13-6和表13-7。

13.7.2.5　资金筹措

项目固定资产投资66206.55万元，资金全部自筹。

资金筹措：项目所需固定资产投资全部为自筹。所需流动资金按原矿计1335万元，按精矿计3479万元，其中贷款按原矿计935万元，按精矿计2435万元，贷款年利率5.58%；其余30%为企业自筹。流动资金自筹按原矿计400万元，按精矿计1045万元。投资计划与资金筹措见表13-8和表13-9。

13.7.3　财务评价分析

13.7.3.1　年销售收入

按原矿为最终产品评价，矿石售价75元/t（2005年价格），年产原矿量3.2Mt/a；

按精矿为最终产品评价，精矿售价500元/t（2005年价格），年产精矿量1.28Mt/a；

经计算：按矿石价计算销售收入24000万元；

按精矿价计算销售收入64000万元。

13.7.3.2　销售税金及附加

年销售税金及附加按国家有关规定计算：

（1）增值税税率13%；

（2）城市维护建设税为增值税的5%；

（3）教育费附加为增值税的3%；

（4）资源税按每吨原矿6.0元/t。

经计算正常年份销售税金及附加合计，按原矿计算3752万元，按精矿计6128万元。

13.7.3.3　总成本费用

总成本费用包括生产成本、销售费用、管理费用、财务费用。

正常年份总成本费用，按原矿计算19426万元，按精矿计算34575万元。

管理费用由摊销费、矿山资源补偿费及其他管理费组成。财务费用为流动资金贷款利息与其他费用组成。总成本费用见表13-10和表13-11。

13.7.3.4　利润总额及分配

利润总额及分配详见损益表（表13-12和表13-13）。

所得税按利润总额的33%计取，盈余公积金按可分配利润的10%提取。

正常年份利润总额，按原矿计算822万元，按精矿计算23297万元；税后利润，按原矿计550万元，按精矿计15609万元；项目投资利润率，按原矿计算1.24%，按精矿计算33.43%；投资利税率，按原矿计算6.91%，按精矿计算42.22%。

表 13-6 流动资金估算（原矿）

单位：万元

序号	项目		1	2	3	4	5	6	7	8	9	10	11	12	13	14	15	16	17	18
1	流动资产		0	0	0	1052	1957	1957	1957	1957	1957	1957	1957	1957	1957	1957	1957	1957	1957	1957
1.1	应收账款		0	0	0	610	1134	1134	1134	1134	1134	1134	1134	1134	1134	1134	1134	1134	1134	1134
1.2	存货		0	0	0	317	589	589	589	589	589	589	589	589	589	589	589	589	589	589
1.2.1	辅助材料		0	0	0	131	244	244	244	244	244	244	244	244	244	244	244	244	244	244
1.2.2	燃料																			0
1.2.3	在产品		0	0	0	104	193	193	193	193	193	193	193	193	193	193	193	193	193	193
1.2.4	产成品		0	0	0	81	151	151	151	151	151	151	151	151	151	151	151	151	151	151
1.3	现金		0	0	0	126	234	234	234	234	234	234	234	234	234	234	234	234	234	234
2	流动负债		0	0	0	334	622	622	622	622	622	622	622	622	622	622	622	622	622	622
2.1	应付账款		0	0	0	334	622	622	622	622	622	622	622	622	622	622	622	622	622	622
3	流动资金		0	0	0	717	1335	1335	1335	1335	1335	1335	1335	1335	1335	1335	1335	1335	1335	1335
	其中：流动资金借款		0	0	0	502	934	934	934	934	934	934	934	934	934	934	934	934	934	934
	自有流动资金		0	0	0	215	400	400	400	400	400	400	400	400	400	400	400	400	400	400
4	流动资金本年增加额		0	0	0	717	617	0	0	0	0	0	0	0	0	0	0	0	0	0
	自有流动资金本年增加额		0	0	0	215	185	0	0	0	0	0	0	0	0	0	0	0	0	0

表 13-7　流动资金估算表（精矿）

单位：万元

序号	项　目		1	2	3	4	5	6	7	8	9	10	11	12	13	14	15	16	17	18
1	流动资产		0	0	0	2450	4558	4558	4558	4558	4558	4558	4558	4558	4558	4558	4558	4558	4558	4558
1. 1	应收账款		0	0	0	1525	2838	2838	2838	2838	2838	2838	2838	2838	2838	2838	2838	2838	2838	2838
1. 2	存货		0	0	0	665	1236	1236	1236	1236	1236	1236	1236	1236	1236	1236	1236	1236	1236	1236
1. 2. 1	辅助材料		0	0	0	274	509	509	509	509	509	509	509	509	509	509	509	509	509	509
1. 2. 2	燃料																			0
1. 2. 3	在产品		0	0	0	221	412	412	412	412	412	412	412	412	412	412	412	412	412	412
1. 2. 4	产成品		0	0	0	169	315	315	315	315	315	315	315	315	315	315	315	315	315	315
1. 3	现金		0	0	0	260	484	484	484	484	484	484	484	484	484	484	484	484	484	484
2	流动负债		0	0	0	580	1079	1079	1079	1079	1079	1079	1079	1079	1079	1079	1079	1079	1079	1079
2. 1	应付账款		0	0	0	580	1079	1079	1079	1079	1079	1079	1079	1079	1079	1079	1079	1079	1079	1079
3	流动资金		0	0	0	1870	3479	3479	3479	3479	3479	3479	3479	3479	3479	3479	3479	3479	3479	3479
	其中：流动资金借款		0	0	0	1309	2435	2435	2435	2435	2435	2435	2435	2435	2435	2435	2435	2435	2435	2435
	自有流动资金		0	0	0	561	1044	1044	1044	1044	1044	1044	1044	1044	1044	1044	1044	1044	1044	1044
4	流动资金本年增加额		0	0	0	1870	1609	0	0	0	0	0	0	0	0	0	0	0	0	0
	自有流动资金本年增加额		0	0	0	561	483	0	0	0	0	0	0	0	0	0	0	0	0	0

表 13-8 投资计划与资金筹措（原矿） 单位：万元

序号	项目	合计	1	2	3	4	5	6	7	8
1	投资计划	67541	6621	13241	26483	20579	617	0	0	0
1.1	固定资产投资	66207	6621	13241	26483	19862	0	0	0	0
1.2	建设期利息	0	0	0	0	0	0	0	0	0
1.3	流动资金	1335	0	0	0	717	617	0	0	0
2	资金筹措	67541	6621	13241	26483	20579	617	0	0	0
2.1	自有资金	66607	6621	13241	26483	20077	185	0	0	0
	用于建设投资	66207	6621	13241	26483	19862	0	0	0	0
	用于流动资金	400	0	0	0	215	185	0	0	0
2.2	借款	934	0	0	0	502	432	0	0	0
2.2.1	长期借款	0	0	0	0	0	0	0	0	0
	其中：长期借款本金	0	0	0	0	0	0	0	0	0
	建设期利息	0	0	0	0	0	0	0	0	0
2.2.2	流动资金借款	934	0	0	0	502	432	0	0	0

表 13-9 投资计划与资金筹措（精矿） 单位：万元

序号	项目	合计	1	2	3	4	5	6	7	8
1	投资计划	69686	6621	13241	26483	21732	1609	0	0	0
1.1	固定资产投资	66207	6621	13241	26483	19862	0	0	0	0
1.2	建设期利息	0	0	0	0	0	0	0	0	0
1.3	流动资金	3479	0	0	0	1870	1609	0	0	0
2	资金筹措	69686	6621	13241	26483	21732	1609	0	0	0
2.1	自有资金	67250	6621	13241	26483	20423	483	0	0	0
	用于建设投资	66207	6621	13241	26483	19862	0	0	0	0
	用于流动资金	1044	0	0	0	561	483	0	0	0
2.2	借款	2435	0	0	0	1309	1127	0	0	0
2.2.1	长期借款	0	0	0	0	0	0	0	0	0
	其中：长期借款本金	0	0	0	0	0	0	0	0	0
	建设期利息	0	0	0	0	0	0	0	0	0
2.2.2	流动资金借款	2435	0	0	0	1309	1127	0	0	0

13.7.3.5 盈利能力分析

财务现金流量见表 13-14 和表 13-15。项目全部投资内部收益率，按原矿计算 4.45%，按精矿计算 24.90%，投资回收期，按原矿计算 14.08 年，按精矿计算 7.09 年。

表13-10　总成本费用（原矿）

单位：万元

序号	项　目	1	2	3	4	5	6	7	8	9	10	11	12	13	14	15	16	17	18	合计
1	生产成本	0	0	0	9329	17358	17358	17358	17358	17358	17358	17358	17358	17358	17358	17358	17358	17358	13826	248802
1.1	辅助材料费	0	0	0	1576	2932	2932	2932	2932	2932	2932	2932	2932	2932	2932	2932	2932	2932	2336	42031
1.2	动力	0	0	0	1100	2047	2047	2047	2047	2047	2047	2047	2047	2047	2047	2047	2047	2047	1630	29338
1.3	工资	0	0	0	1125	2093	2093	2093	2093	2093	2093	2093	2093	2093	2093	2093	2093	2093	1667	30003
1.4	制造费用	0	0	0	5528	10285	10285	10285	10285	10285	10285	10285	10285	10285	10285	10285	10285	10285	8193	147430
1.4.1	维简费	0	0	0	3096	5760	5760	5760	5760	5760	5760	5760	5760	5760	5760	5760	5760	5760	4588	82564
1.4.2	折旧费	0	0	0	0	0	0	0	0	0	0	0	0	0	0	0	0	0	0	0
1.4.3	修理费	0	0	0	1400	2605	2605	2605	2605	2605	2605	2605	2605	2605	2605	2605	2605	2605	2075	37345
1.4.4	其他制造费	0	0	0	1032	1920	1920	1920	1920	1920	1920	1920	1920	1920	1920	1920	1920	1920	1529	27521
2	运输费用	0	0	0	0	0	0	0	0	0	0	0	0	0	0	0	0	0	0	0
3	管理费用	0	0	0	1084	2016	2016	2016	2016	2016	2016	2016	2016	2016	2016	2016	2016	2016	1606	28901
3.1	摊销费																			0
3.2	资源补偿费	0	0	0	224	416	416	416	416	416	416	416	416	416	416	416	416	416	332	5967
3.3	其他管理费	0	0	0	860	1600	1600	1600	1600	1600	1600	1600	1600	1600	1600	1600	1600	1600	1274	22934
4	财务费用	0	0	0	28	52	52	52	52	52	52	52	52	52	52	52	52	52	52	758
4.1	长期借款利息	0	0	0	0	0	0	0	0	0	0	0	0	0	0	0	0	0	0	0
4.2	流动资金借款利息	0	0	0	28	52	52	52	52	52	52	52	52	52	52	52	52	52	52	758
5	总成本费用	0	0	0	10440	19426	19426	19426	19426	19426	19426	19426	19426	19426	19426	19426	19426	19426	15484	278461
6	经营成本	0	0	0	7317	13614	13614	13614	13614	13614	13614	13614	13614	13614	13614	13614	13614	13614	10844	195140
7	固定成本	0	0	0	7764	14447	14447	14447	14447	14447	14447	14447	14447	14447	14447	14447	14447	14447	11518	207093
8	可变成本	0	0	0	2676	4979	4979	4979	4979	4979	4979	4979	4979	4979	4979	4979	4979	4979	3966	71369

表 13-11 总成本费用（精矿）

单位：万元

序号	项　目	1	2	3	4	5	6	7	8	9	10	11	12	13	14	15	16	17	18	合计
1	生产成本	0	0	0	16676	30769	30769	30769	30769	30769	30769	30769	30769	30769	30769	30769	30769	30769	24570	441248
1.1	辅助材料费	0	0	0	3285	6112	6112	6112	6112	6112	6112	6112	6112	6112	6112	6112	6112	6112	4869	87614
1.2	动力	0	0	0	3674	6835	6835	6835	6835	6835	6835	6835	6835	6835	6835	6835	6835	6835	5445	97977
1.3	工资	0	0	0	1587	2953	2953	2953	2953	2953	2953	2953	2953	2953	2953	2953	2953	2953	2352	42333
1.4	制造费用	0	0	0	8130	14868	14868	14868	14868	14868	14868	14868	14868	14868	14868	14868	14868	14868	11904	213324
1.4.1	维简费	0	0	0	3096	5760	5760	5760	5760	5760	5760	5760	5760	5760	5760	5760	5760	5760	4588	82564
1.4.2	折旧费	0	0	0	301	301	301	301	301	301	301	301	301	301	301	301	301	301	301	4521
1.4.3	修理费	0	0	0	1456	2709	2709	2709	2709	2709	2709	2709	2709	2709	2709	2709	2709	2709	2158	38831
1.4.4	其他制造费	0	0	0	3277	6098	6098	6098	6098	6098	6098	6098	6098	6098	6098	6098	6098	6098	4857	87407
2	运输费用	0	0	0	0	0	0	0	0	0	0	0	0	0	0	0	0	0	0	0
3	管理费用	0	0	0	1972	3670	3670	3670	3670	3670	3670	3670	3670	3670	3670	3670	3670	3670	2923	52607
3.1	摊销费																			0
3.2	资源补偿费	0	0	0	597	1110	1110	1110	1110	1110	1110	1110	1110	1110	1110	1110	1110	1110	884	15912
3.3	其他管理费	0	0	0	1376	2560	2560	2560	2560	2560	2560	2560	2560	2560	2560	2560	2560	2560	2039	36695
4	财务费用	0	0	0	73	136	136	136	136	136	136	136	136	136	136	136	136	136	136	1976
4.1	长期借款利息	0	0	0	0	0	0	0	0	0	0	0	0	0	0	0	0	0	0	0
4.2	流动资金借款利息	0	0	0	73	136	136	136	136	136	136	136	136	136	136	136	136	136	136	1976
5	总成本费用	0	0	0	18722	34575	34575	34575	34575	34575	34575	34575	34575	34575	34575	34575	34575	34575	27629	495830
6	经营成本	0	0	0	15251	28378	28378	28378	28378	28378	28378	28378	28378	28378	28378	28378	28378	28378	22604	406770
7	固定成本	0	0	0	11763	21628	21628	21628	21628	21628	21628	21628	21628	21628	21628	21628	21628	21628	17316	310239
8	可变成本	0	0	0	6959	12948	12948	12948	12948	12948	12948	12948	12948	12948	12948	12948	12948	12948	10313	185591

表 13-12　损益表（原矿）

单位：万元

序号	项　目	1	2	3	4	5	6	7	8	9	10	11	12	13	14	15	16	17	18	合计
1	销售收入	0	0	0	12899	24000	24000	24000	24000	24000	24000	24000	24000	24000	24000	24000	24000	24000	19117	344015
2	销售税金及附加	0	0	0	2017	3752	3752	3752	3752	3752	3752	3752	3752	3752	3752	3752	3752	3752	2989	53788
3	总成本及费用	0	0	0	10440	19426	19426	19426	19426	19426	19426	19426	19426	19426	19426	19426	19426	19426	15484	278461
4	利润总额	0	0	0	442	822	822	822	822	822	822	822	822	822	822	822	822	822	644	11766
5	弥补以前年度亏损	0	0	0	0	0	0	0	0	0	0	0	0	0	0	0	0	0	0	0
6	应纳税所得额	0	0	0	442	822	822	822	822	822	822	822	822	822	822	822	822	822	644	11766
7	所得税	0	0	0	146	271	271	271	271	271	271	271	271	271	271	271	271	271	212	3883
8	税后利润	0	0	0	296	550	550	550	550	550	550	550	550	550	550	550	550	550	431	7883
9	盈余公积金	0	0	0	30	55	55	55	55	55	55	55	55	55	55	55	55	55	43	788
10	公益金	0	0	0	0	0	0	0	0	0	0	0	0	0	0	0	0	0	0	0
11	可供分配利润	0	0	0	266	495	495	495	495	495	495	495	495	495	495	495	495	495	388	7095
11.1	应付利润	0	0	0	266	495	495	495	495	495	495	495	495	495	495	495	495	495	388	7095
11.2	未分配利润	0	0	0	0	0	0	0	0	0	0	0	0	0	0	0	0	0	0	0
12	累计未分配利润	0	0	0	0	0	0	0	0	0	0	0	0	0	0	0	0	0	0	0
13	累计盈余公积金				30	85	140	195	250	305	360	415	470	525	580	635	690	745	788	6212

注：投资利润率：1.24%；投资利税率：6.91%。

表 13-13 损益表（精矿）

单位：万元

序号	项 目	1	2	3	4	5	6	7	8	9	10	11	12	13	14	15	16	17	18	合计
1	销售收入	0	0	0	34396	64000	64000	64000	64000	64000	64000	64000	64000	64000	64000	64000	64000	64000	50978	917374
2	销售税金及附加	0	0	0	3293	6128	6128	6128	6128	6128	6128	6128	6128	6128	6128	6128	6128	6128	4881	87840
3	总成本及费用	0	0	0	18722	34575	34575	34575	34575	34575	34575	34575	34575	34575	34575	34575	34575	34575	27629	495830
4	利润总额	0	0	0	12381	23297	23297	23297	23297	23297	23297	23297	23297	23297	23297	23297	23297	23297	18467	333703
5	弥补以前年度亏损	0	0	0	0	0	0	0	0	0	0	0	0	0	0	0	0	0	0	0
6	应纳税所得额	0	0	0	12381	23297	23297	23297	23297	23297	23297	23297	23297	23297	23297	23297	23297	23297	18467	333703
7	所得税	0	0	0	4086	7688	7688	7688	7688	7688	7688	7688	7688	7688	7688	7688	7688	7688	6094	110122
8	税后利润	0	0	0	8295	15609	15609	15609	15609	15609	15609	15609	15609	15609	15609	15609	15609	15609	12373	223581
9	盈余公积金	0	0	0	830	1561	1561	1561	1561	1561	1561	1561	1561	1561	1561	1561	1561	1561	1237	22358
10	公益金	0	0	0	0	0	0	0	0	0	0	0	0	0	0	0	0	0	0	0
11	可供分配利润	0	0	0	7466	14048	14048	14048	14048	14048	14048	14048	14048	14048	14048	14048	14048	14048	11136	201223
11.1	应付利润	0	0	0	7466	14048	14048	14048	14048	14048	14048	14048	14048	14048	14048	14048	14048	14048	11136	201223
11.2	未分配利润	0	0	0	0	0	0	0	0	0	0	0	0	0	0	0	0	0	0	0
12	累计未分配利润	0	0	0	0	0	0	0	0	0	0	0	0	0	0	0	0	0	0	0
13	累计盈余公积金				830	2390	3951	5512	7073	8634	10195	11756	13316	14877	16438	17999	19560	21121	22358	176010

注：投资利润率：33.43%；投资利税率：42.22%。

表 13-14 财务现金流量（全部投资）（原矿） 单位：万元

序号	项 目	建设起点	1	2	3	4	5	6	7	8	9	10	11	12	13	14	15	16	17	18	合计
1	现金流入																				
1.1	销售收入			0	0	12899	24000	24000	24000	24000	24000	24000	24000	24000	24000	24000	24000	24000	24000	19117	344015
1.2	回收固定资产余值																			3919	3919
1.3	回收流动资金																			1335	1335
	流入小计			0	0	12899	24000	24000	24000	24000	24000	24000	24000	24000	24000	24000	24000	24000	24000	24371	349270
2	现金流出																				
2.1	固定资产投资	0.00	6621	13241	26483	19862	0	0	0	0	0	0	0	0	0	0	0	0	0	0	66207
2.2	流动资金			0	0	717	617	0	0	0	0	0	0	0	0	0	0	0	0	0	1335
2.3	经营成本			0	0	7317	13614	13614	13614	13614	13614	13614	13614	13614	13614	13614	13614	13614	13614	10844	195140
2.4	销售税金及附加			0	0	2017	3752	3752	3752	3752	3752	3752	3752	3752	3752	3752	3752	3752	3752	2989	53788
2.5	所得税			0	0	146	271	271	271	271	271	271	271	271	271	271	271	271	271	212	3883
2.6	公益金			0	0	0	0	0	0	0	0	0	0	0	0	0	0	0	0	0	0
	流出小计	0	6621	13241	26483	30058	18255	17637	17637	17637	17637	17637	17637	17637	17637	17637	17637	17637	17637	14045	320352
3	净现金流量	0	-6621	-13241	-26483	-17160	5745	6363	6363	6363	6363	6363	6363	6363	6363	6363	6363	6363	6363	10326	28918
4	累计净现金流量	0	-6621	-19862	-46345	-63504	-57759	-51397	-45034	-38672	-32309	-25946	-19584	-13221	-6859	-496	5867	12229	18592	28918	

注：计算指标：

投资回收期 14.08 年；财务内部收益率 4.45%。

表 13-15 财务现金流量表（全部投资）（精矿）

单位：万元

序号	项目	建设起点	1	2	3	4	5	6	7	8	9	10	11	12	13	14	15	16	17	18	合计
1	现金流入																				
1.1	销售收入			0	0	34396	64000	64000	64000	64000	64000	64000	64000	64000	64000	64000	64000	64000	64000	50978	917374
1.2	回收固定资产余值																			4108	4108
1.3	回收流动资金																			3479	3479
	流入小计			0	0	34396	64000	64000	64000	64000	64000	64000	64000	64000	64000	64000	64000	64000	64000	58565	924961
2	现金流出																				
2.1	固定资产投资	4709.76	6621	13241	26483	19862	0	0	0	0	0	0	0	0	0	0	0	0	0	0	70916
2.2	流动资金			0	0	1870	1609	0	0	0	0	0	0	0	0	0	0	0	0	0	3479
2.3	经营成本			0	0	15251	28378	28378	28378	28378	28378	28378	28378	28378	28378	28378	28378	28378	28378	22604	406770
2.4	销售税金及附加			0	0	3293	6128	6128	6128	6128	6128	6128	6128	6128	6128	6128	6128	6128	6128	4881	87840
2.5	所得税			0	0	4086	7688	7688	7688	7688	7688	7688	7688	7688	7688	7688	7688	7688	7688	6094	110122
2.6	公益金			0	0	130	1523	1523	1523	1523	1523	1523	1523	1523	1523	1523	1523	1523	1523	351	20277
	流出小计	4710	6621	13241	26483	44492	45326	43717	43717	43717	43717	43717	43717	43717	43717	43717	43717	43717	43717	33930	699404
3	净现金流量	-4710	-6621	-13241	-26483	-10096	18674	20283	20283	20283	20283	20283	20283	20283	20283	20283	20283	20283	20283	24635	225557
4	累计净现金流量	-4710	-11330	-24572	-51054	-61150	-42476	-22193	-1910	18373	38656	58940	79223	99506	119789	140073	160356	180639	200922	225557	

注：计算指标：

投资回收期 7.09 年；财务内部收益率 24.90%；财务净现值 72269.21 万元。

13.7.3.6 敏感性分析

敏感性分析主要是分析项目的投资、产品价格、产量、经营成本在 ±5% 和 ±10% 的变化幅度下，对评价指标的影响程度。敏感性分析见表 13-16 和表 13-17。

表 13-16 敏感性分析（原矿）

项目	变化幅度/%	内部收益率/%	投资回收期/年
基础方案		4.45	14.08
投资	5	3.84	14.60
	-5	5.11	13.56
价格	5	5.87	13.01
	-5	2.82	15.45
产量	5	5.02	13.61
	-5	3.86	14.60
经营成本	5	3.59	14.83
	-5	5.29	13.42

表 13-17 敏感性分析（精矿）

项目	变化幅度/%	内部收益率/%	投资回收期/年
基础方案		24.90	7.09
投资	10	23.20	7.34
	-10	26.92	6.86
价格	10	29.18	6.54
	-10	20.32	7.90
产量	10	26.70	6.85
	-10	23.04	7.39
经营成本	10	22.72	7.45
	-10	27.02	6.79

13.7.3.7 盈亏平衡分析

通过盈亏平衡计算，以精矿量计算该项目的盈亏平衡点为：

$$\begin{aligned}\text{BEP} &= \text{固定成本}/(\text{销售收入}-\text{销售税金及附加}-\text{可变成本})\times 100\% \\ &= 21628/(64000-6128-12948)\times 100\% \\ &= 48.1\%\end{aligned}$$

即每年处理原矿量不低于 153.92 万吨时，企业就能保持盈亏平衡。可见，本项目具有较强的抗风险能力。

13.7.3.8 综合评价

从上述分析，以原矿售价 75 元/t（2005 年价格）进行效益分析，内部收益率只有

4.45%，投资回收期14.08年，可见效益一般；以精矿价500元/t进行效益分析，内部收益率24.90%，回收期7.09年，效益可观。可见产品价格是影响效益的主要因素，从市场价格走势及从长远看，国内矿石供需矛盾加大，自给率逐年下降，目前不足50%。从市场分析看，矿石紧缺状况十分严峻，据预测今后5～10年矿石价格有较大的升值空间，精矿价格会维持在800～1000元/t。项目资源可靠，业主有多年生产管理经验，有经济实力。在目前我国铁矿石供应紧缺的形势下，建设该项目是很有必要的。

参考文献

[1] 张富民．采矿设计手册（1～4卷）［M］．北京：建筑工业出版社，1989.
[2] 陈放．矿山采矿手册［M］．北京：冶金工业出版社，2006.
[3] 李世华．矿井轨道运输设备使用维修［M］．北京：机械工业出版社，1990.
[4] 王青，任凤玉．采矿学（第2版）［M］．北京：冶金工业出版社，2011.
[5] 解世俊．金属矿床地下开采［M］．北京：冶金工业出版社，1986.
[6] 西北冶金设计院采矿科．采矿方法计算［M］．西北冶金设计院，1976.
[7] 赵东兴．井巷工程［M］．北京：冶金工业出版社，2010.
[8] 王儒．金属矿床地下开采设计基础（内部资料）．唐山工程技术学院，1990.
[9] 李福固．矿井运输与提升［M］．北京：中国矿业大学出版社，2007.
[10] 孙凯年．矿山企业设计基础［M］．北京：冶金工业出版社，1990.
[11] 王荣祥，任效乾．矿山工程设备技术［M］．北京：冶金工业出版社，2005.
[12] 于励民，伍自连．矿山固定设备选型使用手册（上、下）［M］．北京：煤炭工业出版社，2007.
[13] 王英敏．矿井通风与防尘［M］．北京：冶金工业出版社，1993.
[14] 胡汉华．矿井通风系统设计——原理、方法与实例［M］．北京：化学工业出版社，2011.
[15] 吴超．矿井通风与空气调节［M］．长沙：中南大学出版社，2008.
[16] 王振平．矿井通风排水及压风设备［M］．北京：中国矿业大学出版社，2008.
[17] 张玉清．矿山技术经济学［M］．北京：冶金工业出版社，1987.
[18] 师利熙．有色金属工业项目技术经济评价［M］．北京：冶金工业出版社，1998.
[19] 李仲学，赵怡晴，等．矿业经济学（第2版）［M］．北京：冶金工业出版社，2011.

冶金工业出版社部分图书推荐